기본 과정

윤활유 분석 기반의
기계상태진단

| 홍성호 지음 |

Machine Condition Diagnosis Based on Oil Analysis

Fundamental Course

한티미디어

저자 소개

홍성호(洪性好, Sung-Ho Hong)

2013.02 KAIST 기계공학 박사 (트라이볼로지 전공, Advisor: 김경웅 교수)
2012.08 ~ 2017.01 현대중공업 엔진기계사업부
2015.01 ~ 2016.12 한국설비진단자격인증원 트라이볼로지기술자자격인증위원회 위원
2017.01 ~ 2017.12 한국설비진단자격인증원 트라이볼로지기술자자격인증위원회 간사
2018.01 ~ 현재 한국설비진단자격인증원 트라이볼로지기술자자격인증위원회 위원장
2016.01 ~ 현재 한국트라이볼로지학회 편집위원 및 이사
2017.03 ~ 현재 동국대학교 기계시스템공학 교수

[저서]
ISO 18436-4 규격에 따른 기계설비의 상태감시와 진단(트라이볼로지 영역 1), 소음진동공학회, 공저
ISO 18436-4 규격에 따른 기계설비의 상태감시와 진단(트라이볼로지 영역 2), 소음진동공학회, 공저
ISO 18436-4 규격에 따른 기계설비의 상태감시와 진단(트라이볼로지 영역 1) 연습문제집, 소음진동공학회, 단독 집필
ISO 18436-4 규격에 따른 기계설비의 상태감시와 진단(트라이볼로지 영역 2) 연습문제집, 소음진동공학회, 공저
핵심 재료공학, 한티에듀, 공저

윤활유 분석 기반의 기계상태진단
- 기본 과정 -

발행일 2021년 7월 30일 초판 1쇄
지은이 홍성호
펴낸이 김준호
펴낸곳 한티미디어 | **주 소** 서울시 마포구 동교로 23길 67 Y빌딩 3층
등 록 제15-571호 2006년 5월 15일
전 화 02)332-7993 ~ 4 | **팩 스** 02)332-7995
ISBN 978-89-6421-426-8 (93550)
가 격 35,000

마케팅 노호근 박재인 최상욱 김원국 김택성 | **관 리** 김지영 문지희
편 집 김은수 유채원 | **내지디자인** 이경은 | **표지디자인** 유채원

이 책에 대한 의견이나 잘못된 내용에 대한 수정 정보는 한티미디어 홈페이지나 이메일로 알려주십시오.
독자님의 의견을 충분히 반영하도록 늘 노력하겠습니다.

홈페이지 www.hanteemedia.co.kr | **이메일** hantee@hanteemedia.co.kr

---

PREFACE

이 책은 대학에서 트라이볼로지나 기계상태진단을 공부하는 학생들의 교재나 윤활유 관련 연구자, 종사자들의 참고용 전문도서로 활용할 수 있도록 내용을 간결히 구성하였다. 본고에서는 윤활유 분석에 기반한 기계상태진단에 대해 다룬다. 책의 주요 대상인 윤활유는 원활한 기계시스템을 운영하는 데 필수적인 요소이나 이와 관련된 전문 서적이 부족한 현실이다. 따라서 이 책은 윤활유 및 윤활유 분석에 대한 소개뿐만 아니라 현재 또는 앞으로 활용가능성이 많은 윤활유 분석 기반의 기계상태진단에 관련된 내용도 포함한다.

이 책은 본문을 3장으로 분류하여 구성하였다. 제 1장은 가장 기본적인 내용으로 그리스와 액상 윤활제를 포괄하는 윤활제의 구성요소와 제조 방법, 기능 등에 대해 설명한다. 제 2장에서는 윤활유 분석에 기반한 기계상태진단의 상위 범주의 학문인 트라이볼로지와 기계상태진단에 대해 다룬다. 마지막으로 제 3장에서는 윤활유 분석을 활용한 기계상태진단에 대한 내용을 소개한다. 우선 윤활유 분석 방법의 종류에 대해 설명하고 기존 오프라인 방식의 윤활유 분석 방법들에 대해 설명한다. 다음으로 요즘 많이 적용하고 있는 윤활유 센서를 활용한 기계상태진단에 대한 내용으로 다양한 윤활유 센서의 종류와 기능에 대해서 설명한다. 더불어 윤활유 분석을 활용한 기계상태진단의 적용사례에 대해서 소개한다. 이 분야의 지식들은 다양한 기계시스템에 적용되고 있지만 활용 빈도가 많은 엔진, 풍력발전기, 항공기, 건설장비 등에 초점을 두고 서술하였다. 또한 저자가 생각하는 이 분야의 전망에 대해서 간단히 첨언하였다. 각 장의 마지막에는 학습에 대한 이해의 정도를 평가하기 위해 객관식 문항으로 연습문제를 준비하였다. 부록으로 윤활유 분석 및 상태진단과 관련된 자격증 시험에 대해 소개한다.

저자는 본 책을 기획할 때 다음과 같은 내용에 주안점을 두었다. 이 분야를 연구하는 과정에서 관련 전공 서적의 부족으로 인해 어려움을 경험한 사람들이 쉽게 이해할 수 있도록 관련 지식들을 서술하였다. 그리고 상위 범주인 트라이볼로지와 기계상태진단이라는 분야에 대해서도 다루어 독자로 하여금 이해의 폭을 넓히고자 하였다. 끝으로 이 책으로 인해 윤활유 분석을 이용한 기계상태진단에 대한 이해가 깊어지고 이 기술의 활용 분야가 점점 확대되어 기계시스템의 신뢰성 향상에 기여하기를 바란다.

2021.07.30

저자 홍성호

감사의 말씀

저자는 이 책을 집필하려고 2019년에 계획을 세우고 준비과정을 통해 2021년 5월에 집필을 완료하였습니다. 이 책을 집필하는 데 도움을 주신 분들에게 짧은 글이지만 고마움을 전하고 싶습니다. 이 분야에 처음으로 입문하게 관련 교육 및 자격증 시험의 기회를 제공해 주신 현대중공업의 김훈석 부장님께 감사의 말씀을 드립니다. 그리고 박사과정에 아낌없는 가르침을 주신 김경웅 교수님에게도 감사하다는 말씀을 올립니다. 마지막으로 책의 교정 및 편집 작업을 도와준 석윤수 학생에게도 감사하다는 말을 전합니다.

후기

이 교재는 2021년도 정부(산업통상자원부)의 재원으로 한국에너지기술평가원의 지원을 받아 수행된 연구임(경북지역 풍력에너지 클러스터 인재 양성 사업, No. 20214000000010)

CONTENTS

PREFACE 3

감사의 말씀 5

후기 5

CHAPTER 1 윤활유 9

1.1 윤활제의 종류, 구성요소 및 기능 11

1.2 기유와 첨가제 13

1.3 그리스 26

1.4 윤활유 제조 및 관리 방법 34

Exercise 40

CHAPTER 2 트라이볼로지와 기계상태진단 53

2.1 트라이볼로지 55

2.1.1 트라이볼로지 어원 및 중요성 55

2.1.2 윤활영역과 마찰 및 마모 58

2.1.3 표면과 표면 조도 68

2.1.4 레이놀즈 방정식 및 압력 발생의 원리 74

2.1.5 베어링, 코팅, 시일, 표면 개질 76

2.2 기계상태진단 93

2.2.1 기계상태진단의 개념 93

2.2.2 기계상태진단의 종류 94

2.2.3 소음, 진동 기반의 기계상태진단 97

2.2.4 열화상 기반의 기계상태진단 98

2.2.5 초음파 기반의 기계상태진단 99

Exercise 101

CHAPTER 3 유분석을 활용한 기계상태진단 119

3.1 유분석 방법의 종류 121
3.2 윤활유 오염원 123
3.3 여러 가지 윤활유 분석 방법 133
3.3.1 점도, 점도지수, 비중, 인화점, 유동점 분석 133
3.3.2 수분, 산가, 염기가 분석 139
3.3.3 오염도 분석 143
3.3.4 FTIR, ICP 등 다양한 분석 방법 148
3.4 윤활유 센서의 종류와 기능 160
3.4.1 윤활유 센서의 종류 160
3.4.2 마모입자 센서 163
3.4.3 점도 센서, 수트 센서, 산가(염기가) 센서, Aeration 센서 168
3.4.4 유전상수 센서 등 그 외 윤활유 센서 170
3.4.5 통합형 센서 175
3.5 윤활유 분석 센서를 활용한 기계상태진단 사례 176
3.5.1 각종 엔진 적용 사례 176
3.5.2 풍력발전기, 항공기 적용 사례 179
3.5.3 건설장비의 적용 사례 183
3.5.4 그 외 적용 사례 및 앞으로의 전망 187
Exercise 189

APPENDIX 윤활유 관련 자격증 및 시험 소개 213

A.1 KCI-MD(한국설비진단자격인증원) 트라이볼로지 영역 시험 214
A.2 ICML 시험 216
A.3 ISO 관련 규정 219

참고문헌 241
INDEX 249

CHAPTER 1
윤활유

1.1 윤활제의 종류, 구성요소 및 기능

1.2 기유와 첨가제

1.3 그리스

1.4 윤활유 제조 및 관리 방법

Exercise

Machine Condition Diagnosis Based on Oil Analysis

본 장의 주요 학습 내용

- 윤활제의 정의와 종류
- 액상 윤활유의 구성요소
- 윤활유의 기능
- 기유 및 첨가제의 종류 및 특징
- 첨가제의 소멸 기구(mechanism)
- 그리스의 정의, 구성요소
- 그리스와 액상 윤활유의 차이점
- 그리스에서 주도의 정의와 측정 방법
- 그리스의 분석 방법
- 윤활유의 제조과정
- 윤활유의 적합한 보관 방법

1.1 윤활제의 종류, 구성요소 및 기능

다양한 기계시스템에서 원활한 기능을 수행하기 위해서는 반드시 윤활이 필요하다. 윤활을 하는 재료를 통틀어 윤활제(潤滑劑)라고 한다. 윤활제의 사전적 의미는 기계가 상호작용하는 윤활 면에서 마찰을 감소시키고 마모를 방지하는 데 사용하는 물질이다. 윤활제에는 그림 1.1과 같이 고체 윤활제와 액상 윤활제 그리고 그리스가 대표적이다.

고체 윤활제에는 흑연(graphite), 이황화몰리브덴(MoS_2), PTFE(polytetrafluoroethylene) 등이 있다. 고체 윤활제의 경우, 윤활유의 누설이 민감한 장치에서나 일반적인 그리스와 액상 윤활유의 사용이 어려운 환경에 주로 사용된다. 온도 변화가 극심한 우주나 진공 같은 환경 등에서는 기존의 그리스나 액상 윤활유의 사용이 어렵기 때문에 PTFE 같은 고체 윤활제가 적용된다. 또한 미세한 파우더 형태의 고체 윤활제를 액상 윤활유나 그리스에 혼입하여 사용함으로써 윤활성능을 향상시키는 데 기여하기도 한다.

액상 윤활유는 가장 적용 범위가 넓은 만큼 다양한 산업에서 사용하고 있다. 보통 액상이라는 말을 빼고 윤활유로 사용되며 본 책에서 언급되는 윤활유 또한 액상 윤활유를

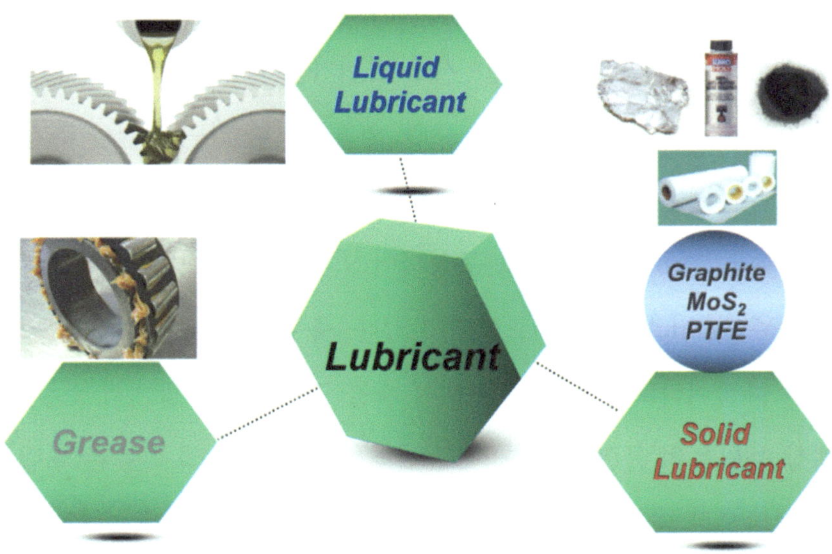

그림 1.1 윤활제의 종류

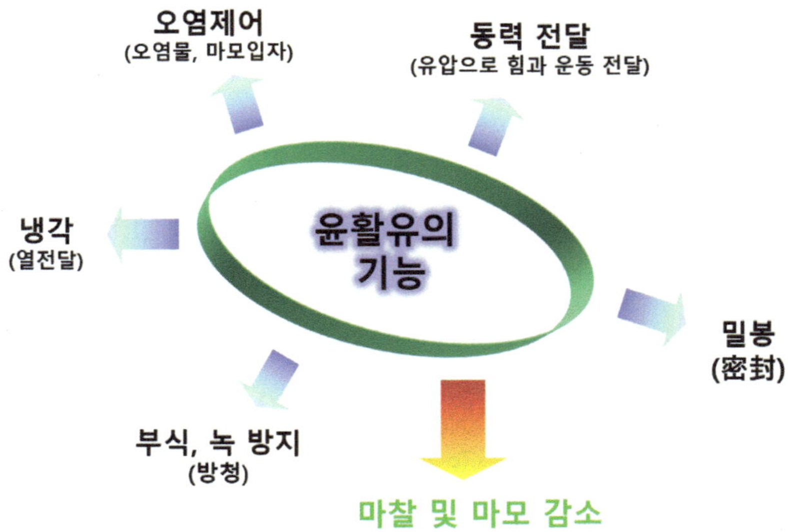

그림 1.2 윤활유의 기능

의미한다. 윤활유는 기유(base oil)와 첨가제(additive)로 이루어져 있다. 기유는 석유에서 얻어지는 광유를 주로 사용하고 있고 그 외에도 합성유, 식물성유가 있다. 광유보다는 합성유가 화학적 구조의 균일성과 산화안정성이 뛰어나다. 식물성유는 해바라기 씨앗, 옥수수, 콩, 야자수 등 식물로부터 얻어지는 것으로 가격 면에서는 저렴하나 다른 유에 비해 산화안정성이 취약하다. 그러나 현재 식물성유의 산화안정성 문제를 해결하려는 연구가 활발히 진행되고 있어 앞으로 사용 범위가 확대될 것으로 기대된다. 첨가제는 크게 기존의 기유가 가지고 있는 성질을 보완, 억제하거나 없던 성질을 추가하는 기능을 담당한다. 1-2절에서 기유와 첨가제에 대해 자세하게 다룬다.

그리스는 증주제, 기유와 첨가제로 구성되어 있다. 이와 같이 그리스에서는 액상 윤활유에 없는 증주제(thickener)가 포함되어 있다. 증주제는 액상 윤활유를 머금고 있는 스펀지와 같은 물질이라고 생각하면 이해가 빠를 것이다. 1-3절에서 증주제의 종류 및 그리스와 액상 윤활유의 윤활에 대해 비교 설명한다. 윤활유의 기능은 그림 1.2와 같이 다양하다. 우선적으로 마찰, 마모를 저감시키는 기능을 수행한다. 윤활유는 기계가 상호작용하는 윤활 면에서 마찰 및 마모를 저감하여 효율이나 기계의 신뢰성을 향상시킨다. 윤활유가 윤활 면에 도포되어 금속표면과 산소의 접촉을 차단함으로써 녹이나 부식을 방지한다. 또한 윤활유가 순환하는 시스템에서는 윤활 면에 발생한 마찰열 및 기타 열을 빼앗아 냉각시키는 기능을 수행한다. 순환하는 윤활유는 열이 발생되는 지점에서 열을 뺏어 cooler나 chiller 등에서 냉각시켜 다시 공급함으로써 기계시스템이 과열되지 않고 안정적으로 작동하게 한다. 유압시스템에서 사용되는 윤활유는 힘과 운동을 전달하는 기능을 수행한다. 공기나 물에 비해 내식성도 좋지만 비압축성 성질이 뛰어나 동력을 전달하는 데 윤활유가 주로 사용된다. 그 외에도 발생된 마모입자나 이물질이 서로 큰 덩어리가 되지 않게 하는 등 오염 제어 기능과 외부 물질과 차단시키는 시일(seal) 기능이 있다.

1.2 기유와 첨가제

액상 윤활유는 그림 1.3과 같이 기유와 첨가제로 이루어져 있다. 이때 기유는 크게 합성유(synthetic oil), 광유(mineral oil), 식물성유(vegetable oil)로 나눠진다. 기유로 가장 많이 이용되고 있는 광유는 $C_{26} \sim C_{40}$의 탄화수소를 사용한다. 참고로 그림 1.4와 같이 화학에서 C_1은 CH_4로 메탄이고 C_2는 C_2H_6로 에탄이며 C_{100}은 파라핀(paraffin)이다. 또한 가솔린의 경우 $C_5 \sim C_{10}$의 탄화수소를 사용한다. 광유는 그림 1.5와 같이 화학적으로 파라핀(paraffin)계, 나프텐(naphthene)계, 방향족(aromatic)계로 나누어진다. 파라핀계는 분자의 가지가 많지 않고 곧게 배열되어 있는 반면에 나프텐계는 여러 방향으로 가지가 많은 구조로 되어 있다. 이런 구조의 차이로 인해 표 1.1과 같은 특성이 나타난다. 파라핀계는 안정적인 구조로 나프텐계보다 인화점이나 점도지수가 높은 반면에 나프텐계는 가지가 많은 구조로 첨가제의 용해성이 파라핀계보다 양호하다.

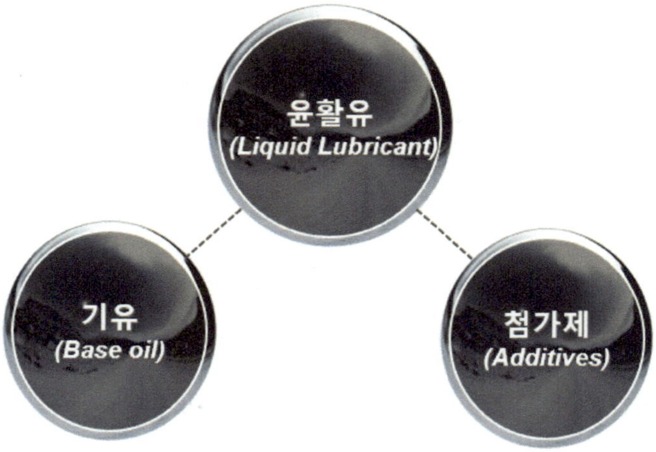

그림 1.3 윤활유의 구성요소

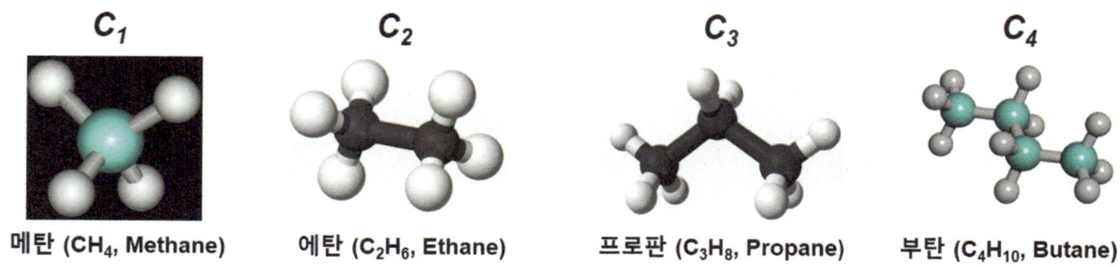

그림 1.4 탄화수소 (C_1 ~ C_4)

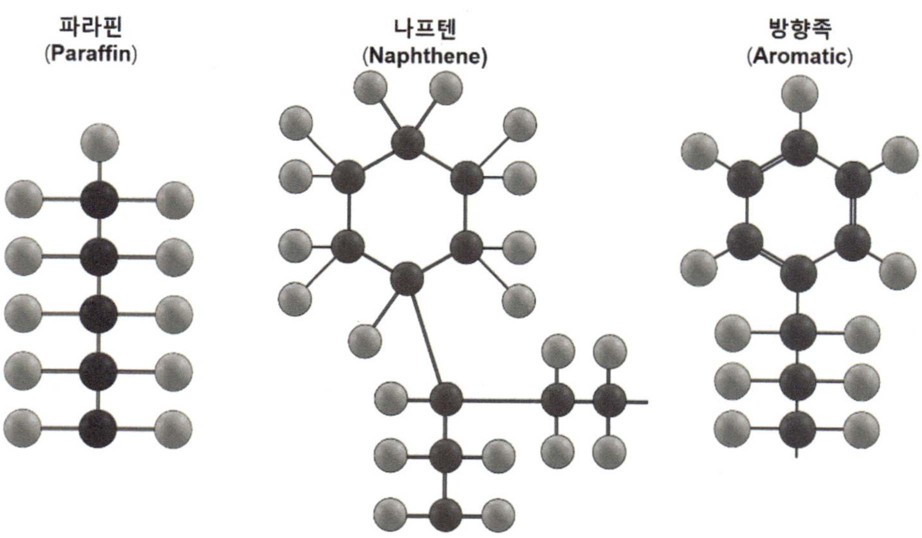

그림 1.5 광유의 분류

표 1.1 파라핀계와 나프텐계 특성 비교

	파라핀(Paraffin)계	나프텐(Naphthene)계
점도지수(VI)	95 ~ 105	30 ~ 70
유동점	왁스의 유동점과 동일	파라핀계보다 낮음
인화점	나프텐계보다 높음	파라핀계보다 낮음
왁스 함유율(%)	1 ~ 10	소량
파라핀 함유율(%)	45 ~ 60	15 ~ 25
나프텐 함유율(%)	20 ~ 30	65 ~ 75
첨가제 용해성	상대적으로 나프텐계보다 빈약	양호

기유는 Group 1에서 Group 5까지 5등급으로 나누어져 있다. 그림 1.6은 광유의 Group 1, 2, 3의 제조 공정을 나타낸 그림이다. Group 1의 경우는 용제추출과정을 통해 방향족, 극성물질, 황, 질소 등을 50% 이상 제거하고 끝으로 연한 수소화 정제를 하지만 Group 2의 경우는 수소화분해를 통해 이중결합을 분해한 뒤, 수소를 포화시키고 끝으로 고압수소화 처리를 통해 얻게 된다. Group 3의 경우는 Group 2와 같이 수소화 분해를 거친 뒤, 수소 이성화 작업을 수행하는데, 이 과정을 통해 직렬 파라핀이 분기 파라핀으로 변화하며 저온 성능이 향상된다. 산화 안정도 면에서는 등급의 숫자가 클수록 더 안정적이다. 즉 Group 1보다는 Group 2가 산화안정성이 더 뛰어나다. 그뿐만 아니라 Group 1보다는 Group 2, 3의 황 함유량, 방향족, 극성물질 성분이 상대적으로 적다. Group 4의 경우 PAO(Poly Alpha Olefin)를 사용하며 Group 5의 경우는 대체로 합성유 기유를 나타낸다.

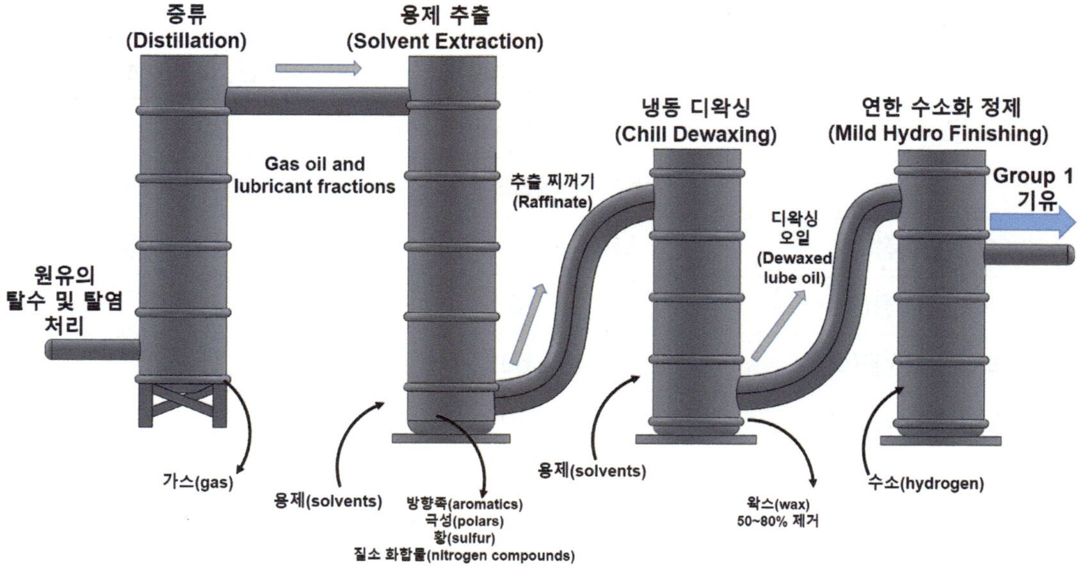
증류
(Distillation)
용제 추출
(Solvent Extraction)
Gas oil and
lubricant fractions
냉동 디왁싱
(Chill Dewaxing)
연한 수소화 정제
(Mild Hydro Finishing)
추출 찌꺼기
(Raffinate)
디왁싱
오일
(Dewaxed
lube oil)
Group 1
기유
원유의
탈수 및 탈염
처리
가스(gas)
용제(solvents)
방향족(aromatics)
극성(polars)
황(sulfur)
질소 화합물(nitrogen compounds)
용제(solvents)
왁스(wax)
50~80% 제거
수소(hydrogen)

(a)

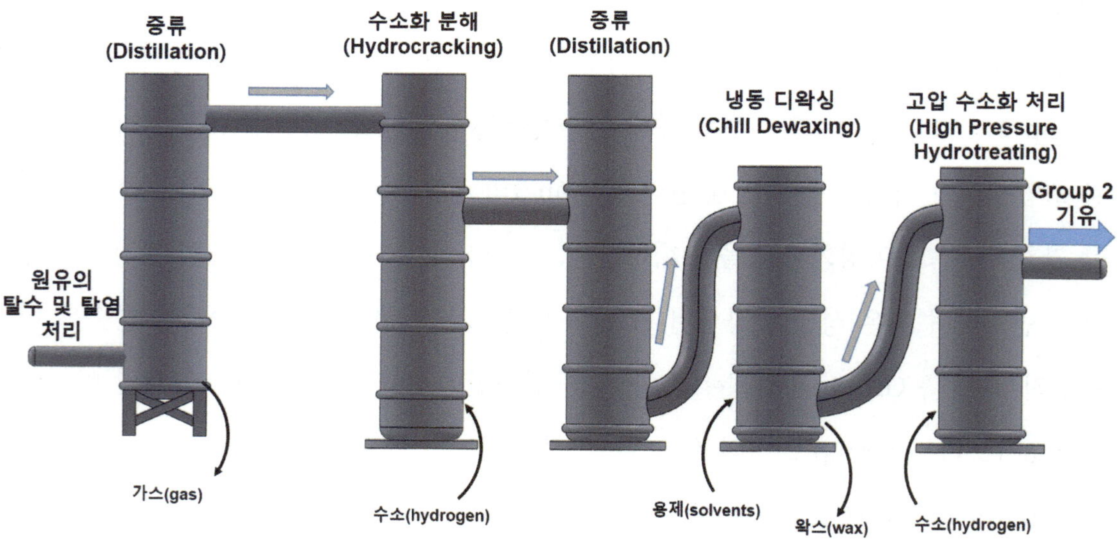
증류
(Distillation)
수소화 분해
(Hydrocracking)
증류
(Distillation)
냉동 디왁싱
(Chill Dewaxing)
고압 수소화 처리
(High Pressure
Hydrotreating)
Group 2
기유
원유의
탈수 및 탈염
처리
가스(gas)
수소(hydrogen)
용제(solvents)
왁스(wax)
수소(hydrogen)

(b)

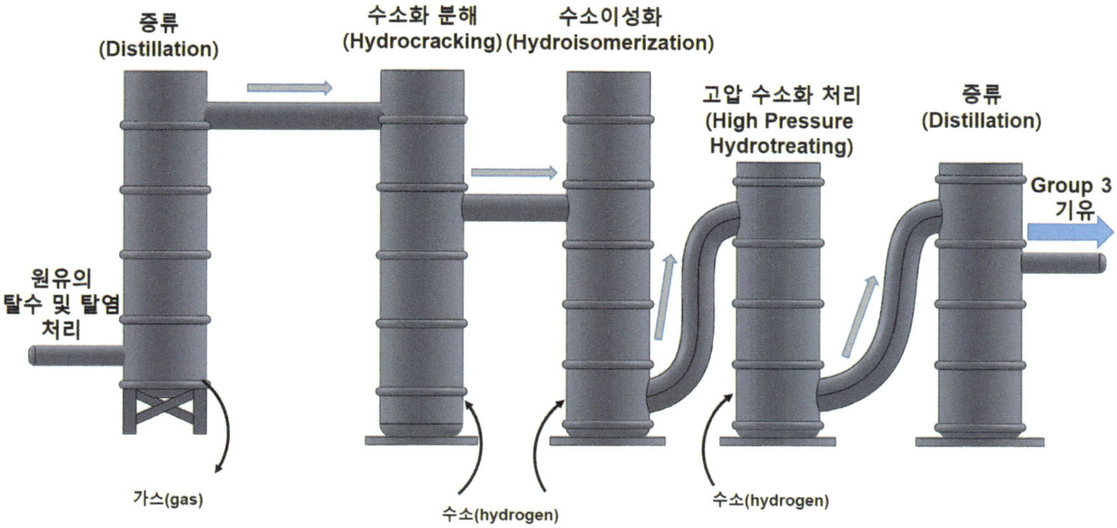

(c)

그림 1.6 광유의 등급
(a) Group 1 (b) Group 2 (c) Group 3

액상 윤활유는 앞서 언급한 바와 같이 기유와 첨가제로 구성되어 있다. 첨가제의 역할은 그림 1.7과 같이 크게 3가지로 나뉜다. 첨가제는 기유의 기존 성질을 향상, 기유의 바람직하지 못한 성질을 억제, 또한 기유에 새로운 성질을 부여한다. 기유는 산화 및 부식을 방지하고 비교적 큰 표면장력으로 인해 기포를 배출하거나 파괴하는 성질뿐만 아니라 기름과 물이 잘 섞이지 않는 성질을 가지고 있다. 이때 기유에 항산화제, 부식억제제, 소포제, 항유화제를 첨가하면 그 기능이 향상된다. 그리고 기유는 저온환경에서 왁스 성분이 응결되어 흐르지 않는 성질이 있고 또한 온도에 따라 점도가 변화하는 성질을 가지고 있다. 따라서 기유에 유동점 강하제와 점도지수 향상제를 첨가함으로써 저온에서 유동성이 확보되고 온도 변화에 의한 점도 변화가 작아진다. 또한 첨가제는 기유에 새로운 기능을 부여하는데 이를 수행하는 첨가제에는 극압제, 청정제, 점착성 향상제, 금속비활성제가 있다. 이와 관련된 첨가제의 특성 중에는 극성(polarity)이 있다. 첨가제의 극성으로 인해 입자 포위, 물 유화, 금속 침윤의 기능을 수행한다. 입자 포위는 첨가제 중 청정제나 분산제가 입자 표면에 달라붙는 것을 의미하고 물 유화는 유화제와 같이 첨가제의 극성을 띄는 머리 부분이 미세한 물방울에 달라붙는 것을 의미한다. 또한 첨가제의 극성으로 인해 내마모제, 부식억제제, 극압제, 방청제 성분이 금속 표면에 붙어 있어 금속 침윤의 기능을 가진다. 비극성 물질에는 기유와 PTFE 등이 있고 극성 물질에는 물, 스펀지, 금속 표면 등이 있다.

그림 1.7 첨가제의 역할

마찰, 마모 제어 첨가제에는 유성향상제, 내마모 첨가제, 극압첨가제가 있다. 유성향상제는 식물성 또는 동물성 지방산을 주성분으로 하며 금속 표면에 연성의 흡착막을 형성한다. 접촉 온도가 60℃를 초과하면 그 효력이 없어진다는 단점이 있다. 내마모 첨가제는 유성향상제와 달리 60℃ 이상의 온도에서도 흡착막을 형성하며, ZDDP(Zinc Dialkyl Dithio Phosphate), TCP(Tricresyl Phosphate)가 주로 첨가제로 사용된다. 극압첨가제는 베어링이나 기어 같이 작은 면적에 큰 하중이 전달되는 기계시스템에서 사용되는 첨가제로 주로 황과 인계의 성분이 사용된다. 그 외에도 붕산염, 이황화몰리브덴, 흑연이 극압첨가제로 사용된다.

항산화제 또는 산화억제제는 산화를 지연시키는 첨가제이다. 실제 이 첨가제는 산화를 억제하는 것이 아니라 산화의 진행을 지연하는 데 작용한다. 산화가 진행되면 보통 산가(AN, Acid Number)도 증가하고 바니쉬(varnish)와 슬러지(sludge)가 생성되어 점도 또한 증가한다. 따라서 항산화제는 산화를 지연시켜 윤활유의 사용 기간을 확대하는 것으로, 산화되기 전에 반응성의 유체 과산화물 및 자유 반응기들을 비활성화하는 기능을 수행한다. 항산화제로는 주로 페놀계, 아민계 화합물이 사용되고 그 외에도 ZDDP, 금속 술폰산염 등이 사용된다. 특히 ZDDP의 경우는 내마모 첨가제와 항산화제로 사용된다.

분산제는 그림 1.8과 같이 입자들을 포위하여 미세하게 분산시키는 기능을 수행한다. 즉 입자들을 에워싸서 입자들이 서로 뭉쳐 큰 입자가 되는 것을 방지함으로써 고형 입자에 의한 마모를 방지할 수 있다. 분산제로는 숙신아미드, 유기화합물 등이 사용된다.

청정제는 퇴적물이 없도록 청정하게 하거나 연소에 의해 발생한 산을 중화하는 기능을 한다. 대부분의 연료에는 연소에 필수적인 황 성분이 있다. 특히 디젤 엔진의 연료는 가솔린 엔진의 연료보다 황 함유량이 상대적으로 많다. 연료의 황 성분이 물과 반응을 하면 황산을 형성하여 금속 표면을 부식시킨다. 즉, 부식에 의한 마모로 기계의 윤활 특성이 나빠지고 결국은 기계의 큰 손상이나 고장이 발생한다. 따라서 황산에 의한 부식 방지 목적으로 윤활유에는 산의 중화를 위한 염기 성분이 포함되어 있다. 이와 관련된 물성값은

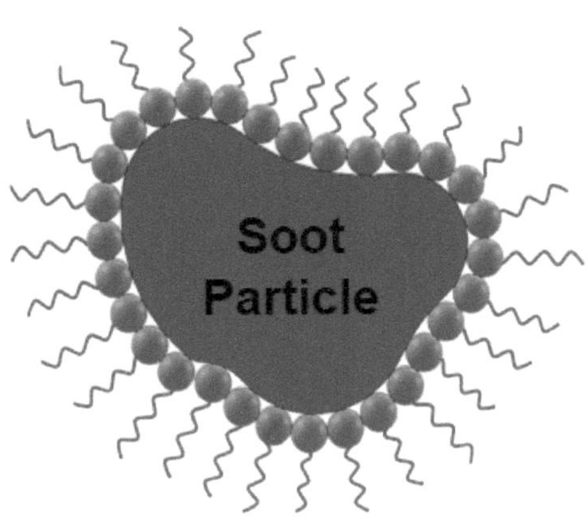

그림 1.8 수트 입자 주위의 분산제

윤활유 내의 염기의 양을 나타내는 염기가(BN, Base Number)이다. 윤활유 내의 염기가에 영향을 주는 첨가제는 대부분이 청정제이지만 그 외에도 분산제, 점도지수 향상제, 부식억제제도 일부 영향을 준다. 청정제의 성분으로는 주로 바륨, 칼슘, 마그네슘 화합물을 사용한다. 이때 사용하는 시스템에 따라 요구되는 염기가의 범위도 다르다. 만약 요구되는 염기가 보다 작은 염기가를 함유한 윤활유를 사용한다면 부식에 의한 마모 및 손상이 발생한다. 반면에 요구되는 염기가보다 큰 염기가를 함유한 윤활유를 사용하면 잉여 첨가제에 의한 퇴적물 또는 바니쉬(varnish)나 락커(lacquer) 같은 이물질 층이 윤활 면에 생성되기도 한다. 이것은 윤활 면의 틈새를 줄임으로 상대운동을 하는 시스템에서 원활한 운동을 방해하고 마찰, 마모 및 열을 발생시켜 윤활유의 소모량을 증가시키거나 고착의 원인이 된다.

녹 방지제는 금속 표면에 극성 피막을 형성하고 그 피막이 물을 배척함으로써 녹(rust)의 발생을 억제하는 첨가제로 엔진유에서는 과염기가 주로 사용되고 기타 산업유에는 숙신산, 지방산이 주로 사용된다. 부식 억제제는 표면에 물 및 부식성 산과 접촉하는 것을 방지함으로써 부식을 억제하는 첨가제로 이미다졸, 벤조트리아졸 등이 사용된다.

점도지수 향상제는 점도지수를 향상하는 첨가제이다. 점도지수는 온도의 변화에 대한 점도의 변화를 나타내는 지수이다. 온도의 변화에 대한 점도변화가 작은 것이 점도지수가 높은 경우이고 이것이 윤활시스템에서 주로 요구되는 조건이다. 온도변화에 따라 점도가 많이 변하는 경우는 온도 변화가 심한 환경이나 시스템에서는 적용하기 힘들다. 이는 시스템에 따라서 적당한 점도의 범위가 존재하는데, 주위 환경이나 작동 조건에 따라 온도가 크게 변화하여 점도가 요구되는 범위를 벗어나면 윤활문제가 발생하기 때문이다. 점도지수 향상제로는 폴리이소프렌, 폴리이소부틸렌, 폴리메틸메타크릴레이트, 올레핀 공중합체 등이 사용된다.

소포제는 그림 1.9와 같이 기포의 표면장력을 저하시켜 기포를 파괴하는 데 사용되는 첨가제이다. 윤활유 안에 발생한 기포는 용적 효율을 떨어뜨리고 또한 힘과 운동을 전달하는 유압작동유에서 기계적 작동의 문제를 발생시킬 수 있다. 따라서 윤활유에 포함된 기포를 제거하는 데 작용하는 첨가제가 필요하다. 소포제로는 실리콘(Si) 계열의 메틸실리콘, 폴리메틸메타크릴레이트 등이 사용된다.

소포제는 주로 윤활유의 사용기간이 증가하면 그 양이 감소하지만, 사용 중에 흙, 먼지 등의 유입으로 소포제의 주성분인 실리콘의 양이 그림 1.10과 같이 증가하기도 한다. 특히 흙, 먼지가 많은 환경에서 작업을 하는 건설장비들의 윤활유를 분석할 때는 흙, 먼지 등에 의해 소포제의 성분인 실리콘의 양이 증가하는 현상에 주의해야 한다.

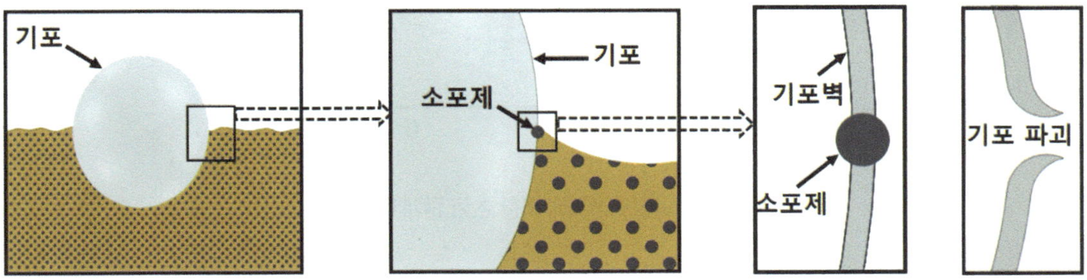

그림 1.9 소포제에 의한 기포의 파괴

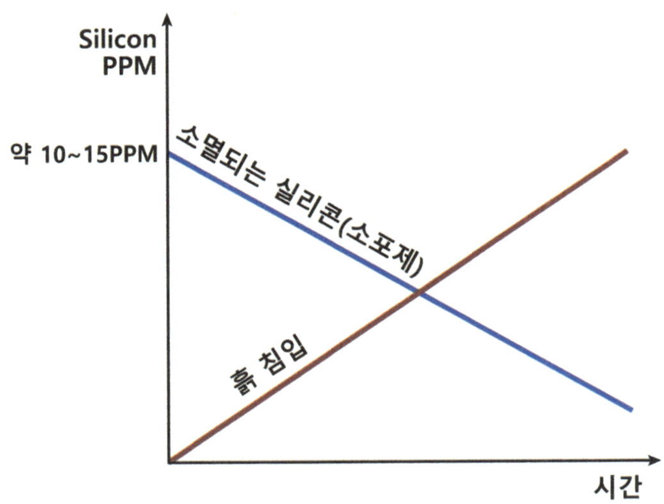

그림 1.10 시간에 따른 실리콘의 농도 변화

마찰조정제는 그림 1.11과 같이 운전 시작시점에 작용하는 내마모성 첨가제로 마찰감소 및 에너지(동력) 손실을 감소하는 역할을 한다. 지방산, 카르복실산 그리고 고체 윤활제의 재료인 몰리브덴, 흑연, PTFE가 첨가제로 사용된다.

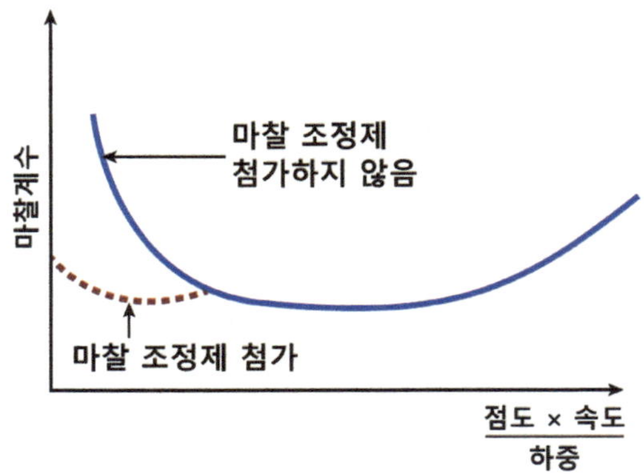

그림 1.11 마찰조정제에 의한 초기 단계 마찰저감

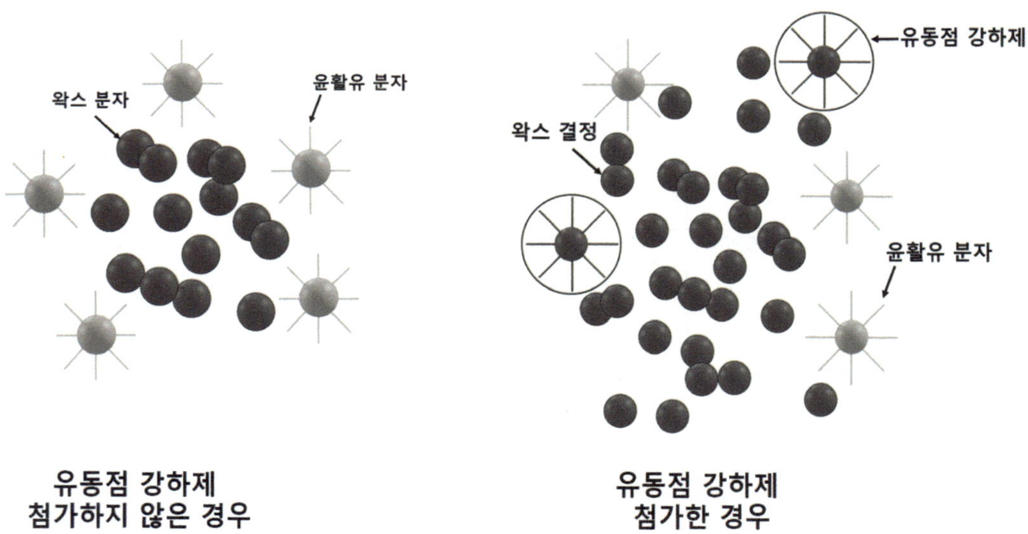

그림 1.12 유동점 강화제의 기능

유동점 강화제는 윤활유의 저온 특성을 개선하는 첨가제이다. 윤활유는 그림 1.12와 같이 저온 환경에서는 왁스 결정화로 인해 윤활유가 겔(gel)화 되고 결정화된 왁스들은 윤활유와 엉겨붙어 흐름을 방해한다. 따라서 윤활유는 특정 온도 이하의 저온환경에서 유동성을 잃는다. 유동점 강하제는 왁스 결정들이 윤활유와 엉겨붙는 것을 방지하여 저온에서도 유동성을 유지하는 첨가제로 알킬 왁스 나프탈렌, 알킬 왁스 페놀 등이 사용된다.

윤활유의 열화는 산화, 표면 흡착 같은 여러 가지 원인에 의해 발생한다. 열화의 여러 가지 원인 중에는 첨가제의 소멸과도 밀접한 관련이 있다. 첨가제 소멸은 그림 1.13과 같이 크게 분해, 분리, 흡착에 의해 일어난다.

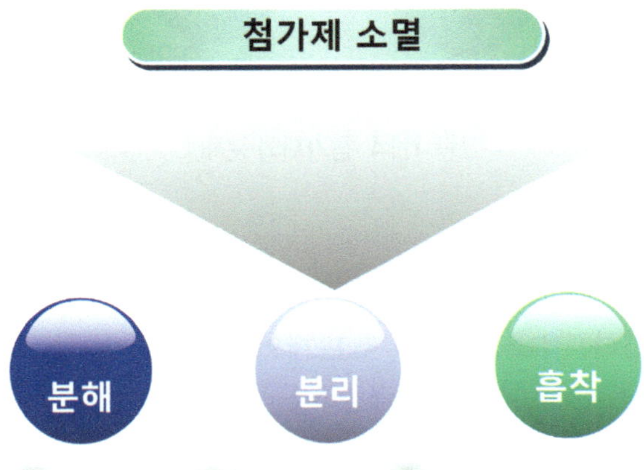

그림 1.13 첨가제의 소멸

첨가제의 소멸 기구(mechanism) 중의 하나인 분해(decomposition)는 그림 1.14와 같이 전단, 열적 열화, 산화, 가수분해, 중화가 있다. 그림 1.14와 같이 전단은 화학적인 구조에서 분자구조가 끊어지는 것을 의미하고 열적 열화는 윤활유가 열을 받으면 첨가제가 인산염, 황산염, 황화물 같은 화합물을 생성하는 것을 의미한다. 산화는 산소와 반응하여 화합물을 만드는 것이고 가수분해는 물 분자가 작용하여 일어나는 분해 반응이며, 중화는 산과 염기가 만나 염과 물을 생성하는 화학반응이다.

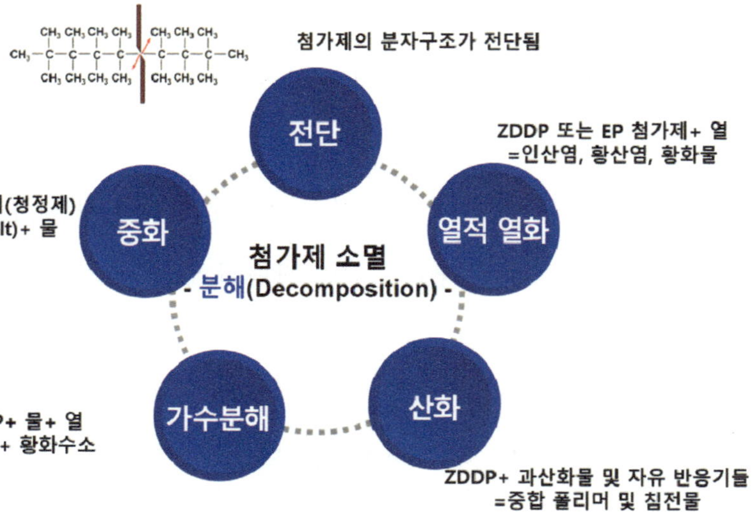

그림 1.14 첨가제의 분해

첨가제의 소멸 기구인 분리(separation)는 그림 1.15와 같이 응축 침전, 증발, 원심 분리, 응결 흡착, 여과가 있다. 응축 침전은 소포제와 같이 첨가제들이 결합하여 응축이 되고 이 응축된 첨가제들은 불용성이라 다시 용해되지 않아 바닥에 침전이 되는 것을 의미

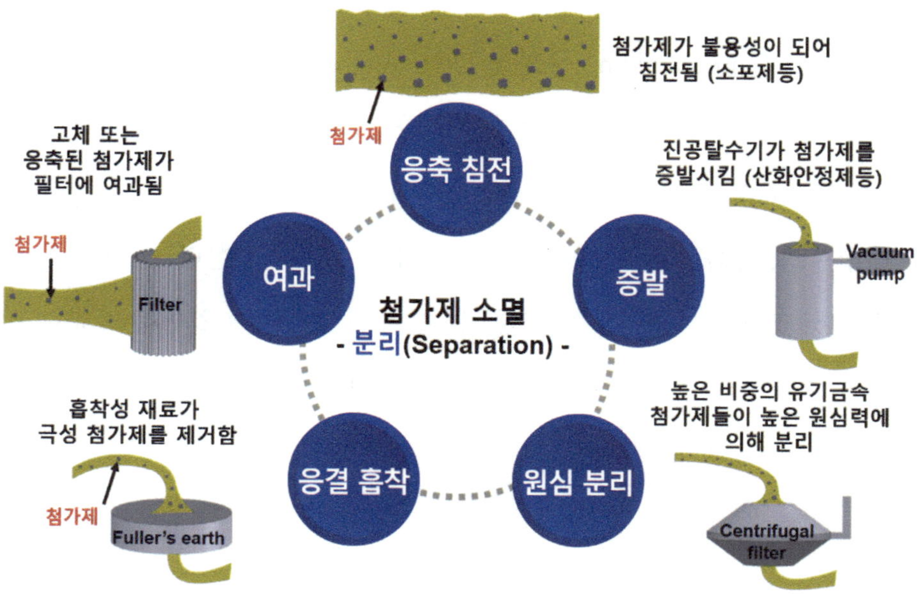

그림 1.15 첨가제의 분리

한다. 증발은 진공탈수기 등의 의해 산화안정제와 같은 첨가제들이 증발되는 것을 의미하고 원심 분리는 원심 분리기에서 높은 비중의 유기금속성분 첨가제들이 분리되는 것을 나타낸다. 응결 흡착은 필터 등의 흡착성 재료에 극성 첨가제가 부착되어 제거되는 것이며 여과는 필터에 응축된 첨가제가 걸러지는 것을 의미한다.

흡착(adsorption)은 첨가제의 소멸 기구 중 하나로 그림 1.16과 같이 입자스크러빙, 마찰접촉, 수세(water washing), 표면 흡착이 있다. 입자스크러빙은 수트(soot) 같은 극성 입자 주위를 극성인 첨가제가 에워싸는 것을 의미하고 마찰접촉은 내마모 첨가제나 극압첨가제들이 접촉 부위에 경계막을 형성하는 것을 뜻한다. 그리고 수세는 물이 극성이므로 극성 첨가제들이 물분자에 붙여서 바닥으로 끌어내리는 것을 의미하고 표면 흡착은 극성 첨가제들이 윤활 면에 흡착되는 것을 나타낸다. 입자스크러빙, 마찰접촉, 표면 흡착 등은 실제 윤활유의 유용한 기능을 수행하면서 소멸되는 것을 의미한다.

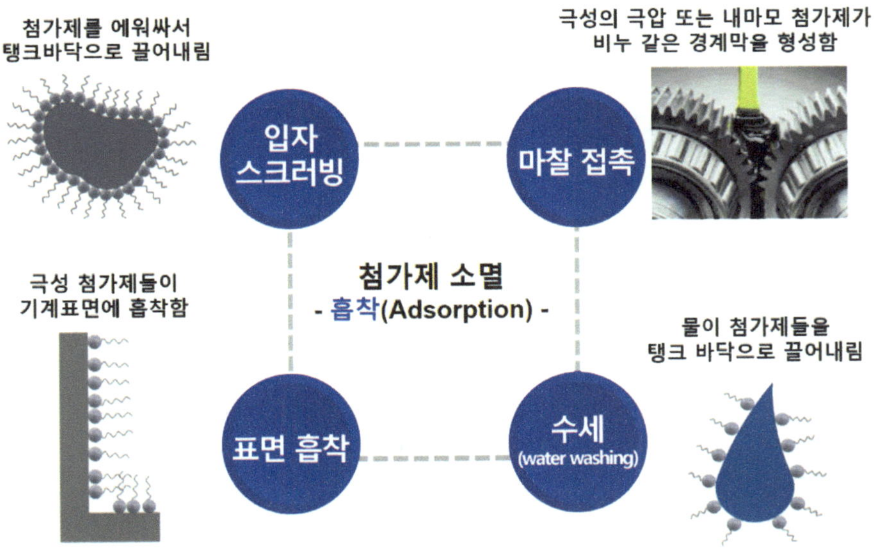

그림 1.16 첨가제의 흡착

1.3 그리스

그리스는 액상 윤활유와 함께 산업에서 많이 사용되고 있는 윤활제이다. ASTM D288에 그리스는 액체 윤활유 중에 증주제(thickener)를 분산시킨 고체 또는 반고체 제품이라 정의하고 있다. 일반적으로 젤이나 겔 같은 반고체 상태에 있는 그리스만 있는 것이 아니라 고체 상태의 그리스도 존재한다. 그리스는 그림 1.17과 같이 기유, 첨가제, 증주제로 이루어져 있다. 액상 윤활유와 다른 점은 증주제가 있다는 것이며 이 증주제는 윤활유를 머금어 유지하는 스펀지 같은 물질이다. 비누기 증주제는 그림 1.18과 같이 단순 비누기(simple soap), 복합 비누기(complex soap)로 나누어진다.

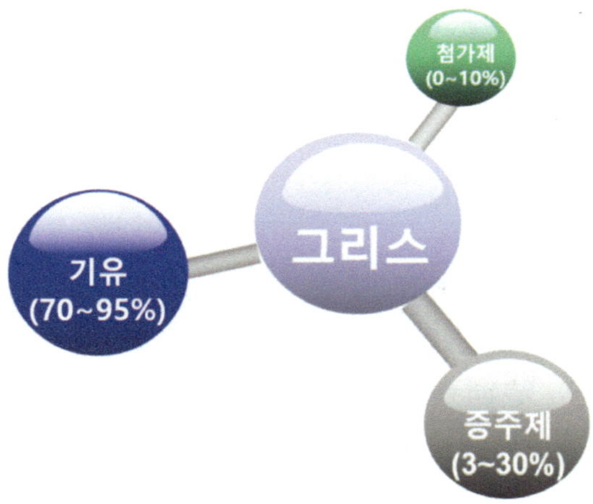

그림 1.17 그리스의 구성요소

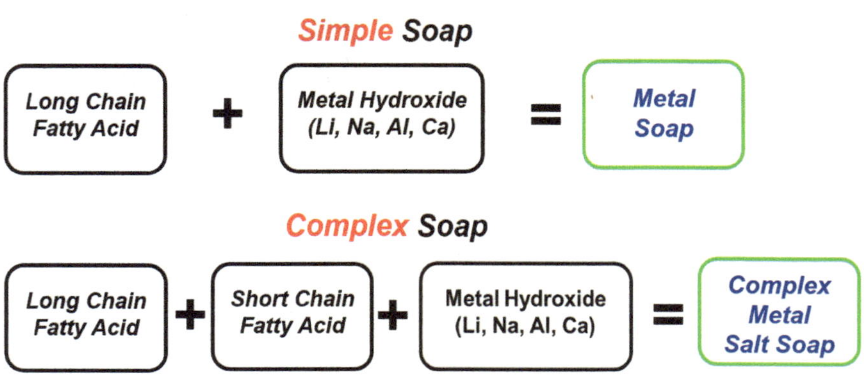

그림 1.18 단순 비누기와 복합 비누기

그리스와 액상 윤활유를 사용할 때 표 1.2와 같이 그리스의 장점과 단점을 잘 알고 있다면 시스템에 적합한 윤활제를 선택하는 데 도움이 된다. 그리스의 장점은 정지, 시동 성능이 우수, 적은 누설량, 오염물 침입과 차단 성능이 우수, 고체 첨가제들을 함께 사용 가능하다는 것이다. 그리스의 단점으로는 냉각 기능의 불량, 베어링의 속도 한계가 낮음, 첨가제와의 적합성이 나쁨, 용적 관리 곤란, 분석의 어려움 등이 있다.

액상 윤활유에 비해 점도가 높다는 점이 그리스의 장점이자 단점이다. 그리스는 높은 점도로 인해 누설량이 적으며 시스템이 정지 시, 드레인(drain)되지 않고 잔류함으로써 윤활막을 형성하여 정지와 시동을 반복하는 시스템에 적합하다. 반면에 그리스의 높은 점도로 인해 베어링에서 고속운전이 어렵다. 그 이유는 그리스를 윤활제로 고속운전을 하면 발열문제가 발생하기 때문이다. 즉, 그리스는 액상 윤활유에 비해 냉각성능이 낮고 점성마찰력에 의한 열 발생량이 많다.

추가적인 그리스의 장점으로는 잉여 그리스가 외부로부터의 입자나 오염물이 유입되는 것을 막아주는 밀봉제 역할을 수행한다. 그리고 그리스는 몰리브덴 및 흑연 같은 불용성 고체 첨가제들을 그리스 내에 혼합하여 윤활성능을 개선할 수 있다.

표 1.2 그리스의 장점과 단점

장점(advantage)	단점(disadvantage)
• 정지, 시동 성능이 좋음 • 누설량이 적음 • 오염물 침입, 차단 성능이 좋음 • 고체 첨가제들과 혼합하여 윤활성능 개선	• 냉각 기능, 열전달 감소 • 베어링의 속도 한계가 낮음 • 첨가제와의 적합성이 불량 • 산화에 대한 낮은 저항성 • 용적 관리가 어려움 • 윤활유 분석이 어려움

Speed Factor

$$ND_m = \frac{N(D_i + D_o)}{2}$$

ND_m : Speed factor

N : Speed [RPM]

D_i : Inner diameter of bearing

D_o : Outer diameter of bearing

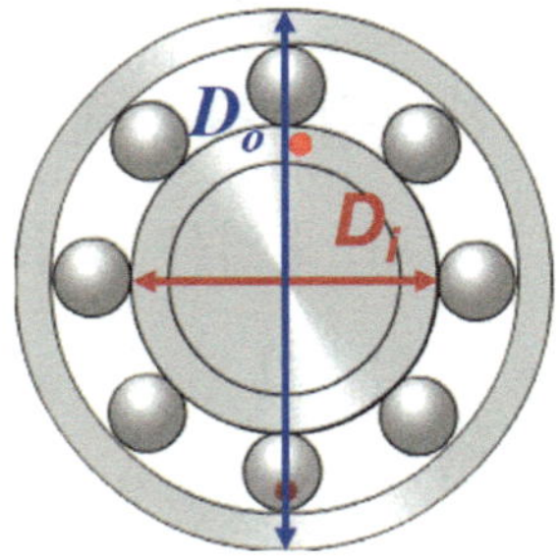

그림 1.19 speed factor

베어링에 그리스를 윤활제로 사용할 경우, 발열의 문제가 있으므로 속도 제한의 의미로 speed factor(ND_m)가 있다. 그림 1.19와 같이 speed factor는 베어링의 속도뿐만 아니라 베어링의 크기와 관련된 내경과 외경이 고려된다. 주로 구름 베어링에서 그리스 윤활을 하는데 speed factor를 넘지 않는 운전조건을 유지해야만 발열 문제를 방지할 수 있다. 베어링의 종류에 따른 speed factor의 값은 표 1.3과 같다.

표 1.3 베어링의 종류에 따른 speed factor

Bearing type	Grease lubricated
Thrust ball or roller bearing	140,000
Spherical roller bearing	145,000
Cylindrical roller bearing	300,000
Radial ball bearing	340,000

그리스는 액상 윤활유와 달리 급지가 중요하다. 급지는 수동 급지와 자동 급지로 나뉘며 수동 급지는 브러쉬, 그리스 건 등을 이용하여 각각의 윤활개소에 급지하는 방식이고 자동 급지는 펌프와 밸브를 이용하여 자동적으로 급지를 하는 방식이다. 수동 급지는 자동 급지에 비해 비용이 저렴하고 점검 중 급지가 가능하지만 작동 중 급지하는 데 어려움이 있고 윤활개소를 빠뜨리는 경우가 발생할 수 있다. 반면에 자동 급지는 윤활개소를

표 1.4 그리스 NLGI 등급

NLGI 등급	ASTM D217 혼화 침입도	식품 유사품	
000	445-475	케첩	
00	400-430	사과소스	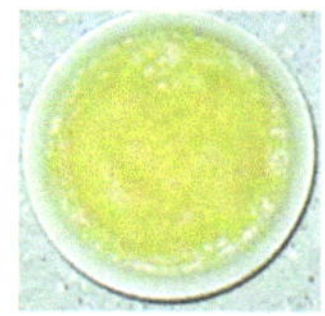
0	355-385	황색 겨자	
1	310-340	토마토 페이스트	
2	265-295	땅콩 버터	
3	220-250	식물성 쇼트닝	
4	175-205	얼은 요구르트	
5	130-160	부드러운 파이	
6	85-115	체다 치즈 스트레드	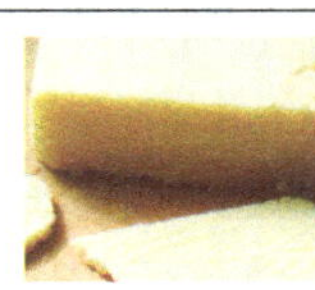

그림 1.20 그리스 일점 윤활기

빠뜨리는 실수는 발생하지 않으며 운전 중 급지가 가능하므로 운영하는 데 효율적이지만 시설비용이 상대적으로 크다는 단점이 있다. 수동 급지 방법 중에는 그림 1.20과 같이 일점 윤활기(single point lubricator)를 이용하여 그리스를 급지하기도 한다. 일점 윤활기는 스프링형, 가스형, 펌프형 3가지 방식으로 그리스를 급지하고 있다.

자동 급지 방식에는 단관 시스템(single line system)과 복관 시스템(dual line system)이 있으며, 단관 시스템에서는 단관 직렬 시스템(single line progressive system)과 단관 병렬 시스템(single line parallel system)이 있다. 단관 직렬 시스템은 압력계를 사용하여 한 지점을 감시함으로써 배관 막힘을 확인할 수 있다. 단관 병렬 시스템은 개별적으로 인젝터를 사용하여 개별 용적 제어가 가능하며, 상대적으로 비용이 저렴하다. 하지만 단관 병렬 시스템은 각 개별 인젝터가 감시되지 않으면 고장 감지가 어려운 단점이 있다. 단관 시스템은 높은 주도의 그리스, 아주 추운 환경에서는 적당하지 않은 시스템이지만 복관 병렬 시스템(dual line parallel system)은 아주 점도가 높은 그리스를 쉽게 다루며 수백 개의 인젝터를 수용할 수 있지만 상대적으로 비용이 크다.

그리스는 주도(consistency)에 따라 등급이 나누어지는데 주도는 가해진 기계적 힘에 그리스가 변형에 저항하는 능력을 나타낸다. 그리스의 주도는 NLGI(National Lubri-

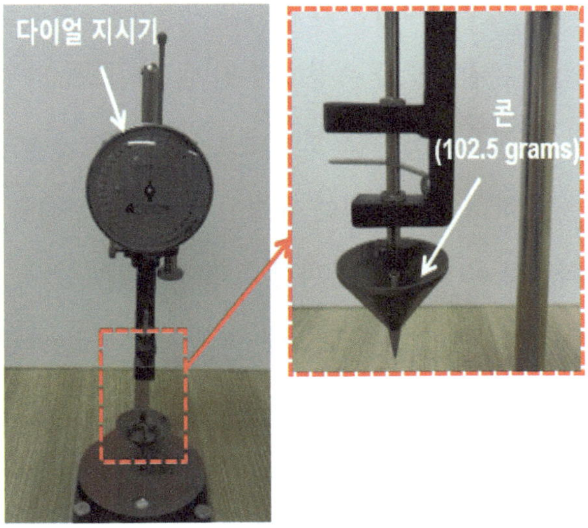

그림 1.21 콘침입도계(ASTM D217)

cating Grease Institute) 등급으로 구분하는데 표 1.4와 같이 000에서 6까지 9등급으로 이루어져 있다. 주도값이 클수록 그리스가 단단한 것을 의미한다. 주도는 그림 1.21과 같이 콘침입도계(ASTM D217)를 이용하여 25℃ 에서 측정하며 침입도에 따라 주도를

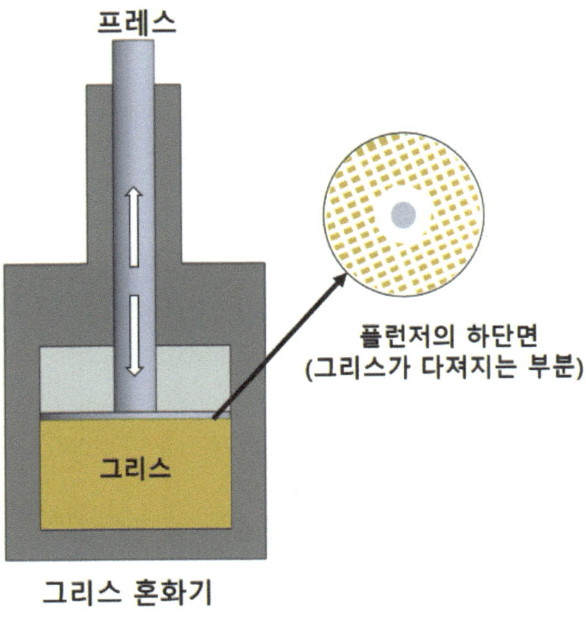

그림 1.22 그리스의 혼화

결정한다. 주도를 정확히 측정하기 위해서는 그림 1.22와 같이 그리스를 다지는 혼화 과정이 선행되어야 한다. 혼화는 콘침입도를 측정하기 전에 그리스를 다지는 행위이다. 혼화는 무 교란, 비혼화, 혼화, 연장혼화, 블록으로 구분되는데 혼화는 표준 그리스 혼화기에서 60회 혼화한 그리스를 말하고 연장혼화는 규정된 행정수(60회)로 혼화한 후, 25℃로 만들어 추가로 표준 혼화기로 60회 왕복 혼화한 그리스를 의미한다.

그리스의 산화 안정성 시험은 그리스의 수명 또는 보관기간 등을 예측하는 데 매우 중요하며, 그중의 한 시험법으로 ASTM D942가 있다. 이 방법은 그림 1.23과 같이 100시간 시험 후 산화에 의한 강하 압력을 측정하여 산화 안정성을 평가한다. 그리스의 강하 압력이 작을수록 산화 안정성이 뛰어나다는 것을 의미한다.

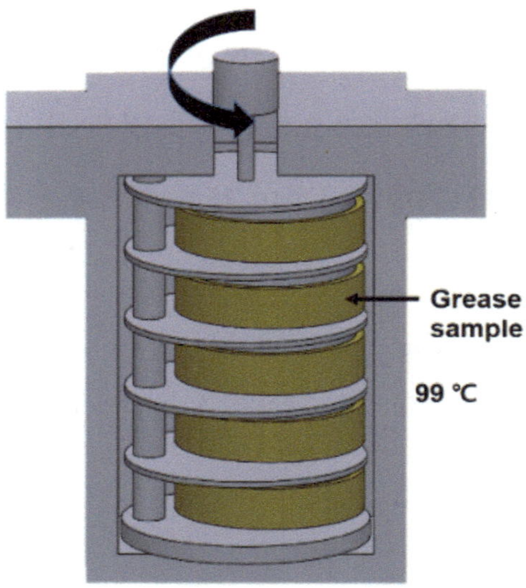

그림 1.23 그리스의 산화 안정성 시험(ASTM D942)

그리스의 부식 방지 성능 실험은 ASTM D1743에 규정되어 있으며, 그리스를 습한 조건하에서 보관할 때 철 표면에 부식을 예방하는 정도를 평가한다. 이 방법은 새로운 베어링에 그리스를 채운 상태에서 48시간 동안 물에 노출하여 부식 정도를 평가한다. 부식 정도에 따라 pass, marginal pass, fail로 구분하여 평가를 한다.

그리스의 적점(dropping point) 시험은 그리스에 온도를 상승시켜 반고체 또는 고체 상태에서 액체상태로 변하는 최저온도를 확인하는 것이다. 적점은 그리스의 고온 특성을 파악할 뿐 아니라 현재의 윤활성능을 파악하는 데도 활용한다. 적점의 60 ~ 70%되는 온도를 그리스의 최고 사용한계 온도라고 본다. 그리스의 사용기간이 길어지면 열화되어 적점 온도가 낮아지므로 적점 시험을 통해 현재 사용 중인 그리스의 상태를 파악할 수 있다.

그리스의 압송성(pumpability) 시험은 그리스가 분배 시스템에서 일정온도, 정상류 조건으로 흐르는 능력을 평가하고 압송성은 그리스에 포함된 고체 첨가제, 점착성 향상제, 증주제의 종류와 농도 등에 영향을 받는다. 그리스의 함몰성(slumpability) 시험은 그리스가 팔로우 플레이트 없이 펌프로 공급되는 능력, 즉 쉽게 허물어지는 정도를 평가한다.

그리스의 이유(oil separation) 시험은 ASTM D1742에 규정되어 있는데 기유가 저장 중인 그리스의 증주제에서 분리되는 경향을 측정하고 그리스의 분리 시험은 ASTM

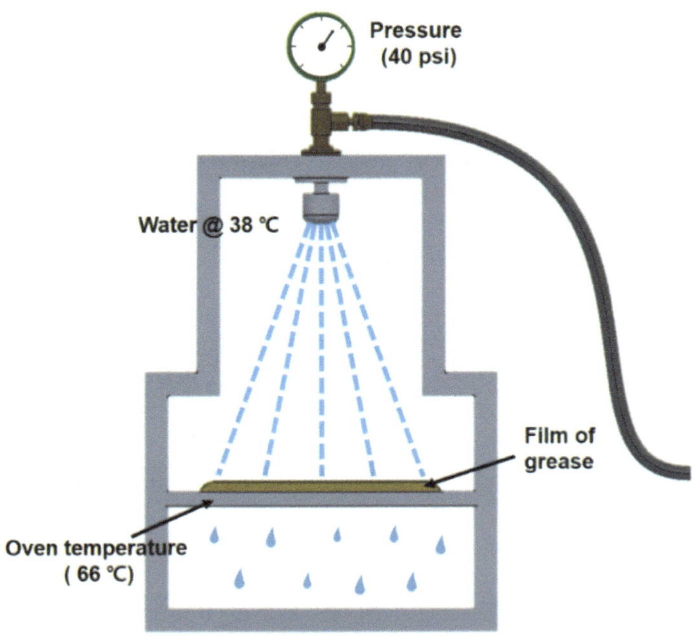

그림 1.24 그리스의 수 분사 시험(ASTM D4049)

D1263에 규정되어 있으며 높은 온도 및 부하 조건에서 그리스의 누설 경향을 측정한다.

그리스의 수세(水洗) 시험은 크게 수 분사 시험(ASTM D4049)과 베어링 수세 시험(ASTM D1264)이 있다. 수 분사 시험은 그림 1.24와 같이 66℃ 오븐 위에 그리스가 0.794mm 두께로 입혀진 상태에서 40 psi 압력과 38℃ 온도 조건의 물을 5분 동안 분사하여 그리스의 잔류 상태를 확인한다. 이때 약 5%의 그리스 손실은 작은 경우에 해당되고 약 30% 이상의 그리스 손실은 큰 경우에 해당된다. 베어링 수세 실험은 베어링 내에 충진된 그리스가 유량이 약 5 ml/s 물에 손실되는 정도를 파악하는 것으로 실험 온도는 38℃ 또는 79℃이다. 전형적으로 약 2%의 그리스 손실도 큰 경우에 해당된다.

1.4 윤활유 제조 및 관리 방법

윤활유는 그림 1.25와 같이 기유와 첨가제를 섞어 제조하는데 이 혼합하는 공정을 블렌딩(blending) 공정이라 한다. 블렌딩 공정은 스크루(screw)를 이용하여 40℃ 이상의 온도 조건에서 1시간 이상 혼합하는데 그 과정에서 우회로를 만들어 계속적으로 필터링을 동시에 수행한다. 블렌딩 공정이 완료된 윤활유를 필요한 용량만큼 적당한 용기에 담는 과정을 홀딩(holding)이라 한다. 자동차용 엔진오일은 아주 작은 용기에 담아서 판매를 하지만 기업에서 대형 기계에 사용되는 윤활유는 드럼(drum) 또는 토우트 빈(tote bin)에 담아서 공급된다.

윤활유의 제조과정에서도 오염물이나 이물질이 유입되지 않도록 청결하게 공정이 진행되어야 하지만 윤활유의 운반 또는 보관과정에서도 청결해야 한다. 사용자들이 받은 새로운 윤활유도 제조 당시의 품질을 유지 못할 수 있으므로 윤활유의 보관, 관리는 매우 중요하다. 그림 1.26과 같이 소비자에게 최종적으로 윤활유가 사용되기 전까지는 여러 단계를 거치게 되는데 이 과정에서 오염의 가능성이 있다. 그래서 신유도 윤활유 분석을 하여 상태를 확인 후 사용하거나 filter로 정화를 한 뒤 사용하는 것이 바람직하다.

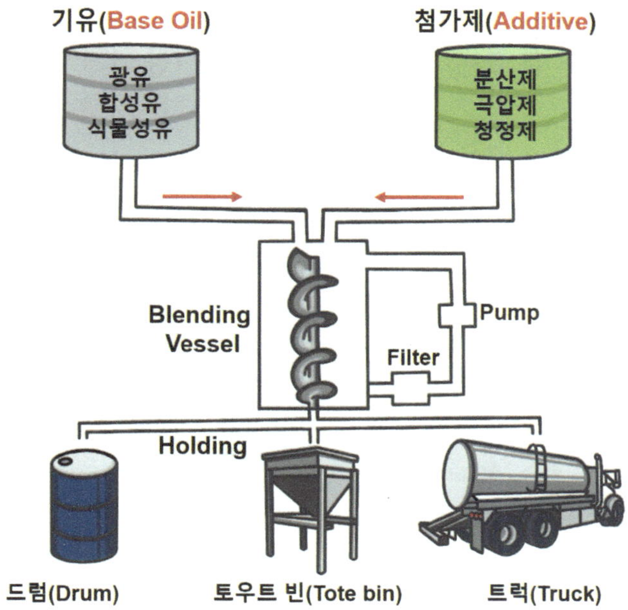

그림 1.25 윤활유 제조 공정

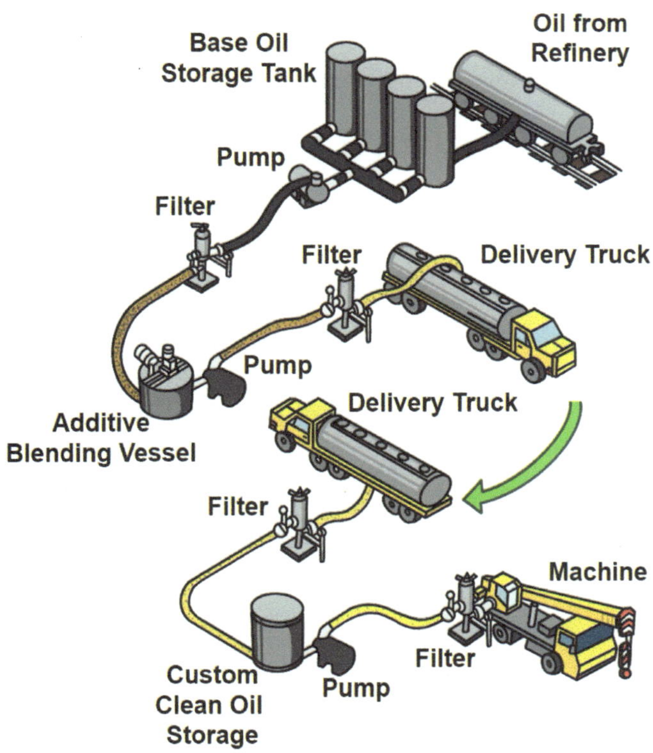

그림 1.26 윤활유 배송 과정

극단적으로 신유라고 알고 있는 윤활유가 보관과 이송 과정에서 수분이나 이물질로 오염이 될 경우에 오염 여부를 확인하지 않고 사용하게 되면 기계시스템의 손상 또는 고장을 유발한다.

그림 1.27 드럼의 보관 방법

가장 많이 사용되는 윤활유 용기로는 드럼이 있다. 드럼을 보관할 때는 그림 1.27과 같이 벙(bung)과 벤트(vent)가 3시와 9시 방향으로 있어야 한다. 그 이유는 보관 시, 벙과 벤트가 윤활유에 잠겨 있어 수분이나 이물질의 유입을 방지하기 위해서다. 그리고 드럼을 보관할 때는 가급적 실내 저장고에 보관하고 지면과 접촉에 의한 드럼의 손상을 막기 위해 받침대 위에 보관을 하거나 팰릿을 사용하는 것이 효과적이다. 그리고 여러 개의 드럼을 보관할 때는 윤활유 관리 대장이나 관리 시스템을 사용하여 먼저 보관되어 있던 드럼이 사용될 수 있도록 해야 한다. 'First in, First out'의 개념으로 보관을 하여야 장기간 사용되지 않고 보관되는 윤활유가 존재하지 않게 된다.

윤활유를 오염시키는 흔한 방법에는 드럼의 뚜경을 닫지 않고 보관, 드럼의 뚜껑을 드릴(drill)로 개봉, 윤활유 주입 시 청결하지 않은 깔대기 사용, 적당한 에어브리더를 사용하지 않는 경우 등이 있다.

윤활유를 취급할 때 드럼용기의 윤활유뿐만 다른 윤활유들도 안전을 고려하여 그림 1.28과 같이 실내에서 보관하며 낮은 습도와 적당한 온도를 유지하여야 한다. 그리고 용기를 개봉하여 윤활유를 사용한 다음에는 주입구에 에어브리더를 사용하여 오염을 방지해야 한다. 적당한 양의 윤활유가 필요할 때는 그림 1.29와 같이 전용 용기를 사용해야 윤활유의 오염을 방지할 수 있다. 전용 용기는 윤활유의 유종에 따라 구분하여 사용하고 그림 1.29와 같이 캐비닛에 청결하게 보관 및 관리를 해야 한다.

그림 1.28 드럼 용기의 윤활유 실내 보관

그림 1.29 윤활유 전용 용기 보관

셀룰로스 (Cellulose, 목재펄프) **유리섬유 (Glass Fiber)** **금속 (예시, SUS)**

그림 1.30 필터의 재질

윤활유의 관리 및 사용 측면에서 필터를 사용하는 경우가 많은데 필터의 재질은 그림 1.30과 같이 목재펄프 재질인 셀룰로스, 유리섬유, 금속이 주로 사용된다. 셀룰로스 재질은 가격이 저렴하지만 일정하지 않은 공극을 가지고 있고 물도 흡수하며 피로와 고온, 화학적 물질에 약하다. 유리섬유는 셀룰로스보다 상대적으로 일정한 공극을 가지고 있으며 고온 특성이 양호하다. 그리고 금속 재질은 다른 재질에 비해 공극이 일정하고 신뢰성이 우수하다. 특히 SUS(Steel Use Stainless)는 내부식성과 내구성도 우수하여 세척 후에 재사용이 가능하다. 금속 재질로 제작된 필터들에 자가세정(self cleaning) 기능을 추가하여 유지, 관리 측면에서 효과적으로 변화하고 있다. 3가지의 재질 외에도 그림 1.31과 같이 자력을 이용하여 금속 입자들을 필터링하는 자성 필터(magnetic filter)가 있다.

그림 1.31 자성 필터

필터의 성능은 배타율과 포집 효율로 나타낸다. 배타율은 그림 1.32와 같이 어떤 공극 사이즈(X μm)를 기준으로 필터 전단과 후단의 입자의 수를 통해 필터의 성능을 평가한다. 포집 효율은 측정된 배타율을 활용하여 그림 1.32와 같이 평가한다.

> 배타율(βx)

$$\beta_x = \frac{\text{필터의 상류에서 X } \mu\text{m보다 큰 입자의 수}}{\text{필터의 하류에서 X } \mu\text{m보다 큰 입자의 수}}$$

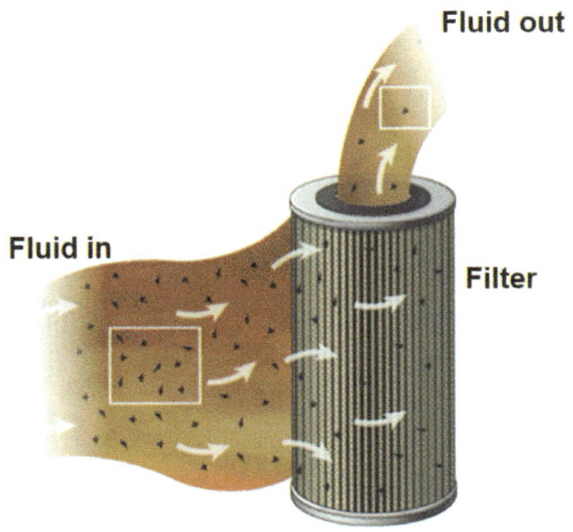

> 포집 효율 % (Efficiency, E)

$$E = \frac{\beta - 1}{\beta} \times 100$$

그림 1.32 필터의 배타율과 포집효율

Exercise

1 윤활유는 여러 가지 기능을 수행한다. 다음 중 윤활유의 기능이 아닌 것은?

① 냉각 기능
② 힘, 운동 전달 기능
③ 마찰, 마모 제어 기능
④ 가압 기능

2 아래의 빈칸에 들어갈 적절한 단어를 선택하라.

액상 윤활유는 기유(base oil)와 (　　　)로 구성되어 있다.

① 첨가제(add)
② 증주제(thickener)
③ 첨가제(additive)
④ 첨가제(supplier)

3 아래의 내용은 윤활유의 어떤 기능에 대한 설명인가?

윤활유는 윤활유 내에 이물질들이 서로 붙어서 큰 덩어리가 되지 않게 제어하는 기능을 가지고 있다.

① 마찰, 마모 기능
② 밀봉 기능
③ 냉각 기능
④ 오염 제어 기능

4 액상 윤활유의 기유로 사용하지 않는 것은?

① 식물성 유
② 동물성 유
③ 광유
④ 합성유

5 기유에서 파라핀계와 나프텐계에 대한 설명으로 바르지 않은 것을 선택하라.

① 파라핀계는 나프텐계보다 점도지수가 높다.
② 파라핀계는 나프텐계보다 인화점이 높다.
③ 나프텐계는 파라핀계보다 첨가제 용해성이 양호하다.
④ 나프텐계는 파라핀계보다 유동점이 높다.

6 기유에 대한 설명으로 바르지 않은 것은?

① 기유는 Group 1에서 Group 5까지 5등급으로 나눈다.

② Group 1보다는 Group 2가 산화안정성이 좋다.

③ Group 2는 수소화 분해를 통해 이중결합을 분해한다.

④ Group 3는 Group 1에 비해 황 함유량이 많다.

7 점도지수 향상제는 첨가제의 기능 중 어떤 역할에 해당되는가?

① 기유의 기존 성질 향상 ② 기유의 바람직하지 못한 성질 억제

③ 기유의 새로운 성질 부여 ④ 첨가제의 활성화

8 ZDDP는 어떤 첨가제에 주로 사용되는가?

① 유동점 강하제 ② 점도지수 향상제

③ 내마모제 ④ 녹 방지제

9 극압제의 성분으로 주로 사용되는 것은 무엇인가?

① 인(P), 철(Fe) ② 황(S), 납(Pb)

③ 주석(Sn), 인(P) ④ 인(P), 황(S)

10 청정제와 상관이 깊은 윤활유의 물성값은 무엇인가?

① 산가(AN) ② 염기가(BN)

③ 점도(Viscosity) ④ 밀도(Density)

11 수트 등의 입자들이 붙어서 덩어리가 되는 것을 방지하는 첨가제는 어느 것인가?

① 분산제 ② 내마모제

③ 유동점 강하제 ④ 유성제

12 소포제는 기포의 무엇을 저하시켜 기포를 파괴하는 첨가제인가?

① 점도 ② 표면장력
③ 부피 ④ 크기

13 윤활유가 저온에서 유동성이 저하되는 이유와 관련된 것을 선택하라.

① 점도 상승 ② 유동점 상승
③ 첨가제 소멸 ④ 왁스 결정화

14 첨가제의 소멸기구가 아닌 것을 선택하라.

① 분해 ② 분리
③ 융합 ④ 흡착

15 첨가제의 소멸기구 중 분해에 해당되지 않은 것은?

① 가수분해 ② 산화
③ 전단 ④ 응축 침전

16 첨가제의 소멸기구 중 소포제 등이 불용성이 되어 나타나는 현상과 관련된 것을 선택하라.

① 응축 침전 ② 여과
③ 증발 ④ 원심 분리

17 첨가제들이 물 분자를 에워싸서 바닥으로 끌어내는 것은 첨가제 소멸기구 중에 어디에 해당되는가?

① 분리 ② 흡착
③ 여과 ④ 분해

18 그리스의 구성요소에는 액상 윤활유와 달리 무엇이 포함되어 있는가?

① 고체 윤활제 ② 증주제
③ 주도 ④ 지방산

19 그리스의 장단점에 대한 내용으로 적절하지 않은 것을 선택하라.

① 그리스는 정지, 시동 성능이 양호하다.
② 그리스를 베어링의 윤활제로 사용할 때는 속도한계가 있다.
③ 그리스는 냉각 기능이 뛰어나다.
④ 그리스는 고체 윤활제와 혼합하여 사용하기 용이하다.

20 Speed factor에 대한 설명으로 적절하지 않은 것을 선택하라.

① 같은 베어링에서 액상 윤활유의 speed factor는 그리스의 speed factor보다 크다.
② Speed factor는 베어링의 내경, 외경, 속도로 이루어져 있다.
③ 스러스트 베어링보다 레디얼 베어링의 speed factor가 대체로 높다.
④ Speed factor에서 속도 성분의 단위는 m/s이다.

21 그리스의 일점 윤활기 방식으로 사용하지 않은 것은?

① 스프링형 ② 가스형
③ 펌프형 ④ 전기충전용

22 그리스의 주도에 대한 설명으로 바르지 않은 것은?

① 주도는 NLGI 등급으로 나타낸다.
② 000에서 7까지 9등급으로 나누어진다.
③ 주도 측정 전에 혼화라는 과정을 거치는 것이 바람직하다.
④ 주도는 규격화된 콘 침입도계로 평가한다.

23 그리스의 적점 시험에 대한 설명으로 바르지 않은 것을 고르라.

① 적점을 Dropping point라고 한다.

② 그리스의 온도를 상승시키면 반고체 또는 고체에서 액체 상태로 변화하는 최저온도를 측정하는 시험이다.

③ 그리스의 저온 특성을 평가하는 시험이다.

④ 적점의 60 ~ 70%되는 온도를 그리스의 최고 사용 한계온도라고 한다.

24 윤활유 용기 중 드럼의 보관 방법으로 아래의 빈칸에 적절한 것을 선택하라.

드럼을 보관할 시 벤트와 벙은 ( )시와 ( )시 방향으로 보관하는 것이 바람직하다.

① 0, 6　② 3, 6
③ 3, 9　④ 6, 9

25 윤활유 필터에 대한 설명으로 바르지 않은 것을 선택하라.

① 필터의 재질에는 셀룰로스, 유리섬유, 금속 등이 사용된다.

② 금속이나 유리섬유가 셀룰로스보다 내구성이 뛰어나다.

③ 필터의 성능은 배타율과 포집효율로 나타낸다.

④ 배타율과 포집효율의 숫자는 작을수록 필터의 성능이 뛰어나다.

26 기유 Group 3에서 수소화 분해를 거친 뒤 직렬 파라핀이 분기 파라핀으로 변화하는 과정을 무엇이라고 하는가?

① 용제 추출　② 냉동 디왁싱
③ 수소이성화　④ 고압 수소화 처리

27 황색 겨자와 같은 NLGI 0등급의 칩입도는 얼마인가?

① 355-385　② 310-340
③ 265-295　④ 220-250

28 기유로 가장 많이 사용되고 있는 광유는 어떤 탄화수소들을 주로 사용하는가?

① $C_1 \sim C_2$ ② $C_4 \sim C_{23}$
③ $C_{26} \sim C_{40}$ ④ $C_{45} \sim C_{100}$

29 아래의 그림과 같이 손상된 표면이 관찰되었을 때 어떤 오염이 원인인가?

① 수분 오염 ② 수트 오염
③ 부동액 오염 ④ 연료유 오염

30 윤활유의 보관과 관리에 대한 설명으로 바르지 않은 것은?

① 윤활유 탱크에 오염물이 들어가지 않게 완전히 밀폐한다.
② 윤활유 탱크에 외부 순환 필터를 설치하여 이물질을 걸러주는 방법이 효과적이다.
③ 드럼통은 가능한 실내에서 보관하고 실외 보관 시, 바닥에 닿지 않게 하고 비에 맞지 않도록 가림막 등을 이용하여 덮어서 보관한다.
④ 윤활유는 먼저 입고된 것을 빨리 출고될 수 있도록 배치하고 사용한다.

31 윤활유의 제조에 관한 설명으로 바르지 않은 것을 고르라.

① 기유와 첨가제를 섞은 과정을 블렌딩 공정이라 한다.
② 블렌딩 공정은 스크루를 이용하여 40℃ 이상의 온도조건에서 1시간 이상 혼합한다.
③ 블렌딩 공정과정에서 우회로를 만들어 계속적으로 필터링을 수행한다.
④ 블렌딩 과정이 완료된 윤활유를 필요한 용량만큼 적당한 용기에 담는 과정을 인클루딩(Including)이라 한다.

Exercise

32 윤활유 보관 개념과 관련된 것을 선택하라.

① First in, First out
② First in, Last out
③ Last in, Last out
④ Last in, First out

33 그리스의 부식 방지 성능 실험에 관한 내용으로 바르지 않은 것을 선택하라.

① ASTM D1743에 규정되어 있다.
② 그리스가 습한 조건하에서 보관할 때 철 표면에 부식을 예방하는 정도를 평가한다.
③ 새로운 베어링에 그리스를 채운 상태에서 24시간 동안 물에 노출하여 부식 정도를 평가한다.
④ 부식 정도에 따라 Pass, Marginal pass, Fail로 구분하여 평가한다.

34 그리스의 수세 실험에 대한 설명으로 바르지 않을 것을 선택하라.

① 수 분사 시험과 베어링 수세 시험이 있다.
② 수 분사 시험은 가열된 오븐 위에 그리스가 5mm 이상 두께로 입혀진 상태에서 물을 분사하여 실험한다.
③ 베어링 수세 실험은 베어링 내에 충진된 그리스가 물에 의해 손실되는 정도를 파악하는 것이다.
④ 베어링 수세 실험은 실험 온도는 25℃ 또는 75℃이다.

35 그리스의 급지 방법 중에 아주 점도가 높은 경우 여러 개의 인젝트를 이용하여 급지하는 방법으로 상대적으로 비용이 큰 것은 무엇인가?

① 단관 직렬 시스템
② 단관 병렬 시스템
③ 복관 병렬 시스템
④ 복관 다중 시스템

36 아래의 설명과 관련된 성분을 선택하라.

건설장비들의 윤활유를 분석할 때는 흙, 먼지 등에 의해 이 성분이 증가하므로 소포제의 증감 분석에 유의해야 한다.

① Si
② Mg
③ Pb
④ Fe

37 고체 윤활제로 사용되지 않은 것을 선택하라.

① PTFE ② MoS_2
③ Graphite ④ Cr

38 아래의 구조를 가진 광유의 특징으로 적절한 것을 선택하라.

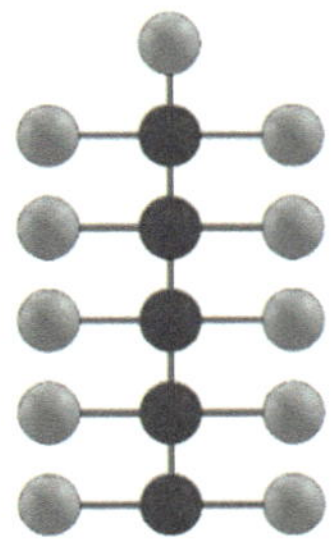

① 나프텐계 광유이다.
② 방향족계 광유이다.
③ 벤젠 또는 암모니아 계열이다.
④ 다른 광유 계열에 비해 인화점이 상대적으로 높다.

39 PAO는 기유의 어떤 등급에 해당되는가?

① Group 1 ② Group 2
③ Group 3 ④ Group 4

40 아래의 그림은 윤활유의 첨가제 중 어떤 것과 관련된 것인가?

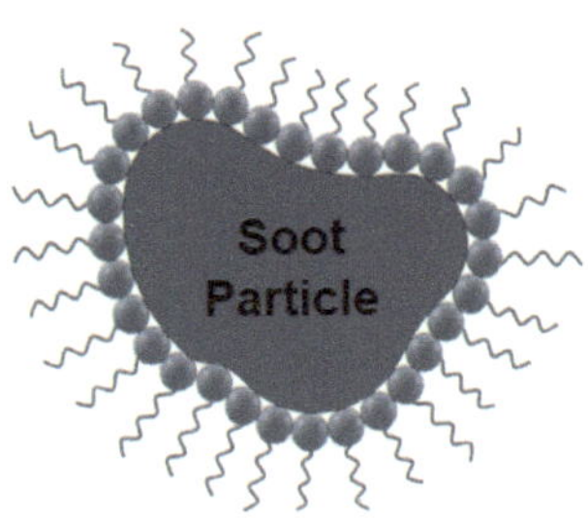

① 분산제 ② 극압제
③ 내마모제 ④ 소포제

41 아래의 공정은 기유의 어떤 등급에 해당되는가?

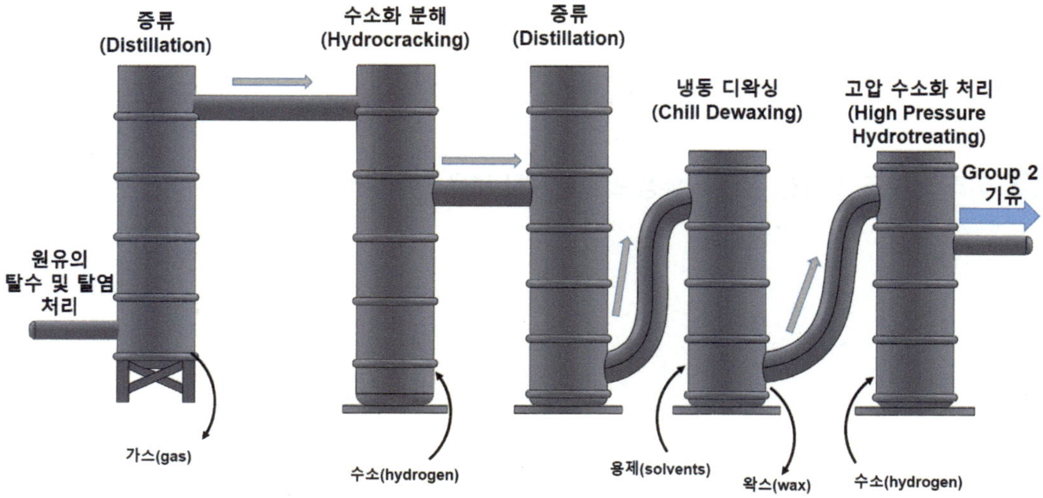

① Group 1　　② Group 2
③ Group 3　　④ Group 4

42 첨가제 중 기유의 기존 성질을 향상시키는 기능과 가장 관련이 없는 것은 무엇인가?

① 항산화제　　② 부식 억제제
③ 청정제　　④ 소포제

43 항산화제에 대한 설명으로 아래의 빈칸에 적절한 단어를 선택하라.

항산화제는 산화되기 전에 반응성의 유체 과산화물 및 자유 반응기들을 (　　　)하는 기능을 수행한다.

① 활성화　　② 비활성화
③ 소멸　　④ 촉매

44 ZDDP와 TCP가 주로 어떤 첨가제로 사용되는가?

① 내마모 첨가제　　② 극압제
③ 분산제　　④ 청정제

45 요구되는 염기가 보다 작은 염기가의 윤활유를 사용할 때 나타나는 현상으로 적절한 것을 선택하라.

① 첨가제의 퇴적물이 발생한다.

② 슬러지나 바니쉬가 발생한다.

③ 첨가제가 과잉이 되지만 전혀 문제가 되지 않는다.

④ 부식에 의한 마모 및 손상이 발생한다.

46 점도지수에 관한 설명으로 적절하지 않은 것을 선택하라.

① 온도의 변화에 대한 점도의 변화를 나타내는 지수이다.

② 점도지수가 크다는 것은 온도의 변화에 대한 점도의 변화가 작다는 것을 의미한다.

③ 점도지수를 향상시키는 첨가제는 점도지수 향상제이다.

④ 점도지수가 80 이상이면 높은 편이다.

47 아래의 그림에 대한 설명으로 적절한 것을 선택하라.

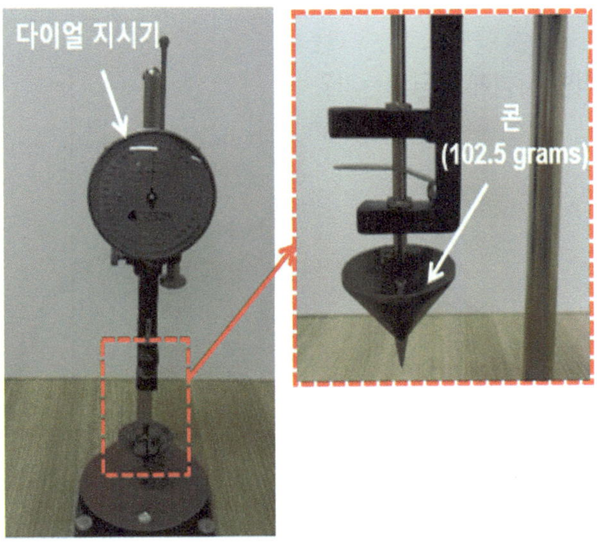

① 액상 윤활유의 유동성을 측정하는 것이다.

② 액상 윤활유의 저온에서 왁스 결정화 정도를 측정하는 것이다.

③ 그리스의 주도를 측정하는 것이다.

④ 그리스의 압송성을 측정하는 것이다.

48 그리스의 주도와 관련된 용어는 무엇인가?

① NLGI(National Lubricant Grease Institute)

② NLGI(National Lubricating Grease Institute)

③ NLGI(National Lubricant Grease Intension)

④ NLGI(Nation Lubricating Grease Intension)

49 아래의 그림은 어떤 종류의 필터에 해당되는가?

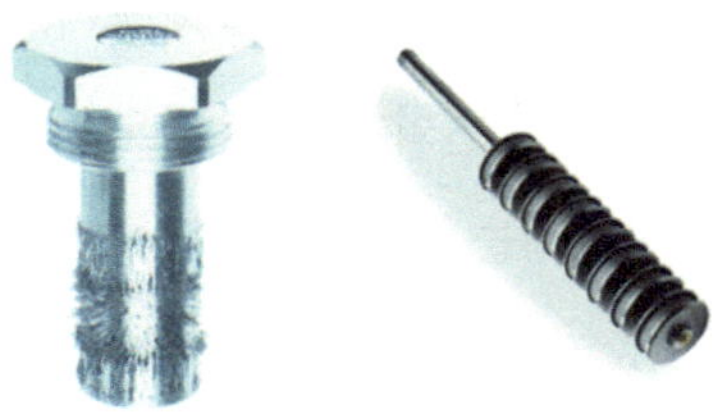

① 유리섬유 필터 ② 셀룰로스 필터

③ 자성 필터 ④ 자기 세정 필터

50 아래의 그림은 어떤 시험에 해당되는가?

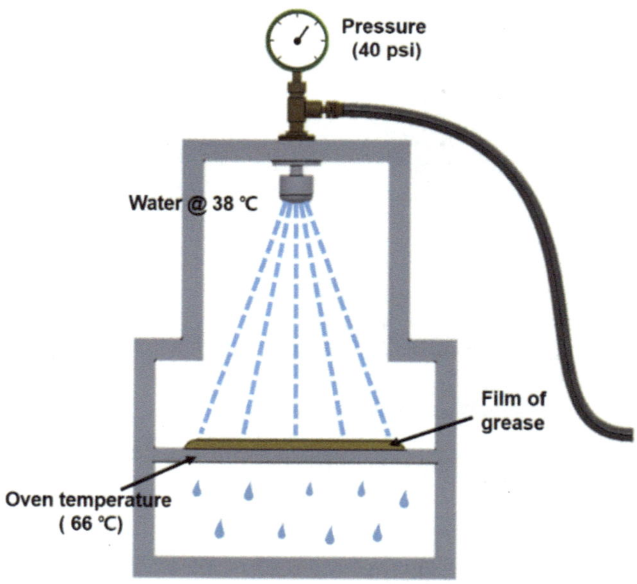

① 윤활유 세척 시험 ② 그리스 수 분사 시험

③ 베어링 수세 시험 ④ 그리스 분사 압력 시험

정답 및 해설

번호	정답	해설
1	④	④ 윤활유는 마찰 및 마모 감소, 냉각, 부식 및 녹 방지, 동력 전달, 오염 제어, 밀봉 기능을 가지고 있다.
2	③	
3	④	
4	②	
5	④	④ 나프텐계는 파라핀계보다 유동점이 낮다.
6	④	④ Group 3는 Group 1에 비해 황 함유량이 적다.
7	②	② 기유의 바람직하지 못한 성질을 억제하는 첨가제는 유동점 강하제와 점도지수 향상제이다.
8	③	③ ZDDP는 내마모제와 산화억제제로 주로 사용된다.
9	④	
10	②	
11	①	
12	②	
13	④	
14	③	
15	④	④ 분해의 소멸기구에는 전단, 열적열화, 산화, 가수분해, 중화가 있고 응축침전은 소멸기구 중 분리에 해당된다.
16	①	
17	②	
18	②	
19	③	③ 그리스는 액상 윤활유에 비해 점도가 높고 유동성이 좋지 않아 냉각 기능이 좋지 않다.
20	④	④ Speed factor에서 속도 성분의 단위는 RPM이다.
21	④	
22	②	② 000에서 6까지 9등급으로 나누어진다.
23	③	③ 그리스의 고온 특성을 평가하는 시험이다.
24	③	
25	④	④ 배타율과 포집효율의 숫자는 높을수록 필터의 성능이 뛰어나다.
26	③	

Exercise

번호	정답	해설
27	①	② 310-340: NLGI 1 (토마토 페이스트), ③ 265-295: NLGI 2 (땅콩버터), ④ 220-250: NLGI 3 (식물성 쇼트닝)
28	③	
29	③	③ 그림은 부동액의 오염으로 오일 볼이 형성되고 오일 볼에 의한 표면 손상을 보여준다.
30	①	① 윤활유 탱크는 에어브리더를 이용하여 공기 순환이 되게 하며 또한 순환과정에서 수분이나 이물질이 들어가지 않게 관리해야 한다.
31	④	④ 블렌딩 과정이 완료된 윤활유를 필요한 용량만큼 적당한 용기에 담는 과정을 홀딩(Holding)이라 한다.
32	①	
33	③	③ 새로운 베어링에 그리스를 채운 상태에서 48시간 동안 물에 노출하여 부식 정도를 평가한다.
34	④	④ 베어링 수세 실험은 실험 온도는 38℃ 또는 79℃이다.
35	③	
36	①	① Si는 소포제의 주성분이기도 하지만 흙, 먼지의 주 성분이다.
37	④	
38	④	④ 그림은 파라핀계 광유이다.
39	④	
40	①	
41	②	
42	③	③ 청정제는 기유에 새로운 기능을 부여하는 첨가제에 해당된다.
43	②	
44	①	
45	④	④ 요구되는 염기가 보다 작은 염기가의 윤활유를 사용하면 중화되지 않은 산으로 인해 부식이 발생한다.
46	④	④ 자동차의 엔진유는 보통 점도지수가 100 이상을 사용한다. 점도지수가 80이면 높은 편이 아니다.
47	③	③ 그리스의 주도를 측정하는 장치이다.
48	②	
49	③	
50	②	

CHAPTER 2

트라이볼로지와 기계상태진단

2.1 트라이볼로지

2.2 기계상태진단

Exercise

Machine Condition Diagnosis Based on Oil Analysis

본 장의 주요 학습 내용

- 트라이볼로지의 어원
- 트라이볼로지의 중요성과 활용 분야
- 윤활영역의 종류와 Stribeck curve
- 마찰의 정의 및 마찰과 관련된 가설
- 마모의 정의 및 종류
- 표면의 구성
- 표면 조도의 종류
- 레이놀즈 방정식 및 유도과정
- 유막 압력 발생의 원리
- 베어링의 정의 및 분류
- 정압 베어링과 동압 베어링의 차이
- 구름 베어링과 미끄럼 베어링의 사용 측면에서 차이점
- 코팅의 종류 및 제조 방식
- 시일의 종류 및 특징
- 표면 개질의 종류 및 특징
- 기계상태진단의 개념 및 종류
- 소음, 진동 기반의 기계상태진단
- 열화상 기반의 기계상태진단
- 초음파 기반의 기계상태진단

윤활유 분석을 활용한 기계상태진단은 크게 트라이볼로지의 학문분야이기도 하고 기계상태진단의 한 분야이기도 하다. 그래서 이 분야에 대한 이해의 폭을 넓히고자 트라이볼로지와 기계상태진단에 대해 간단히 소개한다.

2.1 트라이볼로지

2.1.1 트라이볼로지 어원 및 중요성

트라이볼로지의 어원은 그리스어의 문지르다를 뜻하는 Tribos와 학문을 뜻하는 logy의 합성어로 1966년도에 Peter Jost 교수에 의해 처음으로 사용하게 되었다. 영국에서 발간되는 정부위원회 보고서에서, Jost 교수는 트라이볼로지를 적용하여 절약된 예산 항목으로 마찰 손실 감소, 윤활제 절약 등을 보고했다. 이렇게 정부의 예산을 줄이는 방법으로 트라이볼로지라는 학문이 필요하다고 언급하여 주목을 받았다. 그림 2.1은 이집트의 벽화 그림으로 거대한 석상을 운반하는 데 여러 사람이 동원될 뿐 아니라 석상 앞쪽에서 어떤 액체를 붓는 행위를 보여주고 있다. 이것은 식물성 또는 동물성 기름으로 추정되며 기름을 붓는 행위는 고대에서 마찰계수를 줄이기 위한 행위이다. 그 외에도 큰

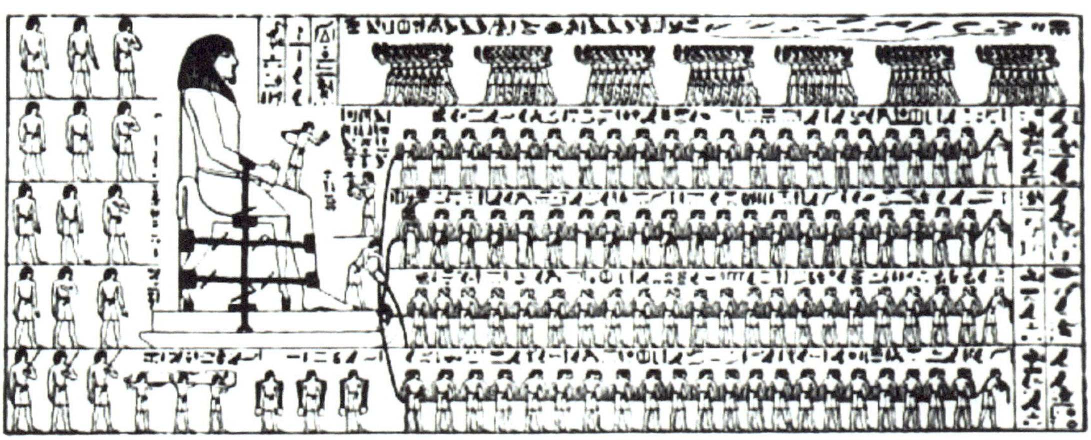

그림 2.1 이집트의 벽화

구조물을 이동하기 위해 둥근 막대를 바닥에 깔아서 마찰계수를 줄이기도 하였다. 인류의 가장 큰 업적 중에 하나가 바퀴의 발명과 이용이다. 즉 미끄럼 접촉을 구름 접촉으로 바꾸어 전체적으로 마찰력을 줄임으로 운송 능력이 향상되었다. 이렇게 근대와 현대에서만 트라이볼로지가 활용된 것이 아니라 고대에서도 마찰, 마모를 제어하려는 시도와 함께 생활 전반에 그 지식이 활용되고 있었다. 2005년에는 MIT 대학의 Ernest Rabinowicz 교수가 그림 2.2와 같이 유용성 상실에서 기계적 마모가 상당 부분을 차지하는 것을 보였다. 기계적 마모에 의해 야기된 기계 손상을 수리하는 비용이 그 당시 미국 국민총생산의 6 ~ 7%가 소요되므로 트라이볼로지는 기계적 신뢰성 및 내구성 측면에서 아주 중요한 분야임을 제시하였다.

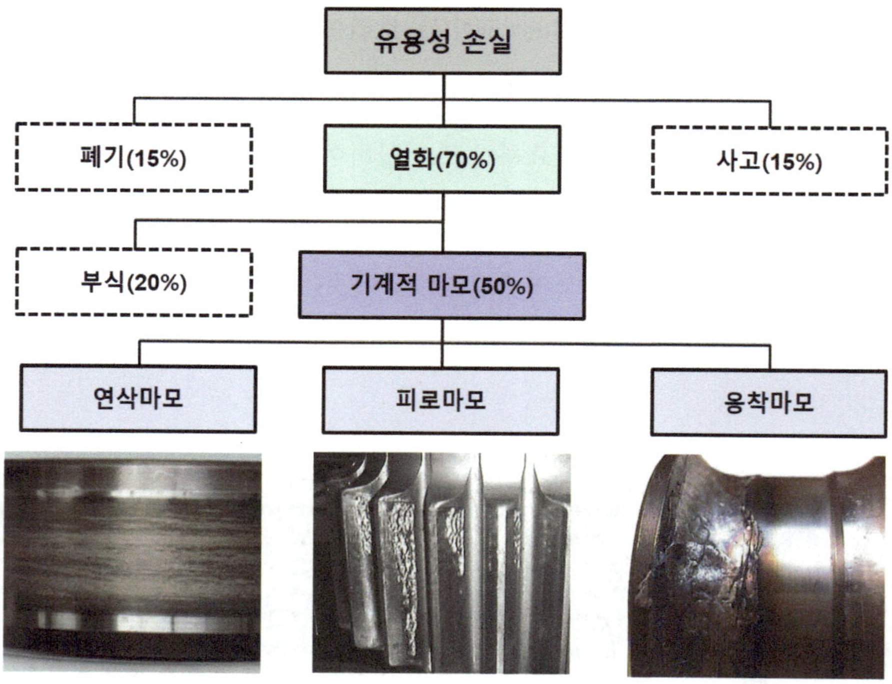

그림 2.2 유용성 손실

트라이볼로지는 다양한 분야에 적용되고 있다. 그림 2.3과 같이 베어링, 기어 펌프 같은 유체 윤활을 적용하는 분야, 표면 텍스쳐링 및 코팅 같은 표면 개질 분야, 마이크로 및

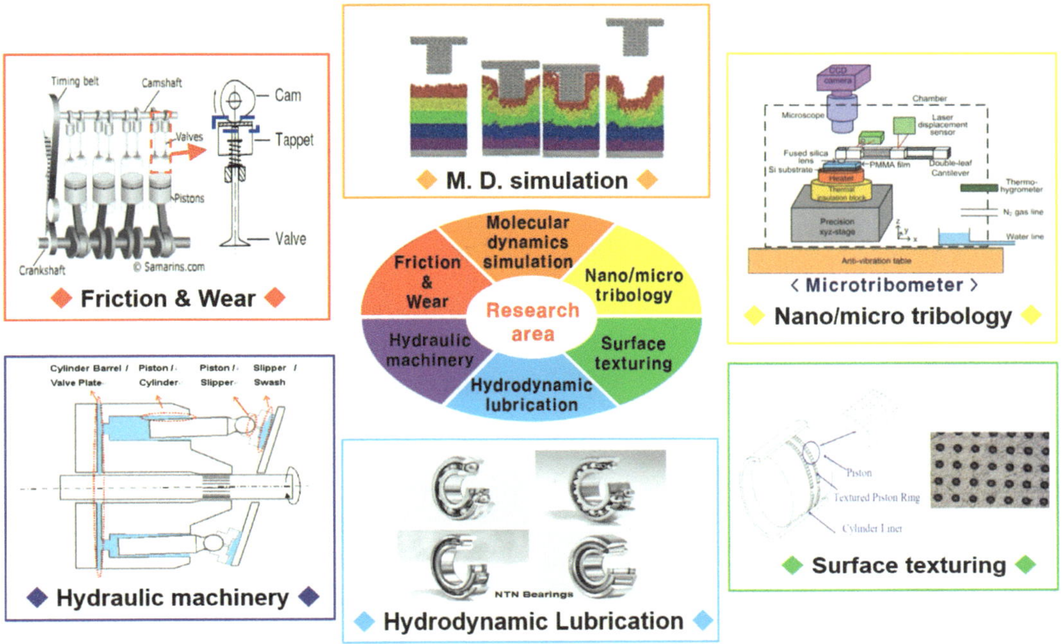

그림 2.3 트라이볼로지 분야

나노 스케일의 마찰, 마모 측정 분야, 분자 동역학을 이용한 마찰 및 마모 측정 분야, 그 외에도 여러 기계요소의 마찰 및 마모 제어가 필요한 분야에서 적용되고 있다. 이뿐만 아니라 그림 2.4와 같이 활용 분야가 확대되고 있다. 세부 분야로는 물을 배척하는 성질을 가진 소수성 표면을 제작하는 연구, 윤활유 분석을 활용한 상태진단, 인공 관절 설계, 우주 환경에서의 마찰, 마모 연구 등이 있다. 3D 프린터 기술의 발달과 미소 구조물에 대한 제조 기술의 향상으로 작은 스케일에서 마찰, 마모를 제어하는 기술이 발달하고 있으며 의학, 공학, 바이오, 화학 등의 분야와 융합을 하여 제품의 신뢰성을 향상시키는 기술이 제시되고 있다. 각 분야에서 세계적으로 앞서가는 회사들은 제품의 개발에 역점을 두지만 제품의 신뢰성에 대한 연구도 활발하다. 따라서 신뢰성과 밀접한 관련이 있는 트라이볼로지에 대한 관심이 증대되고 이 분야에 대한 연구도 활발히 진행되고 있다. 우리나라에서도 세계적으로 선도하는 기업들이 늘어남에 따라 기업에서 트라이볼로지를 전문적으로 다루는 부서(팀)들이 생겨나는 등 그 활용성이 점차적으로 증대되고 있다. 트

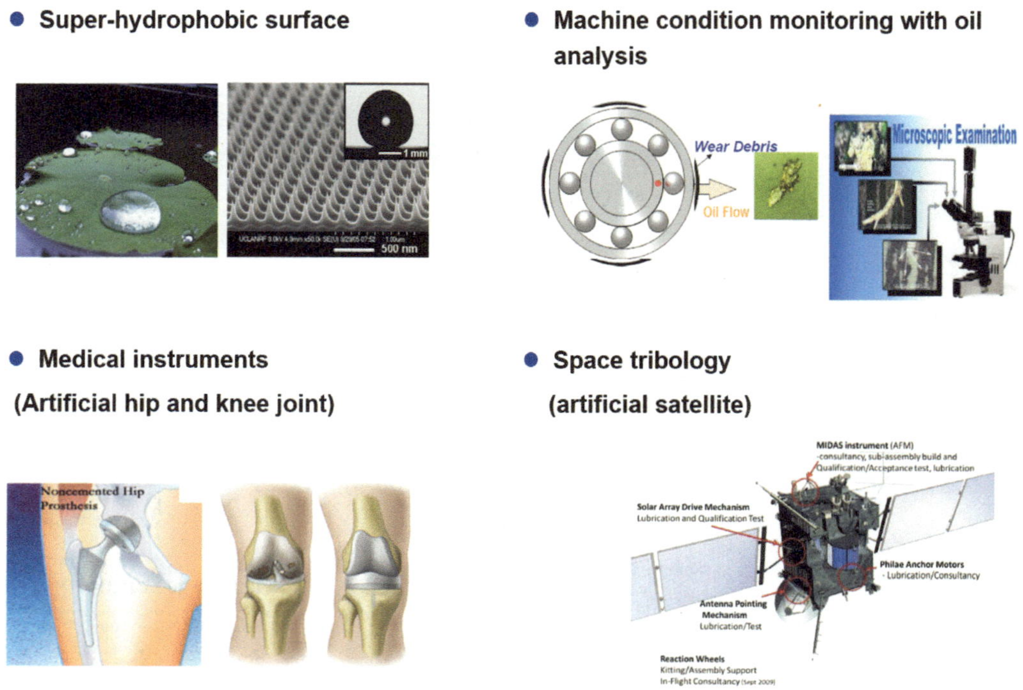

그림 2.4 트라이볼로지의 다른 분야들

라이볼로지에 대한 인식의 확대로 이 분야의 기술뿐만 아니라 이 분야를 연구하는 사람들에 대한 사회적 수요가 증대되고 있다.

2.1.2 윤활영역과 마찰 및 마모

시스템에 대한 윤활 상태를 설명하기 위해서는 윤활영역에 대한 개념이 필요하다. 즉 시스템이 어떤 윤활영역에 있는지에 대한 정보는 윤활 상태에 대한 정보를 제공하는 것이다. 윤활영역은 그림 2.5와 같이 경계윤활(bundary lubrication), 혼합윤활(mixed lubrication), 유체윤활(hydrodynamic lubrication)이 있다. Stribeck curve는 윤활영역을 잘 보여주는 그래프로 그림 2.5와 같다. 경계윤활은 윤활유가 없이 표면 돌기들이 접촉하고 있는 상태의 윤활영역으로 마찰계수가 크다. 그리고 유체윤활은 유막에 의해 양쪽 윤활 면이 완전히 분리되어 있는 윤활영역이다. 이때는 경계윤활 및 혼합윤활에 비

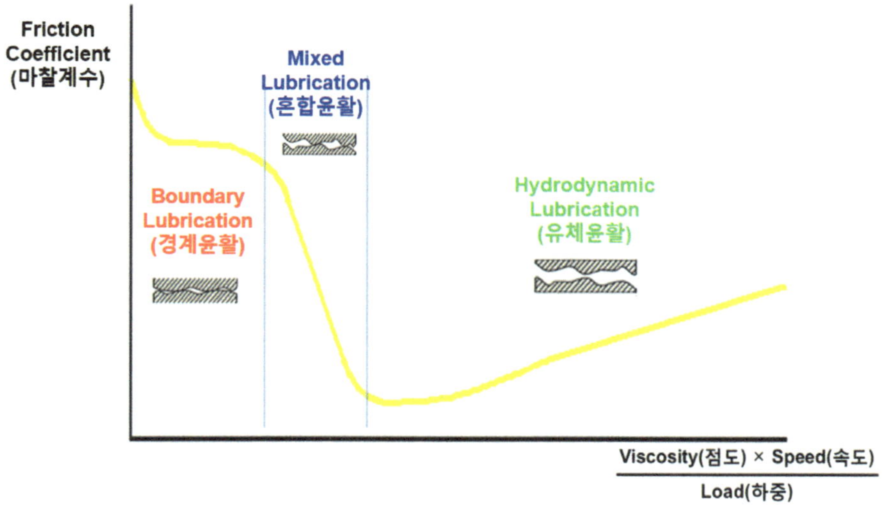

그림 2.5 윤활영역(Stribeck curve)

해 상대적으로 마찰계수가 작다. 하지만 속도가 증가하면 점성 마찰력이 커지므로 적당한 속도 영역에서 작동해야 마찰계수가 상대적으로 낮은 상태를 유지할 수 있다. 혼합윤활은 경계윤활과 유체윤활이 공존하는 상태의 윤활영역이다. 즉 어떤 부분에서는 돌기들이 접촉을 하고 어떤 부분에서는 유막에 의해 윤활 면이 분리되어 있는 상태이다. 대체적으로 경계윤활과 혼합윤활이 유체윤활에 비해 마찰이 크고 마모가 발생할 가능성이 높다.

기계시스템에서 마찰, 마모 현상은 피할 수 없는 현상이다. 마찰과 마모는 반드시 부정적인 것만은 아니다. 마찰과 마모는 동력 측면에서는 손실이므로 줄여야 하지만 마찰을 이용한 용접, 진동 제어, 운동 정지 등과 같이 유용한 일을 하기도 한다. 그리고 마모도 표면의 이물질 제거, 형상 가공 등과 같이 유용한 일을 한다. 마찰은 그림 2.6과 같이 접촉을 하고 있는 두 물체가 상대 접촉 운동을 하려고 할 때 그 운동에 대해 반대 방향으로 발생하는 저항이다. 예전의 마찰이론에는 크게 요철설(roughness hypothesis)과 응착설(adhesion hypothesis)이 있다. 요철설은 Amontons, Coulomb, Morin 등이 주장한 마찰이론으로 마찰력은 그림 2.7과 같이 표면 돌기들의 접촉에 의해 발생한다는 주장이다. 이 가설에 따르면 마찰력은 수직하중에 비례하고 접촉면적과 무관하다고 주장하

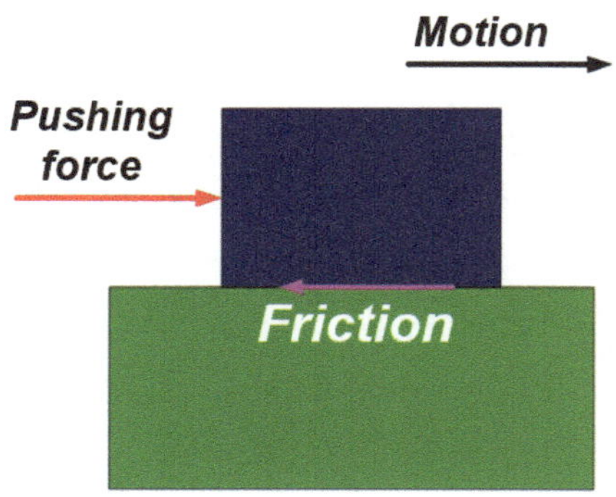

그림 2.6 상대 운동에 의한 마찰력

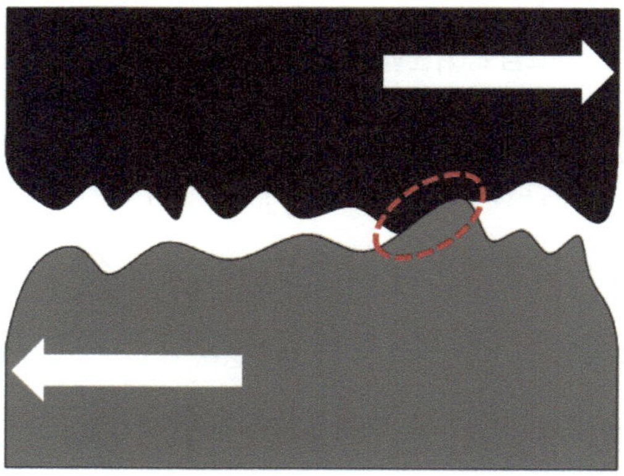

그림 2.7 돌기들의 접촉에 의한 마찰

고 있다. 반면에 응착설은 Hardy, Tomlinson, Rabinowicz와 Tabor 등이 주장한 마찰 이론으로 마찰력은 그림 2.8과 같이 겉보기 접촉면적(apparent contact area)이 아니라 실 접촉면적(real contact area)과 밀접한 관련이 있으며, 실 접촉면적은 돌기들이 접촉하는 접촉부(junction)의 합으로 구성된다고 주장한다. 이 가설은 실제 돌기들이 접촉할 때 응착력(adhesion force)이 발생하고 이것에 의해 마찰력이 발생한다고 주장한다. 현재에도 마찰의 원인에 대한 연구를 진행하고 있지만 마찰력은 돌기들의 접촉, 응착뿐만 아니라 ploughing(plowing) 등의 여러 가지 원인에 의해 발생한다고 보고되어 있다. 여기서 ploughing은 밭에서 쟁기를 통해 이랑을 만들 듯이 돌기들의 접촉에 의해 작은 골(고랑)이 만들어지는 현상을 말한다.

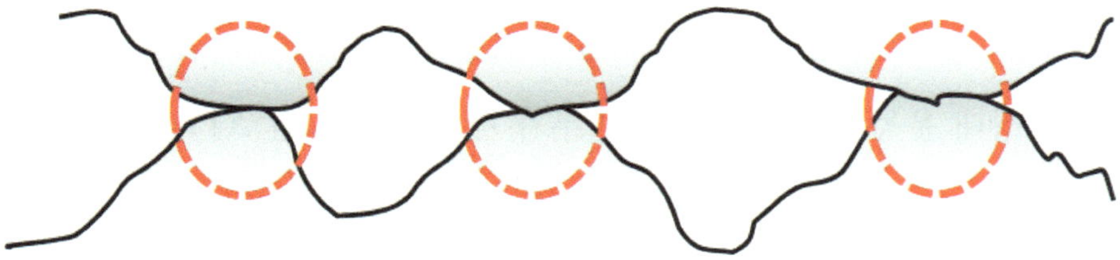

그림 2.8 돌기들의 접촉부(junction)

마찰력에는 크게 고체 표면의 돌기 접촉에 의한 마찰력과 유체의 점성에 의한 마찰력이 대표적이다. 고체 표면의 돌기 접촉에 의한 마찰력은 수직하중(N)과 마찰계수(μ)의 곱으로 구해지고 유체의 점성에 의한 마찰력은 유체의 전단응력(shear stress)과 면적의 곱으로 구해진다. 유체의 전단응력은 점성계수(η)와 속도의 미분항(du/dz)에 대한 곱으로 구해진다.

마모는 기계적인 작용의 결과로 고체 표면으로부터 물질이 제거되는 현상이고 그림 2.9와 같이 다양한 형태가 있다. 사용 환경에 따라 주된 마모의 형태는 달라질 수 있지만 응착마모와 연삭마모가 가장 빈도가 높은 마모의 형태들이다.

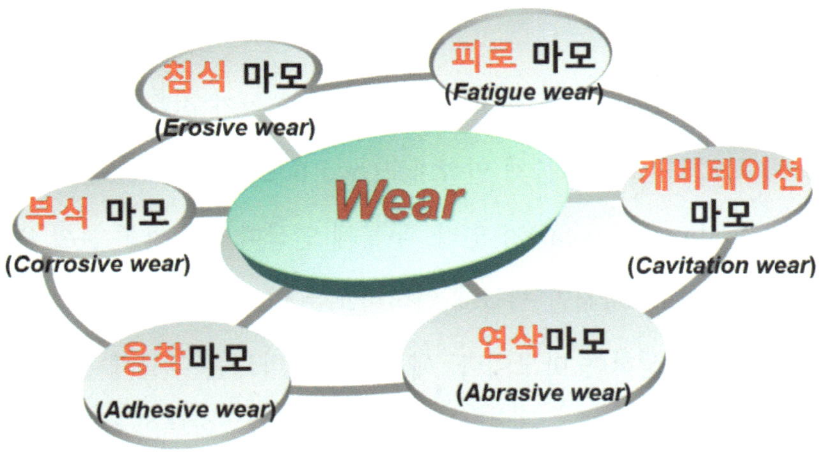

그림 2.9 마모의 종류

응착마모(adhesive wear)는 그림 2.10과 같이 표면 돌기들이 접촉하고 접촉된 부분의 일부분이 뜯겨지는 마모의 형태이다. 돌기들이 접합할 때 마이크로 접합(micro welding)이 일어나고 상대 운동에 의한 표면의 일부가 제거된다. 그림 2.11은 구름 베어링의 표면에 발생한 응착마모로 표면의 일부가 손상된 모습을 보여준다.

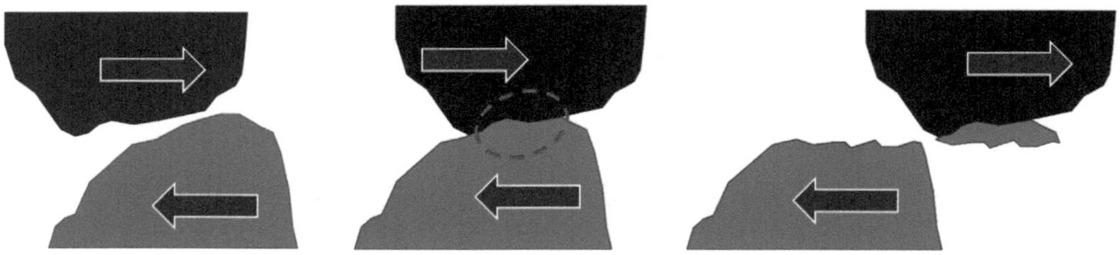

그림 2.10 응착마모

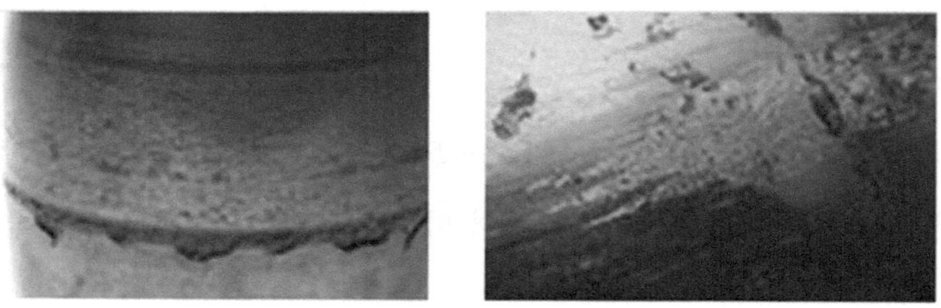

Rolling bearing surface

그림 2.11 구름 베어링의 응착마모

연삭마모(abrasive wear)는 이물질 또는 표면의 돌기 접촉에 의한 마모이다. 연삭마모에는 그림 2.12와 같이 두물체 연삭마모(two body abrasive wear)와 세물체 연삭마모(three body abrasive wear)가 있다. 두물체 연삭마모는 양쪽 윤활 면 돌기들의 접촉에 의해 발생하는 마모이지만 세물체 연삭마모는 마모입자 또는 이물질이 윤활 면의 돌기들과 접촉하여 발생하는 마모이다. 세물체 연삭마모는 두물체 연삭마모에 의해 생긴 마모입자로 인해 발생하기도 하지만 윤활유 내부 또는 외부의 이물질에 의해 발생하기도 한다. 외부에서 에어브리더(air breathe)가 없는 유입구로 이물질이 유입되거나 유압

장치들이 이물질을 묻혀서 윤활유를 오염시키는 경우, 윤활유 내의 이물질에 의해 세물체 연삭마모가 발생한다.

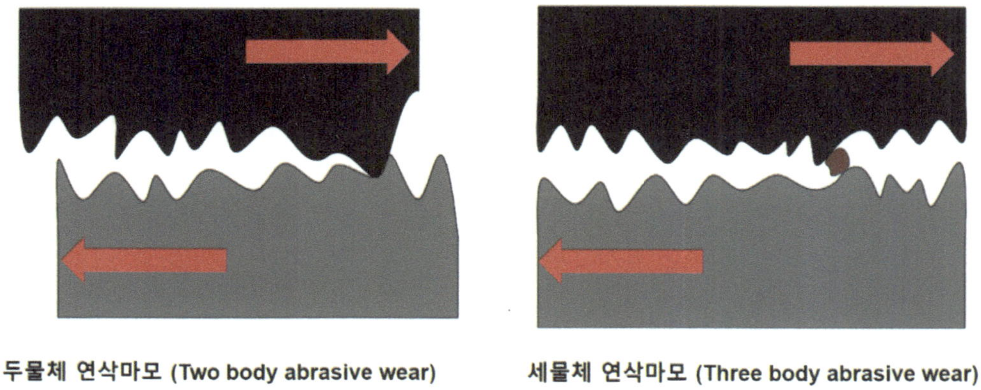

그림 2.12 연삭마모

부식마모(corrosive wear)는 그림 2.13과 같이 화학적인 부식에 의해 녹(rust)이 발생하고 표면의 강도가 약해서 발생하는 마모이다. 부식에 의한 마모를 방지하기 위해서는 내식성이 강한 재질을 사용하거나 코팅 등의 방법을 이용한다. 디젤 엔진 등에서 저온 부식(low temperature corrosion)이 발생하는데 저온 부식은 연소를 통해 형성된 이산화황(SO_2)이 공기 중의 산소와 결합하여 삼산화황(SO_3)을 형성한 뒤, 산노점(acid dew point) 이하의 온도에서 수증기와 결합하여 황산으로 응축된다. 응축된 황산은 재료 표면을 부식시켜 윤활문제를 발생시킨다.

그림 2.13 부식마모

침식마모(erosive wear)는 그림 2.14와 같이 유체에 운반되는 고형 입자들의 충격(impact)에 의해 표면 손상을 발생하는 마모의 형태이다. 침식마모에 의한 마모량은 유체의 속도에 크게 영향을 받는다. 유체의 속도가 작은 경우에는 유체 속도의 제곱에 비례하지만 유체의 속도가 큰 경우에는 유체 속도의 다섯 제곱에 비례한다. 즉 유체의 속도가 빠른 경우는 침식마모에 의한 마모량이 크게 증가한다. 침식마모를 방지하기 위해서 침탄법이나 질화법 같은 방법으로 표면을 강화하거나 내마모성 재료를 사용한다.

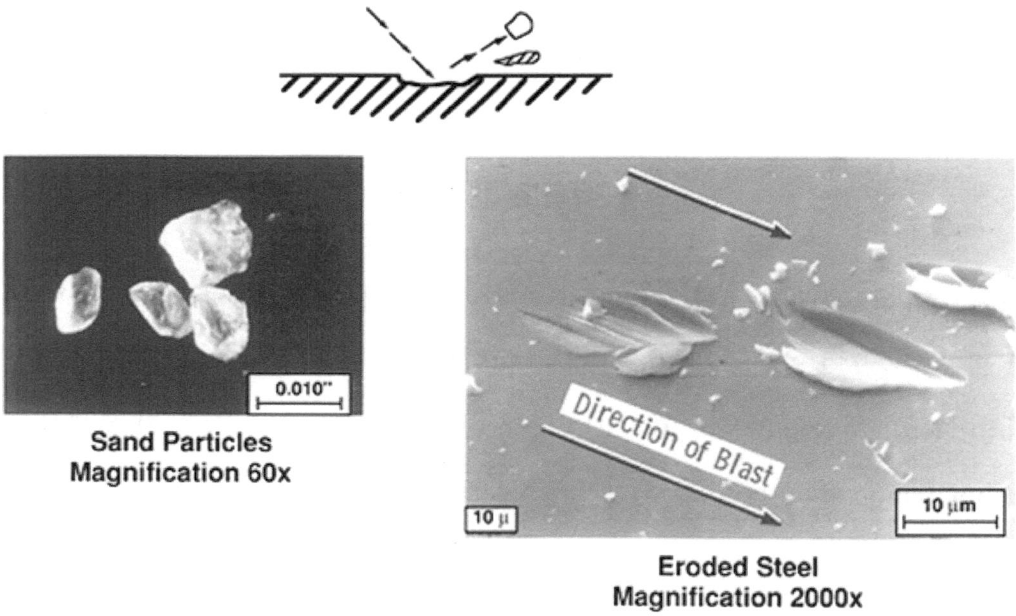

그림 2.14 침식마모

피로마모(fatigue wear)는 반복 응력하에서 일어나는 피로파괴에 의한 마모로 그림 2.15와 같이 기어 등 기계시스템의 표면 손상을 발생시킨다. 피로마모를 방지하기 위해서는 침식마모를 방지하는 방법과 유사하게 표면을 강화하는 방법을 적용하거나 내마모성 재료를 사용한다.

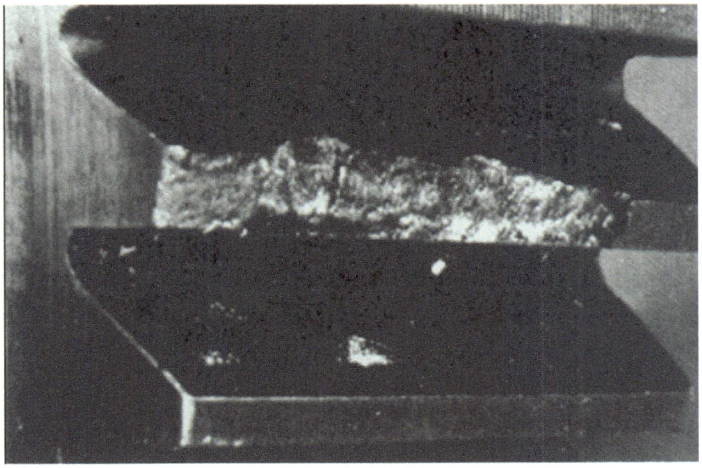

그림 2.15 기어의 피로마모

캐비테이션마모(cavitation wear)는 압력이 포화증기압 이하로 낮아지면 기포(vapor)가 발생하는데 이 기포가 파괴되면서 표면을 손상시키는 마모이다. 그림 2.16과 같이 기포가 파괴되면서 microjet 또는 압력파에 의해 그림 2.17과 같이 표면을 손상시킨다. 이때 손상된 표면은 아주 작은 pit들이 여러 개 생성되고 충격에 의해 금속 표면이 하얗게 변색이 되기도 한다. 그림 2.18과 같이 압력이 포화증기압 이하로 낮아지면 기포가 발생하지만 주위 압력이 상승하지 않아 기포가 파괴되지 않는 상태를 플래싱(flashing)이라 하고 주위 압력이 상승하여 기포가 파괴되는 현상을 캐비테이션이라고 한다.

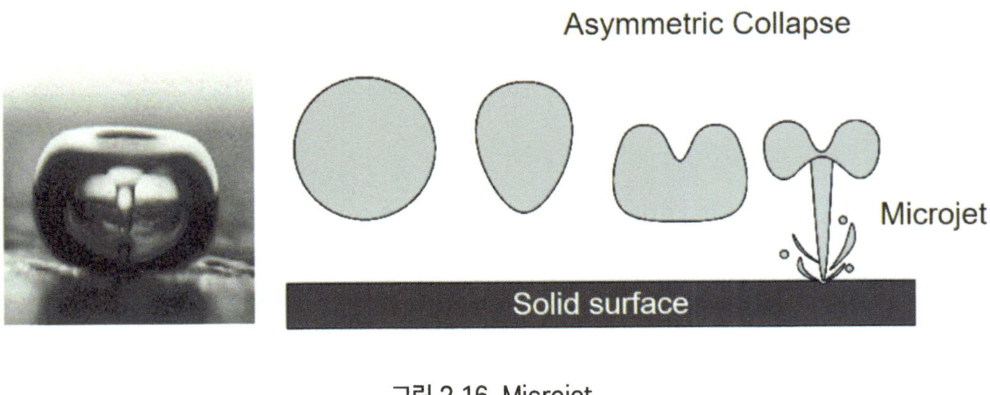

그림 2.16 Microjet

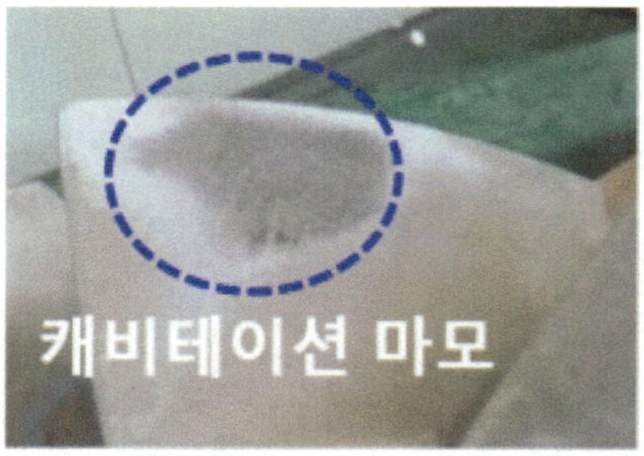

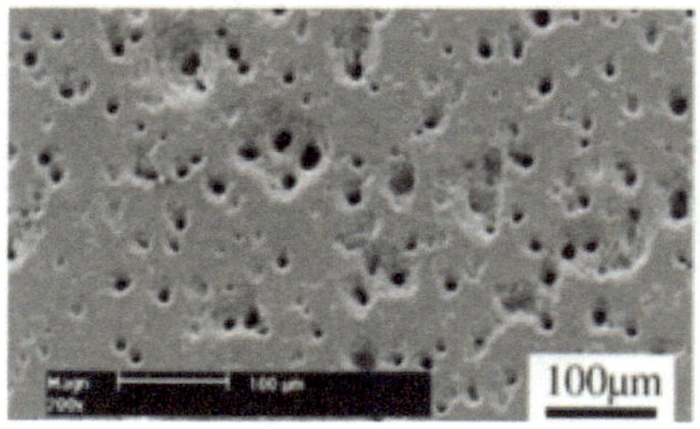

그림 2.17 캐비테이션마모

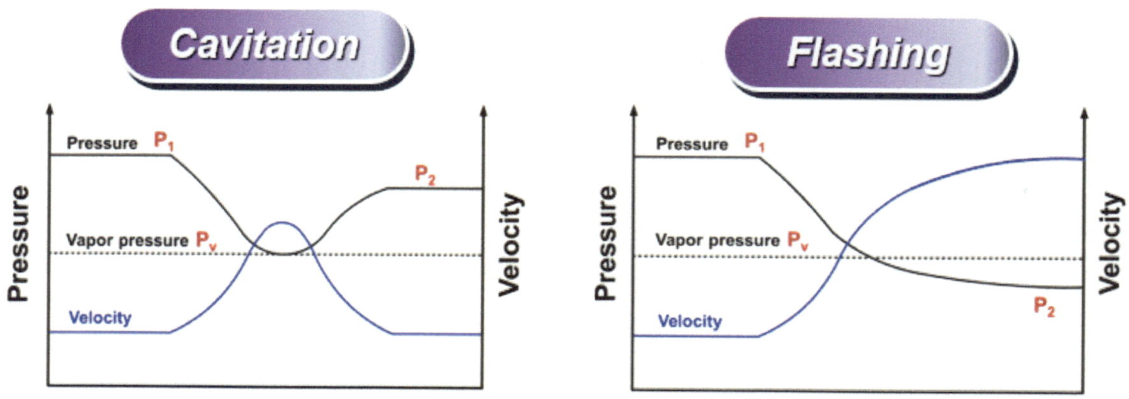

그림 2.18 캐비테이션과 플래싱

프레팅(fretting)은 그림 2.19와 같이 리벳(rivet) 같은 부위에서 미소 거리를 접선 방향으로 왕복운동을 함으로써 발생하는 마모이다. 프레팅은 미소거리를 왕복하면서 그림 2.20과 같이 stick과 slip이 반복된다. Stick과 slip이 반복되면 그림 2.21과 같이 블레이드가 끼어지는 부분에서 프레팅이 발생하여 큰 마모 또는 파손으로 이어진다.

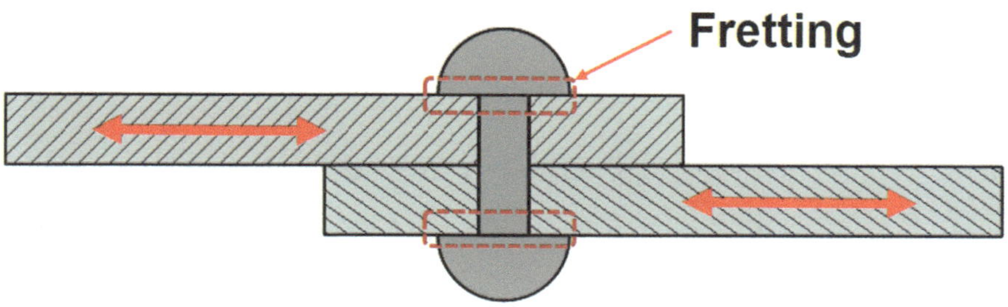

그림 2.19 접합부의 프레팅

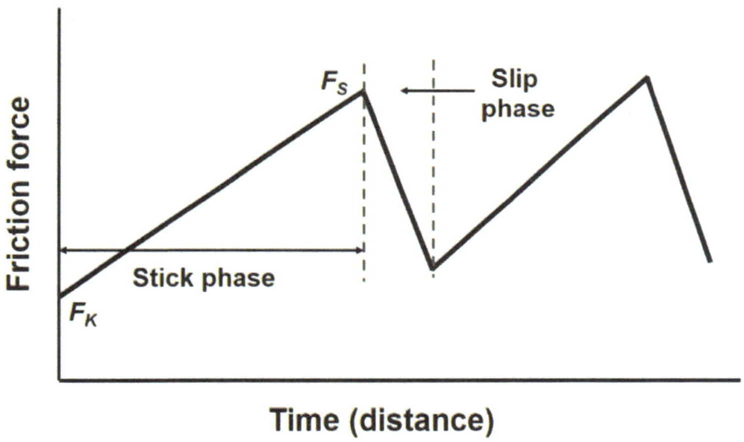

그림 2.20 Stick과 Slip

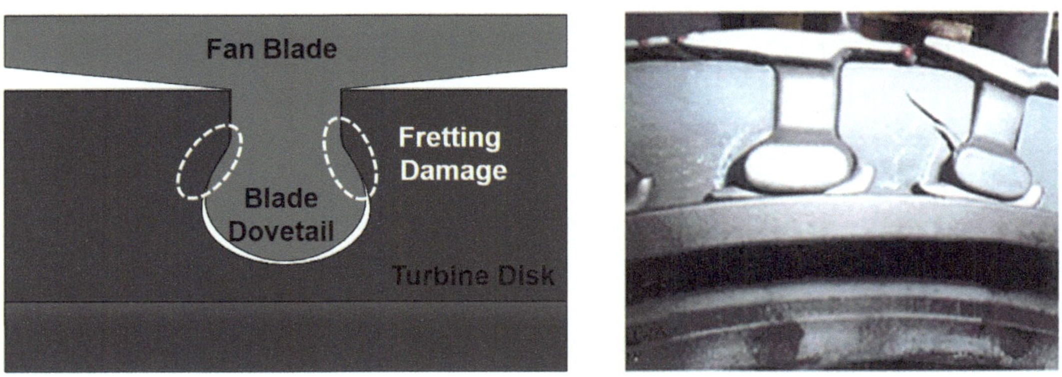

그림 2.21 터빈 블레이드의 프레팅 파손

2.1.3 표면과 표면 조도

금속의 표면은 그림 2.22와 같이 물리, 화학적으로 다른 성질을 가지는 여러 개의 층이 복합되어 있다. 가장 아래쪽에는 가공 경화층이 있고 그 위로 가공이나 소성유동에 의해 형성된 Beilby layer, 산화막층, 가스 흡착층, 액상 윤활유나 그리스의 잔재에 의한 오염층이 있다.

실제 표면의 형상은 그림 2.23과 같이 형상 오차, 파상도, 거칠기로 구성되어 있다. 형상 오차는 제조 공정상에서 발생하는 오차로 인해 원래 형상에서 벗어나는 편차를 의미하고 파상도는 표면 형상내의 비교적 긴 파형에 해당되고 표면 가공 중 공구 및 소재에서 발생하는 원하지 않는 진동에 기인하여 발생한다. 거칠기는 형상오차와 파상도를 제외한 불규칙적인 성분으로 절삭, 연삭 및 연마과정에서 형성된다. 표면 거칠기는 그림 2.24와 같이 접촉식 또는 비접촉식으로 측정을 한다.

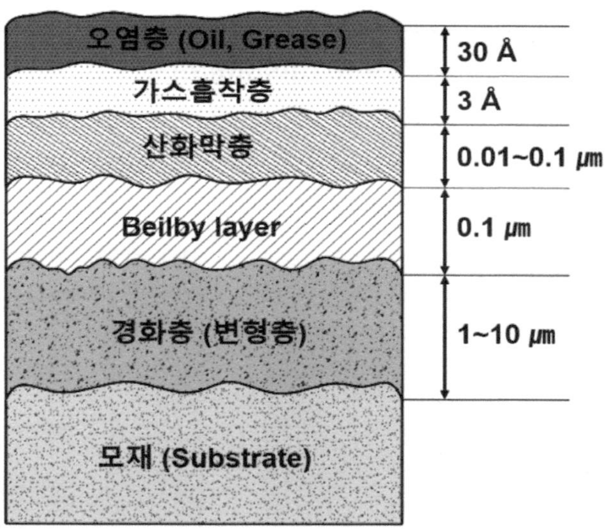

그림 2.22 금속의 표면층

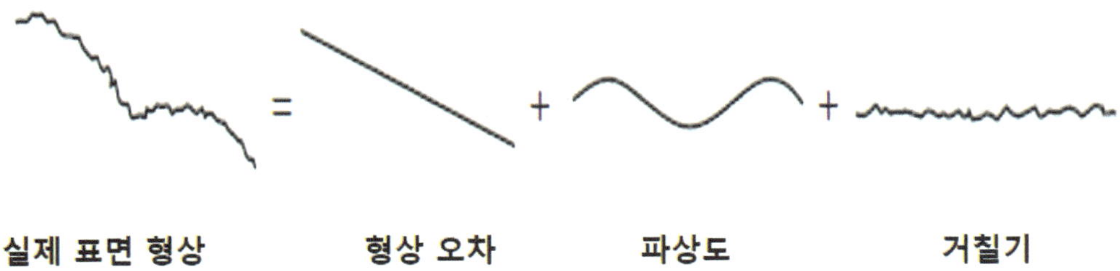

그림 2.23 표면의 기하학적 특성

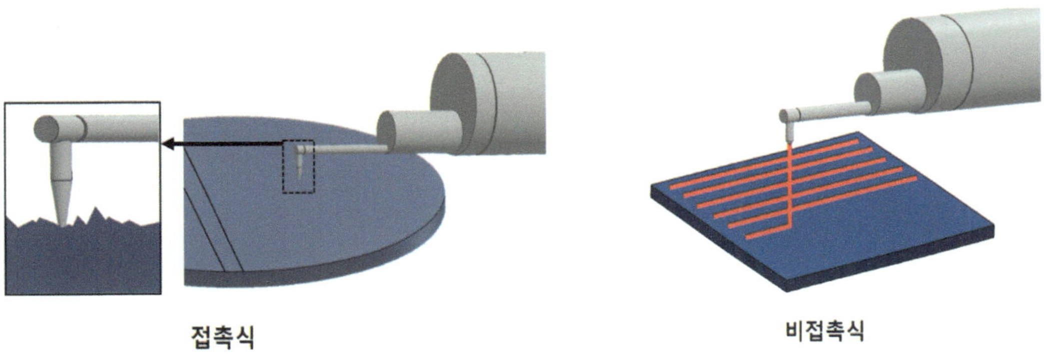

그림 2.24 표면 조도 측정 (접촉식과 비접촉식)

표면 거칠기(surface roughness)에는 R_a(arithmetic mean deviation), R_q(root mean square deviation), R_{sk}(skewness), R_{ku}(kurtosis), R_v(max. profile valley depth), R_p(max. profile peak height), R_t(total height of profile)가 있다.

R_a는 표면의 중심선으로부터의 떨어진 돌기들 높이의 평균값이며 표면 공정 제어에서 가장 많이 사용되는 거칠기이다. R_a는 그림 2.25와 같이 x축 기준으로 아래쪽에 있는 값(음의 값)들을 대칭으로 양의 값을 만든 뒤, 평균값을 구하는 방식이다. 하지만 R_a는 같아도 그림 2.26과 같이 표면의 형상들이 다르므로 표면의 특성에 대한 정보를 충분히 포함하고 있지 않다.

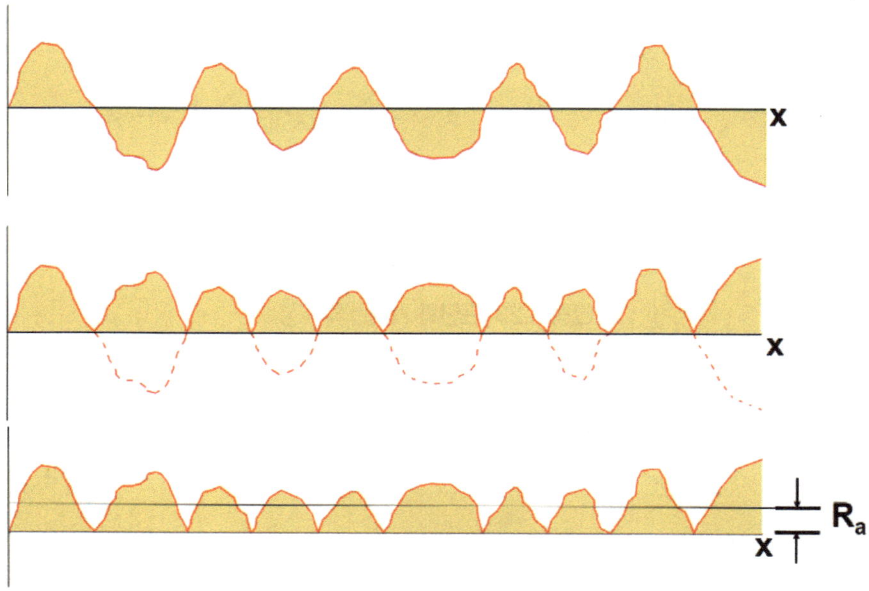

그림 2.25 R_a 측정 방법

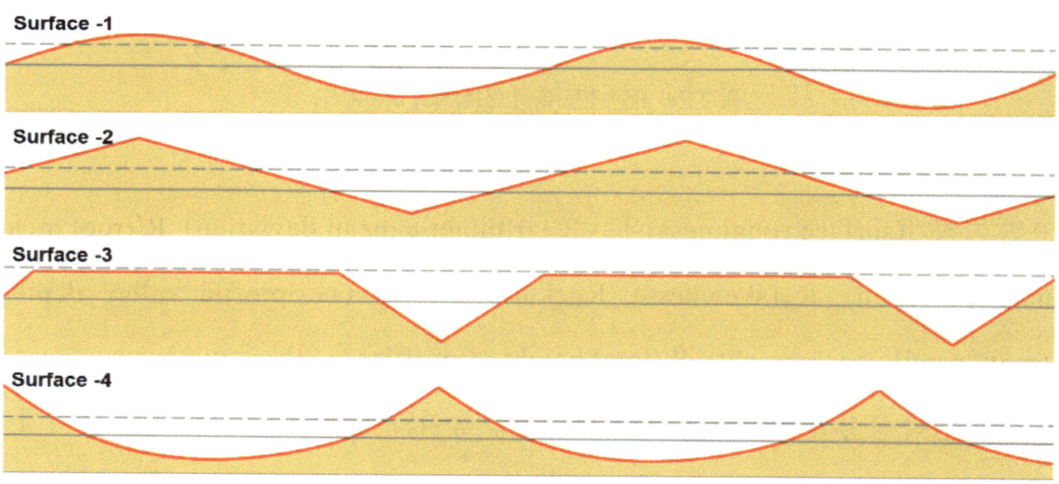

그림 2.26 같은 R_a를 갖는 표면

R_q는 그림 2.27과 같이 표면의 중심선으로부터 떨어진 돌기들의 높이에 제곱 평균값으로 구해지는 거칠기이다. R_q는 소수의 큰 편차를 가지는 돌기 성분들의 영향을 R_a보다 더 잘 표현 가능하다. 특히 소수의 큰 편차를 가지는 돌기들의 관리가 중요한 렌즈 같은 광학용품 제작에 적용된다.

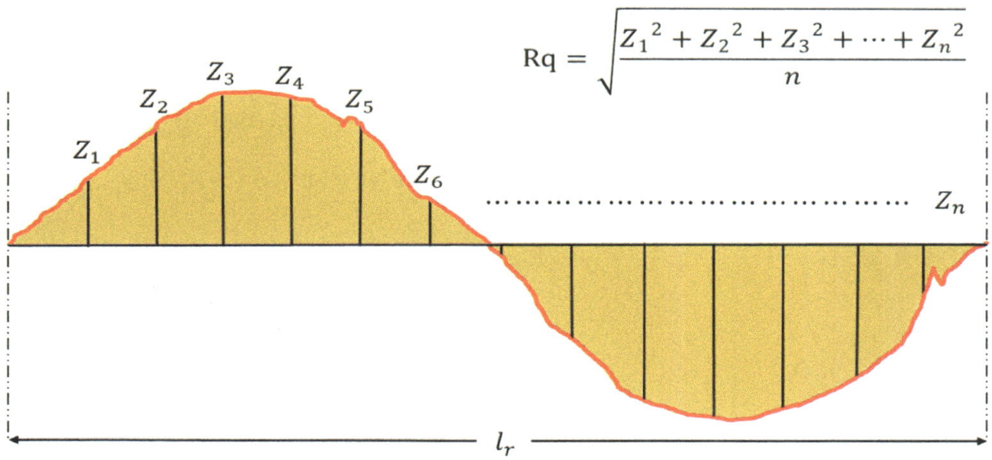

그림 2.27 R_q의 측정 방법

R_{sk}는 표면에 봉우리와 골 중에 어느 것이 표면의 대부분을 이루고 있는지를 평가하는데 활용하는 거칠기이다. 그림 2.28과 같이 R_{sk}가 양의 값이면 봉우리가 표면의 대부분을 이루고 있으며 R_{sk}가 음의 값이면 골이 표면의 대부분을 이루고 있다는 것을 의미한다.

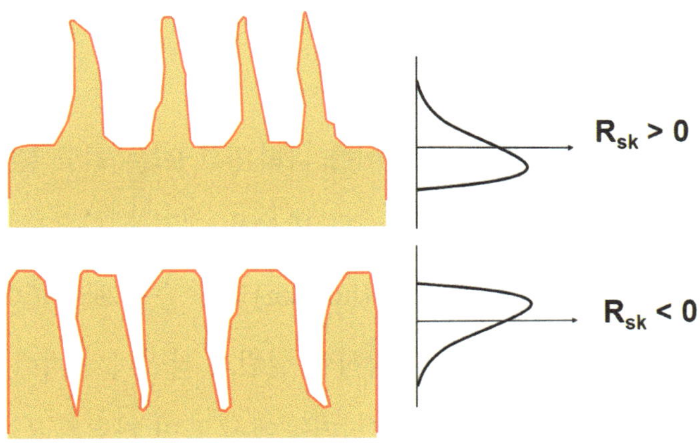

그림 2.28 R_{sk}의 측정 (양의 값, 음의 값)

R_{ku}는 표면 돌기나 골의 뾰족한 정도를 표현한 거칠기이다. 그림 2.29와 같이 정규분포를 갖는 표면의 R_{ku} 값은 3이다. 끝단이 아주 뾰족하면 R_{ku} 값이 3보다 크고 뾰족한 정도가 무디어지면 R_{ku} 값이 3보다 작다. R_{ku}는 연삭숫돌 날의 무뎌진 정도를 평가할 때 사용할 수 있으며, 그 값이 높은 표면일수록 표면의 골 부분에 이물질이 끼어 표면이 더러워질 확률이 높다.

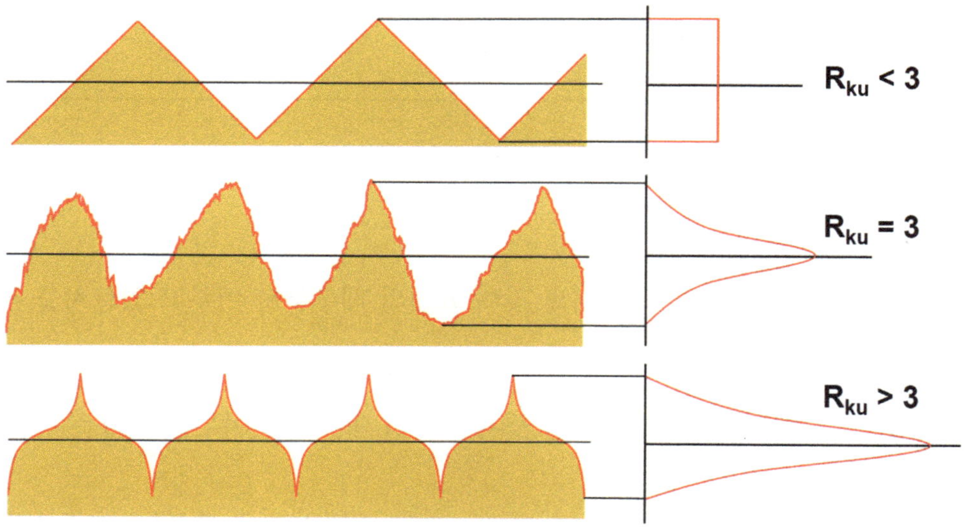

그림 2.29 R_{ku}의 분류

R_v는 샘플링 길이 내에서 최저 골의 깊이를 나타내고 R_p는 최고 봉우리의 높이를 나타내는 거칠기이다. 그림 2.30은 선박용이나 발전용 엔진에 사용되는 실린더 라이너(cylinder liner)와 그 내부에 가공된 호닝(honing)의 모습을 보여준다. 실린더 라이너에 호닝 가공을 하는 이유는 윤활유를 저장하여 실린더 라이너와 피스톤이 원활한 왕복운동을 하기 위함이다. 실린더 라이너의 호닝가공에서 표면 거칠기 R_v와 R_p를 가공기준으로 적용한다.

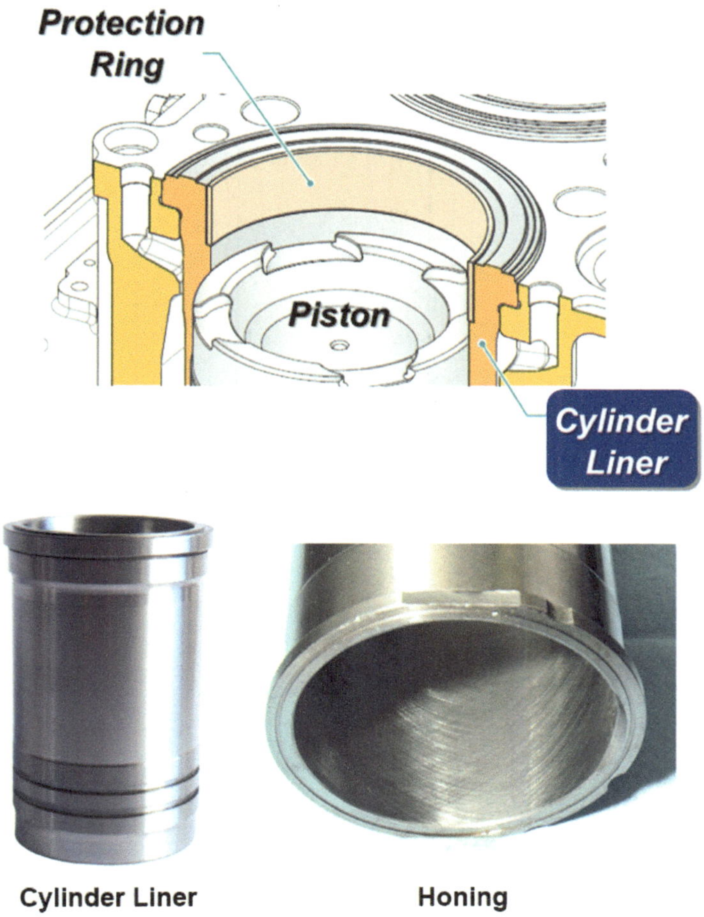

그림 2.30 R_v, R_p로 관리되는 실린더 라이너의 호닝

R_t는 그림 2.31과 같이 측정 길이 내에서 가장 높은 봉우리와 가장 낮은 골 간의 높이 차를 측정하는 거칠기이다. 이 거칠기는 높은 응력이 작용하는 부품의 표면을 관리할 때 사용한다. 이 값이 클 경우 크랙(crack)의 전파가 발생할 우려가 높기 때문이다.

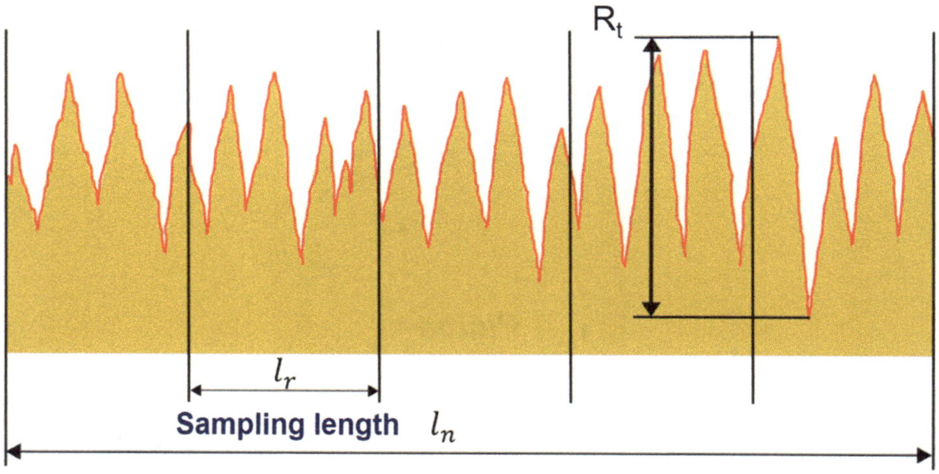

그림 2.31 R_t의 측정 방법

2.1.4 레이놀즈 방정식 및 압력 발생의 원리

레이놀즈 방정식(Reynolds equation)은 윤활 시스템의 특성을 파악하는 데 활용성이 아주 높은 지배방정식으로 유체역학에서 운동을 기술하는 Navier-Stokes 방정식과 질량 보존의 법칙을 만족하는 연속방정식을 이용하여 유도된다. 이때 아래와 같은 가정 조건들이 적용된다.

- 유체는 뉴턴 유체(Newtonian fluid)이다.
- 윤활 면의 크기에 비해 유막두께는 매우 얇다.
- 유체의 흐름은 층류(laminar flow)이다.
- 유체의 관성력과 체적력은 무시한다.
- 유체 압력은 유막두께 방향으로 일정하다.
- 유체가 접하는 면에서 유체의 미끄러짐은 없다.

레이놀즈 방정식은 얇은 유막 틈새에 관한 윤활문제를 '유막두께 방향으로 압력이 일정하다.' 등의 가정들을 이용하여 3차원 문제를 2차원 평면의 문제로 접근할 수 있다는 장점이 있다.

레이놀즈 방정식은 그림 2.32와 같이 미소 요소에 작용하는 힘을 이용하여 위의 가정조건들을 적용하면 유도된다. 그림 2.33은 유막 내 압력 발생의 원리에 대해 레이놀즈 방정식을 이용하여 설명한다. 유막 내 압력은 wedge effect, stretch effect, squeeze effect에 의해 발생하는데 wedge effect는 유막의 형상이 쐐기 모양으로 좁아져 압력이 발생하는 원리를 설명하고, stretch effect는 윤활 면의 속도 변화에 의해 압력이 발생하는 원리를 설명한다. 그리고 squeeze effect는 유막두께 방향으로 압착이 되면서 압력이 발생하는 원리를 설명한다.

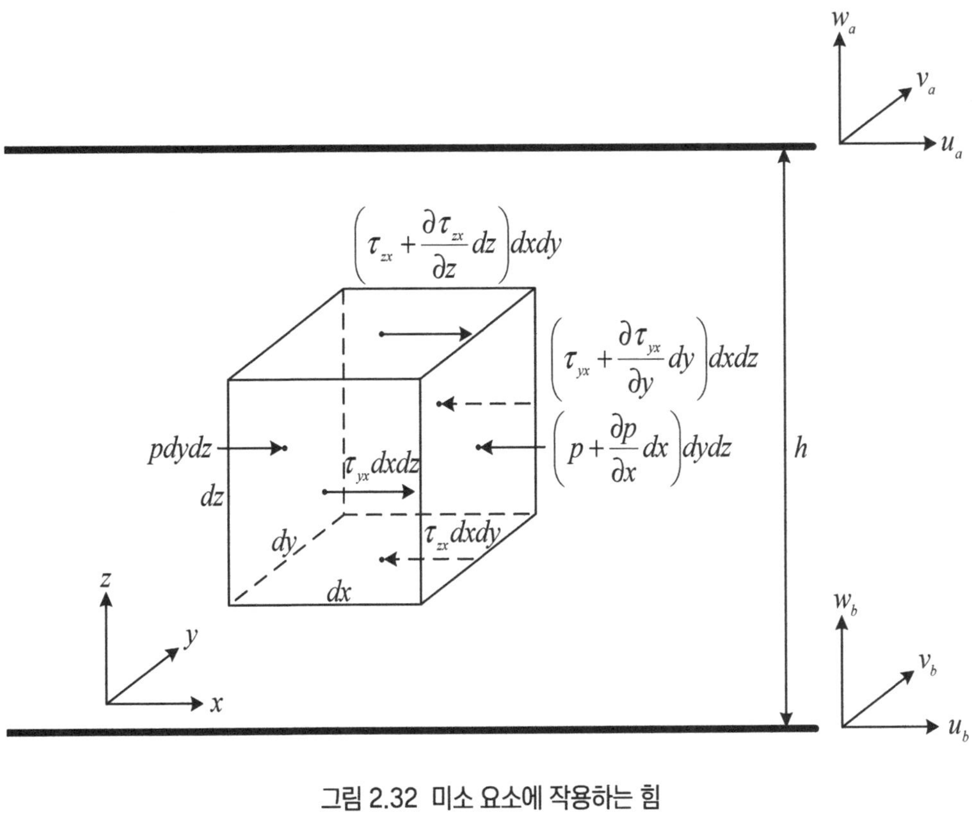

그림 2.32 미소 요소에 작용하는 힘

$$\frac{\partial}{\partial x}\left(h^3\frac{\partial p}{\partial x}\right)+\frac{\partial}{\partial y}\left(h^3\frac{\partial p}{\partial y}\right)=$$
$$6\eta\left[(u_a+u_b)\frac{\partial h}{\partial x}+(v_a+v_b)\frac{\partial h}{\partial y}+h\frac{\partial(u_a+u_b)}{\partial x}+h\frac{\partial(v_a+v_b)}{\partial y}+2(w_a-w_b)\right]$$

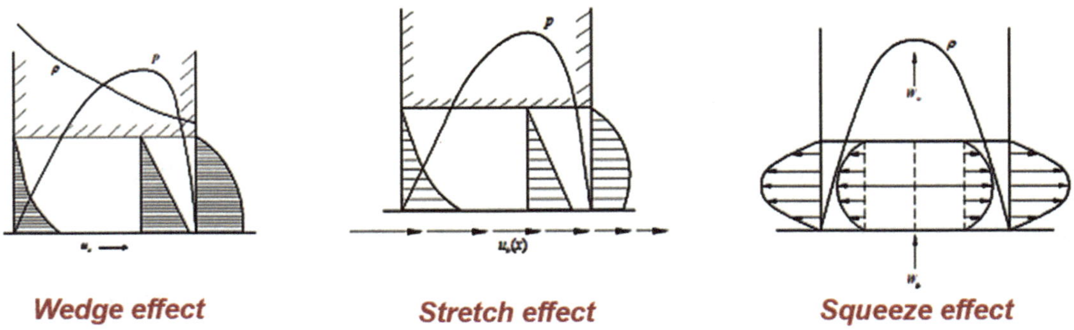

그림 2.33 레이놀즈 방정식과 압력 발생의 원리

2.1.5 베어링, 코팅, 시일, 표면 개질

베어링은 축과 하우징 사이 또는 상호 마주보는 면과 같이 상대운동을 하는 윤활 면들 사이의 마찰을 줄이고 원활한 운동을 하게 하는 기계요소이다. 베어링(bearing)은 '지탱하다' 또는 '지지하다'라는 의미를 가지는 'to bear'에서 어원을 찾을 수 있다. 베어링은 그림 2.34와 같이 내부 접촉 방식과 하중 지지 방향에 따라 분류된다. 내부 접촉 방식에 따라서는 구름 접촉을 하는 구름 베어링(rolling bearing)과 미끄럼 접촉을 하는 미끄럼 베어링(sliding bearing)으로 구분되며, 하중 지지 방향에 따라서는 반경 방향으로 하중을 지지하는 레디얼 베어링(radial bearing)과 축 방향의 하중을 지지하는 스러스트 베어링(thrust bearing)으로 구분된다.

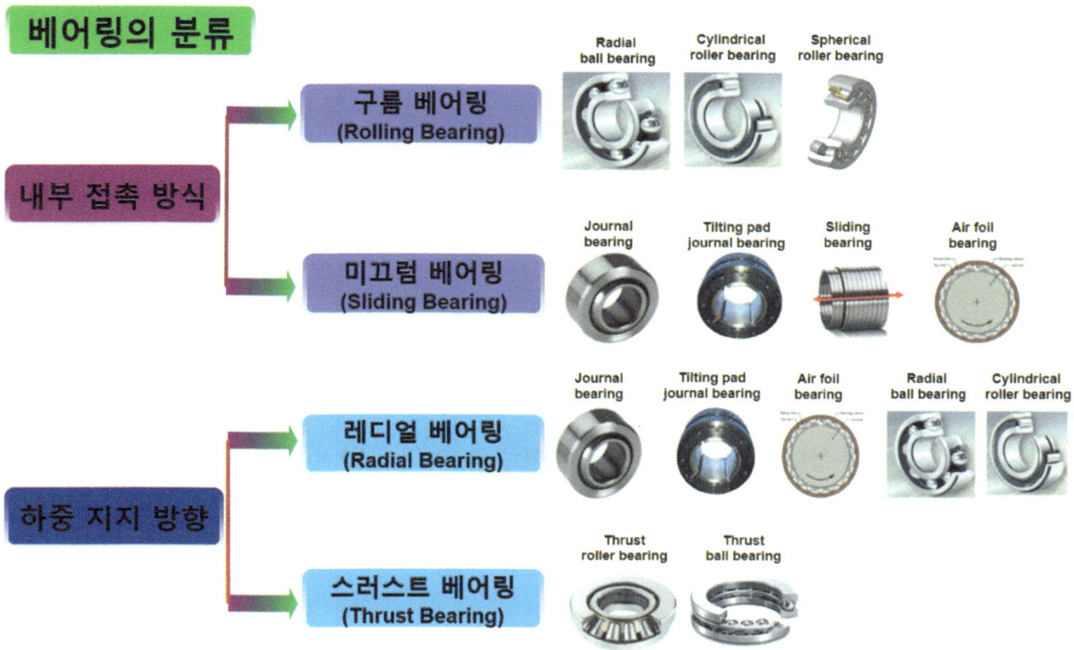

그림 2.34 베어링의 분류

표 2.1은 구름 베어링과 미끄럼 베어링의 사용 특성을 비교한 내용이다. 구름 베어링은 구름요소에 가해진 예압에 의해 강성을 높이더라도 중심축 이동량이 비교적 크지만 미끄럼 베어링의 경우 중심축 이동량, 즉 편심이 비교적 작다. 진동 감쇠 측면에서 구름 베어링의 경우는 구름요소의 탄성지지 때문에 진동 감쇠가 작은 반면에 미끄럼 베어링의 경우는 윤활유의 damping 효과로 인해 상대적으로 진동 감쇠 효과가 크다. 구름 베어링은 구름요소와 리테이너(retainer) 등이 반복 하중을 받게 되면 접촉에 의한 소음이 발생하지만 미끄럼 베어링은 구조가 간단하고 축과 베어링의 접촉이 발생하지 않으면 소음이 아주 작은 편이다. 또한 구름 베어링은 그리스로 윤활을 하며 필요한 유량이 적은 편이다. 그리고 피로 파괴에 의해 수명이 기본적으로 정해져 있고 설치오차가 비교적 민감한 편이다. 반면에 미끄럼 베어링은 주로 액상 윤활유로 윤활을 하며 필요한 유량이 많다. 그리고 이론적으로 수명은 무한대이고 설치오차는 비교적 둔감하다.

표 2.2는 구름 베어링과 미끄럼 베어링의 경제성 및 사용온도 특성을 비교한 내용이다. 구름 베어링은 대부분 표준형 양산품으로 제작되므로 비교적 가격이 저렴하고 보수가 간단하며 교환성이 우수하다. 미끄럼 베어링은 각 기계시스템에 적합한 개별 설계를 해야 하며 상대적으로 고가이다. 그리고 구름 베어링은 steel을 베어링 재질로 사용하므로 상대적으로 고온환경이 적합하나 그리스 등 윤활제로 인해 내고온성 한계는 존재한다. 하지만 미끄럼 베어링의 경우는 주로 액상 윤활유를 사용하기 때문에 고온에서는 점도가 저하되는 문제가 발생하므로 일반적으로 고온한계가 낮다. 미끄럼 베어링의 경우 일반적으로 저온 특성이 불량하나 기체 베어링과 마그네틱 베어링을 미끄럼 베어링에 포함을 하면 사용온도의 범위가 넓으며 저온 특성이 반드시 불량한 것만은 아니다.

표 2.1 구름 베어링과 미끄럼 베어링의 사용 특성 비교

		구름 베어링(Rolling Bearing)	미끄럼 베어링(Sliding Bearing)
사용 중의 특성	강성	구름요소의 탄성 때문에 예압에 의해 강성을 높이더라도 중심축 이동량이 비교적 큼	중심축 이동량이 비교적 작음
	진동	구름요소의 탄성지지 때문에 진동감쇠가 작음	윤활유의 damping 효과 때문에 진동감쇠가 큼
	소음	반복하중으로 비교적 큼	비교적 작음
	윤활방법	주로 그리스 윤활을 하며 액상 윤활의 경우에는 유량이 적음	주로 액상 윤활을 하며 유량도 많음
	수명과 파손	수명이 기본적으로 정해져 있으며 고속일 때 seizure에 의한 파손도 발생함	이론적으로 수명은 무한대, 정지에서 가동 구간 사이에 조금씩 마모되며 변동하중에 의한 피로가 있을 수 있으나 윤활유의 damping 효과로 압력 분산
	설치오차	비교적 민감	비교적 둔감

표 2.2 구름 베어링과 미끄럼 베어링의 경계성 및 사용온도 특성 비교

		구름 베어링(Rolling Bearing)	미끄럼 베어링(Sliding Bearing)
경제성 및 사용 온도 특성	비용 및 보수	표준형 양산품은 비교적 저렴, 보수가 간단	시스템에 적합한 베어링의 제작이 필요하며 상대적으로 고가, 주로 액상 윤활유를 사용하므로 누설 방지를 위한 노력이 필요
	선택성 및 교환성	국제적으로 표준화, 규격화가 되어 있어 교환성이 우수하지만 임의의 치수 베어링 제작 및 구입이 어려움	임의의 치수 베어링 제작 및 구입이 용이, 베어링 교환 시 축의 수리 및 교환이 필요
	고온 환경	기본적으로 steel을 주로 사용하므로 고온환경에 적합하나 윤활제의 내고온성의 한계가 있음	고온에서 액상 윤활유를 사용하기 어려우므로 일반적으로 고온 한계가 낮음
	저온 환경	저온 시동의 특성이 양호	윤활유의 점도 증가와 응고 때문에 저온 특성이 불량
	비고	대체로 미끄럼 베어링의 사용온도 범위가 좁으나 기계 또는 마그네틱 베어링이 미끄럼 베어링에 포함되면 미끄럼 베어링도 사용온도 범위가 넓음	

구름 베어링은 작동하는 동안 원활한 윤활을 위해 적절한 간극이 필요하고 내부적으로 요구되는 응력을 유지하기 위해서는 negative clearance로 설치하기도 한다. 구름 베어링을 mounting할 때 예압(preload)을 적용하여 간극을 조정한다. 구름 베어링에 예압을 적용함으로써 베어링이 정확한 위치를 유지하고 작동 정밀성(running accuracy)을 유지하며 베어링의 강성도 증가한다. 그 외에도 축진동으로 발생하는 소음을 감소시키

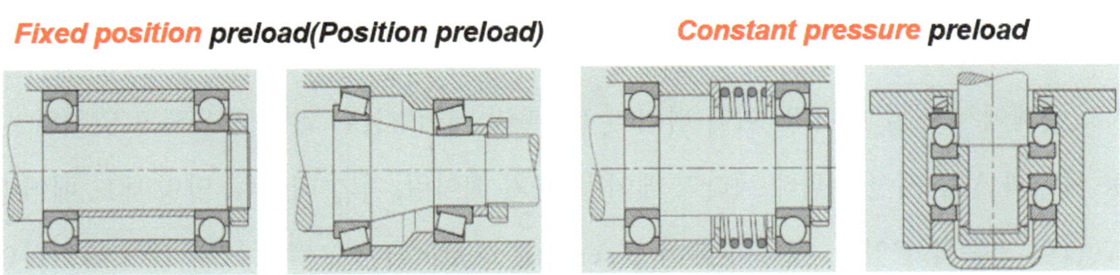

그림 2.35 구름 베어링의 예압 방식

고 구름요소가 레이스(race)에서 발생하는 슬립을 방지한다. 예압을 적용하는 방식은 그림 2.35와 같이 위치를 변경하는 fixed position 방식과 스프링력 등을 이용해 일정하게 압력을 가하는 constant pressure 방식 등이 있다.

베어링은 유막 내 압력을 발생하는 방식에 따라 그림 2.36과 같이 정압 베어링(hydrostatic bearing)과 동압 베어링(hydrodynamic bearing)으로 구분된다. 대부분의 베어링이 축 등의 움직임을 통해 유막 압력을 발생시키는 동압 베어링이지만 일부에서는 외부에서 가압된 압력으로 지지가 되는 정압 베어링이 사용되고 있다.

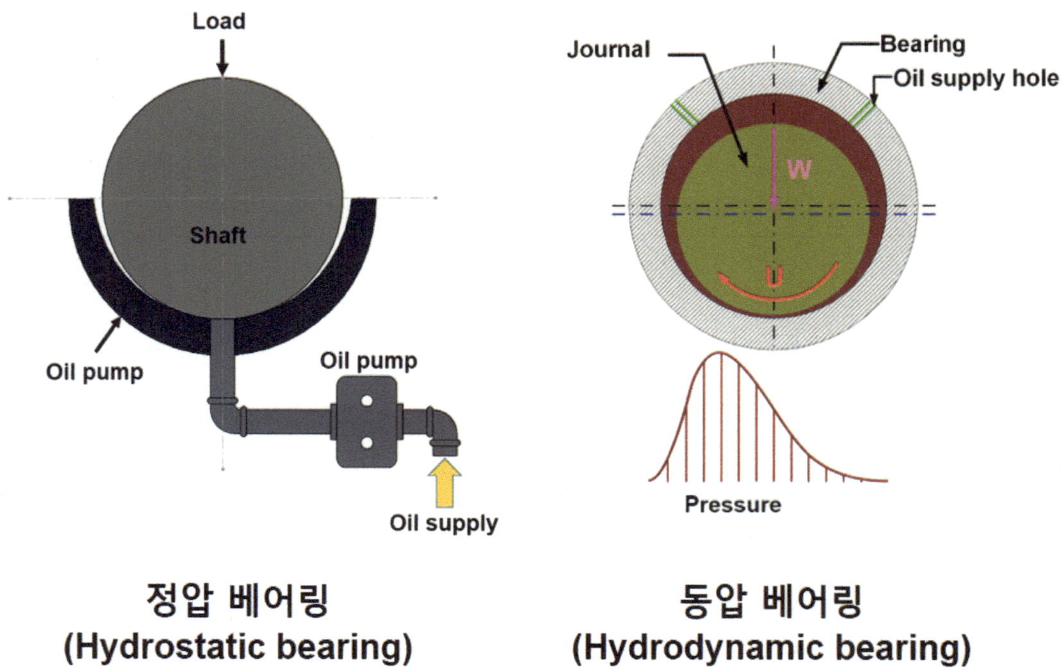

그림 2.36 정압 베어링과 동압 베어링

산업계에서 저널 베어링, 여러 타입의 볼, 롤러 베어링들이 많이 사용되고 있지만 사용 목적과 성능 개선을 위해 세라믹 베어링, 공기 베어링, 자기 베어링, 틸팅 패드 베어링도 많이 적용되고 있다. 세라믹 베어링(ceramic bearing)은 그림 2.37과 같이 베어링의 일부 또는 전체가 세라믹 재질로 된 베어링이다. 구름 베어링의 경우 기존의 금속 재질의 구름요소로 만든 베어링보다는 세라믹 재질로 만든 베어링이 내구성이 좋으며 산화 방지 효과도 우수하다. 세라믹이라는 재질의 특성으로 인해 저마찰, 저마모의 특성을 가지고 있고 또한 전식(電蝕)에 의한 손상이 발생하지 않아 발전기용 베어링에 사용된다. 세라믹 베어링은 액상 윤활유나 그리스 등이 반드시 필요하지 않으나 일부 미량의 그리스나 젤 등이 윤활제로 사용되기도 한다. 또한 구입 가격이 다소 비싸지만 내구성이 좋기 때문에 유지나 보수를 위한 추가 비용 측면에서는 양호하다.

Hybrid ceramic ball bearing

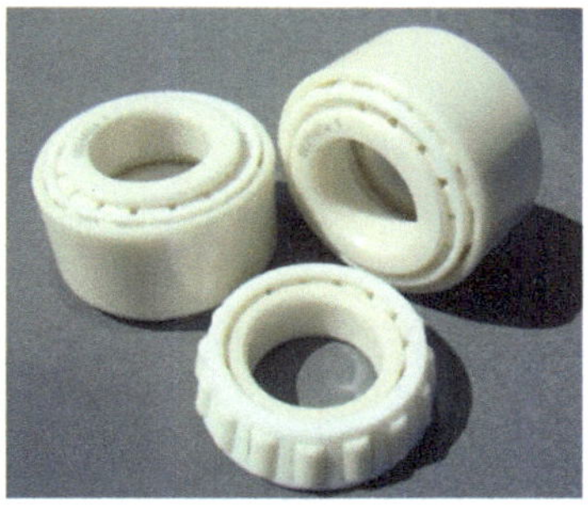

Full ceramic roller bearing

그림 2.37 세라믹 베어링

공기 베어링(air bearing)은 공기를 윤활제로 윤활하는 베어링으로 고속으로 운전하는 터보기계 및 항공기용 공기 순환장치, heat pump 등에 사용된다. 공기를 윤활제로 사용함으로써 윤활유를 사용하는 베어링에 비해 하중지지능력이 작고 공기의 낮은 점성으로 강성과 감쇠가 작아 과진동 충격에 약하다. 하지만 공기를 윤활제로 사용함으로 윤활유 공급 장치나 시일(seal)이 필요하지 않아 구조가 간단하고 저렴하며, 극저온에서 고온까지 넓은 온도 영역에서 사용이 가능하다. 공기 베어링에는 강성과 감쇠 효과를 보완하기 위해 포일(foil)이 있는데 그림 2.38과 같이 bump type과 leaf type이 주로 사용된다.

자기 베어링(magnetic bearing)은 그림 2.39와 같이 전자석을 회전축 주위에 설치하고 축이 기준 위치를 벗어나면 그 정도를 센서로 감지하여 각각의 전자석에 공급되는 전

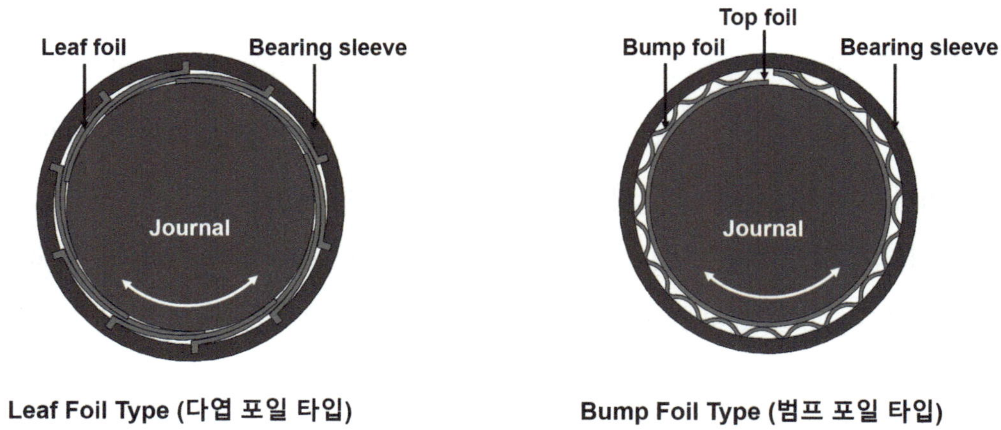

그림 2.38 공기 베어링

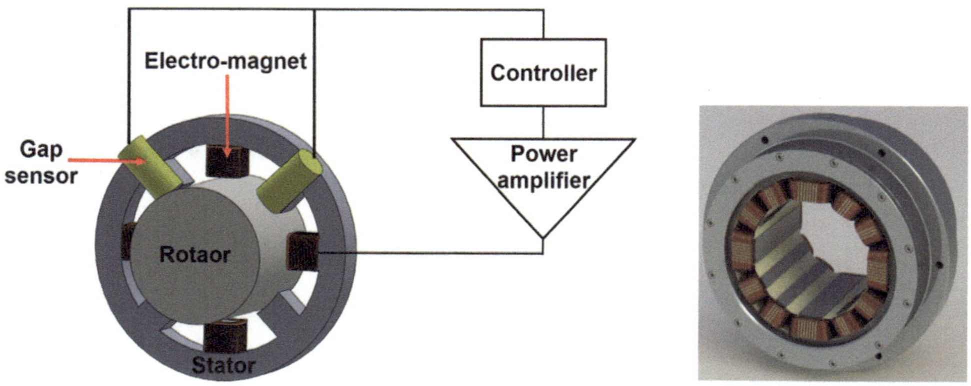

그림 2.39 자기 베어링

류를 제어함으로써 전자석에 자기력을 발생시켜 회전축을 원하는 위치로 부상시키는 베어링이다. 자기 베어링은 마모가 거의 발생하지 않으며, 에너지 손실이 거의 없다. 진공, 고온에서도 사용이 가능하며 피드백 제어를 통해 축의 진동을 크게 억제할 수 있어 인공위성의 관성휠 제어, 고속을 요구하는 스핀들 시스템, 원심 분리기 등에 적용된다. 하지만 다른 베어링에 비해 고가이며 제어 기술도 필요하다.

틸팅 패드 베어링(tilting pad bearing)은 동적 안정성을 확보하기 위해 주로 사용하는 베어링으로 베어링의 부하가 크게 변동하는 대형 터빈과 축의 안정성이 요구되는 시스

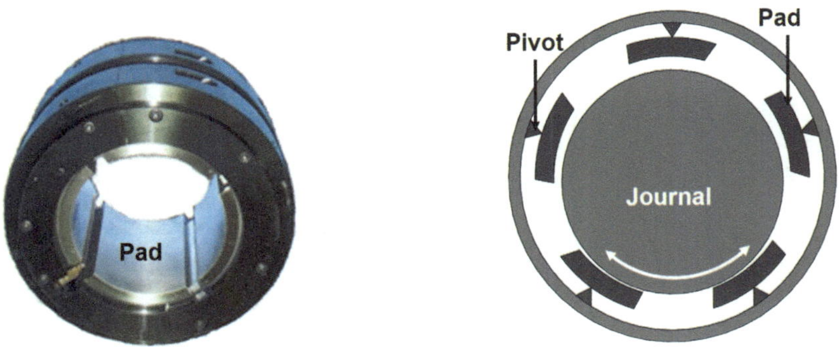

그림 2.40 틸팅 패드 베어링

템에 적용된다. 틸팅 패드 베어링은 그림 2.40과 같이 여러 개의 패드(pad)가 피벗(pivot)에 의해 지지되어 있고 각 패드에 유막 압력이 최적으로 형성될 수 있도록 축에 따라 패드가 경사 및 선회할 수 있는 구조이다. 하지만 이 베어링의 설계에서 난류 같은 복잡한 유동 고려, 선단 압력 조건 고려, 상부 패드 선단부 손상(spragging) 문제를 해결해야 한다.

베어링을 이해하기 위해서는 유체윤활과 탄성유체윤활의 특징과 차이의 비교 분석이 필요하다. 유체윤활(Hydrodynamic Lubrication, HD)은 저널 베어링과 같이 유막에 의해 윤활 면이 완전히 분리되어 있는 윤활 상태이다. 또한 일반적으로 작용하중 또는 발생된 유막 압력에 의한 윤활 면의 변형이 발생하지 않는다. 하지만 탄성유체윤활(Elasto- Hydrodynamic Lubrication, EHL)은 구름 베어링이나 기어와 같이 좁은 면적에 큰 하중이 작용하는 윤활영역으로 작용하중이나 발생된 유막압력에 의한 윤활 면의 변형이 발생한다. 탄성유체윤활에서 높은 유막 압력에 의한 밀도와 점도의 변화가 큰 경우에는 그 영향을 고려한다. 탄성유체윤활은 그림 2.41과 같이 재료의 물성값(탄성계수)에 의해 Soft EHL과 Hard EHL로 구분되는데 인공관절부와 같이 탄성계수가 작은 물질에서는 적은 하중에서도 큰 변형이 발생하는데 이러한 탄성유체윤활을 Soft EHL이라 하고 볼베어링과 같이 작은 면적에 큰 하중이 작용하는 조건에서의 탄성유체윤활을 Hard EHL이라 한다.

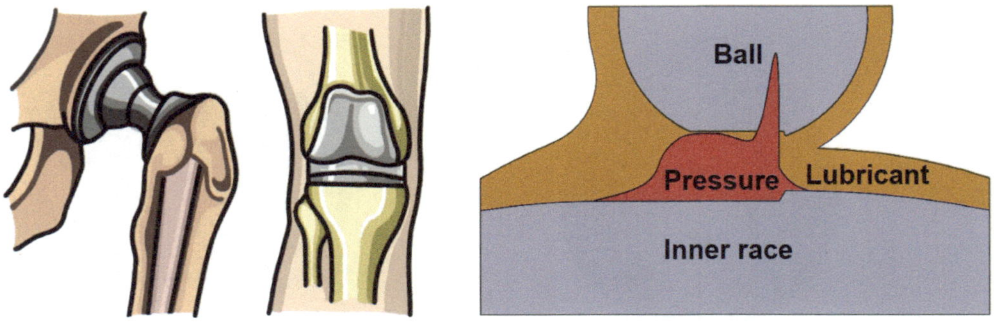

Soft EHL (인공관절) **Hard EHL (볼 베어링)**

그림 2.41 Soft EHL과 Hard EHL

베어링에서 발생하는 이상 진동과 관련된 oil whirl과 oil whip은 베어링의 설계 및 관리 측면에서 중요하다. 베어링에서 oil whirl은 축의 정렬 불량, 갑작스런 충격, 마모에 의한 틈새의 증가, 압력의 변화 등으로 인해 축이 진동하는 현상이다. 이때 베어링 시스템의 고유 진동수와 oil whirl의 진동수가 일치하게 되면 진폭이 증가하고 진동이 심해지는데 이를 oil whip이라고 한다. oil whirl과 oil whip 현상은 베어링의 손상을 가져올 수 있으므로 이를 방지하기 위해 오일 그루브(oil groove)를 가공하거나 편심(eccentricity)을 증가시키는 등의 방법을 시도한다.

추가적으로 베어링에 대한 정확한 이해를 위해서 베어링의 특성 계수, 최대허용 PV 값을 이해해야 한다. Sommerfeld Number (S)는 Arnold Sommerfeld의 이름을 인용한 무차원 베어링 특성 계수로 아래 식 (1)과 같다. 여기서 R과 c는 베어링의 반경과 틈새를 나타내고 η, N, p는 윤활유의 점도, 베어링의 회전수와 하중을 의미한다. 과거의 베어링 설계자들이 그림 2.42와 같이 Sommerfeld number와 설계인자들과의 관계를 나타내는 그래프를 참고하여 베어링을 설계하였다. 크기나 압력이 다르더라도 동일한 Sommerfeld number를 가지는 베어링은 동일한 베어링이다.

$$S=(\eta N/p)\,(R/c)^2 \tag{1}$$

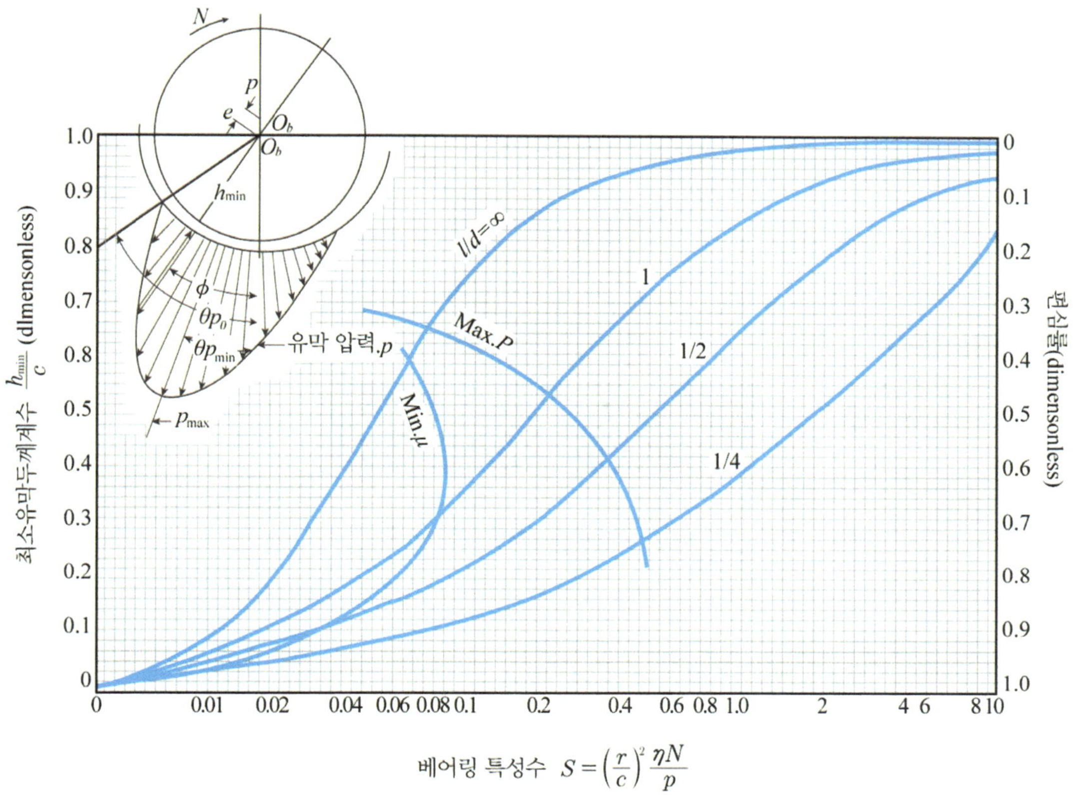

그림 2.42 Sommerfeld number, 편심률, 최소유막두께

저널 베어링의 설계에서는 최대 허용 PV 값(maximum allowable PV value)을 고려한다. 이 값은 저널 베어링에서 마찰열에 의해 발생하는 열 문제를 방지하기 위한 제한 값으로 사용된다. 따라서 저널 베어링의 폭 등을 결정할 수 있는 중요한 설계 변수이다. PV에서 P는 단위 투영 면적당 하중이고 V는 회전 속도를 나타낸다.

시일(seal)은 윤활 면의 공유하는 영역에서 유체의 양을 조절하는 것으로 절대적인 것이 아니라 정도의 문제이다. 즉 누설이 전혀 없는 것을 이상적인 현상이라 생각할 수 있지만 실제는 적당한 양을 누설하면서 원활하게 윤활하는 것이 중요하다. 따라서 적용하는 시스템에 따라 허용되는 누설의 양이 정해지므로 그 조건에 적합하게 시일 설계를 하는 것이 중요하다. 시일은 크게 정적 시일(static seal)과 동적 시일(dynamic seal)로 나누는데 정적 시일에는 개스킷(gasket), 오링(O-ring), 밀봉재(sealant) 등이 있고 동적

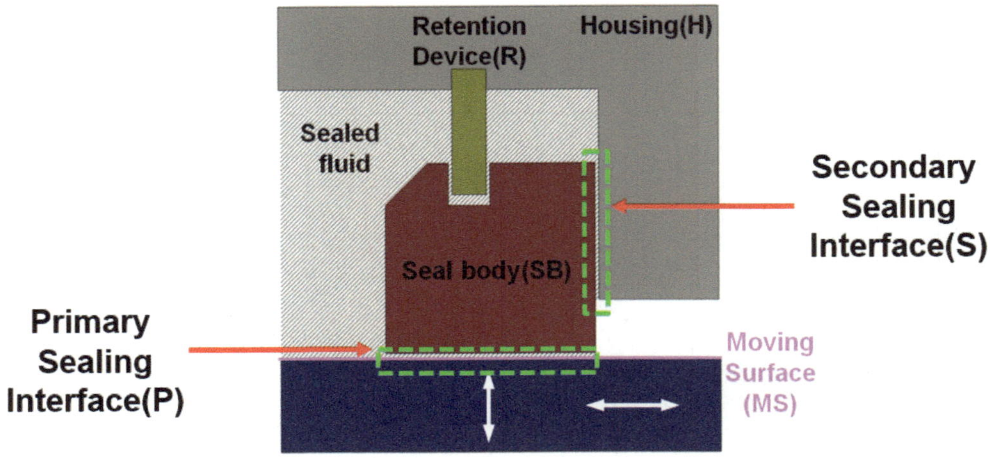

그림 2.43 동적 시일

시일에는 미케니컬 시일(mechanical seal), 립 시일(lip seal), 레비린스 시일(labyrinth seal), 피스톤 링(Piston ring) 등이 있다. 그림 2.43과 같은 동적 시일의 경우는 시일에 사용하는 물체(seal body)에 의해 첫 번째 시일 면(primary sealing interface)과 두 번째 시일 면(secondary sealing interface)으로 구성되어 있다. 그림 2.44는 동적 시일 중에 가장 대표적인 시일인 미케니컬 시일의 모습을 보여준다. 미케니컬 시일은 유막의 동압에 의해 발생하는 개방력(opening force)과 스프링으로 발생하는 폐쇄력(closing force)에 의해 누설량이 결정된다. 개방력이 폐쇄력보다 큰 경우 누설량이 늘어나고 폐

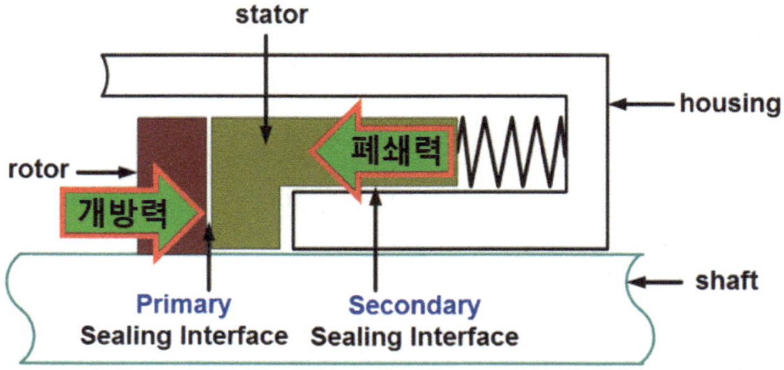

그림 2.44 미케니컬 시일

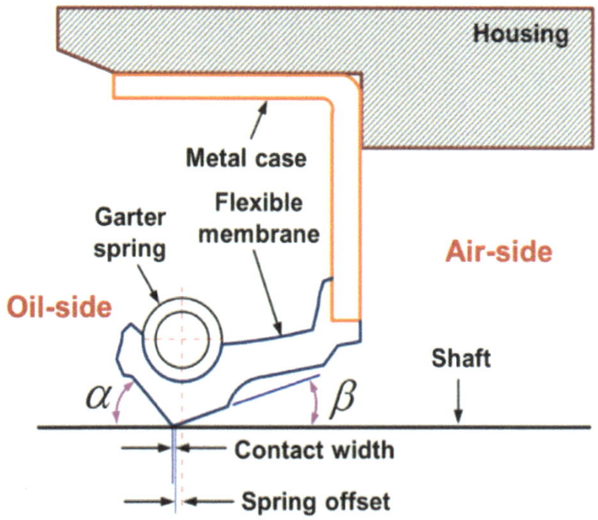

그림 2.45 립 시일

쇄력보다 개방력이 큰 경우는 시일 면에서 접촉에 의한 마모가 발생하므로 적절한 누설량을 가지는 평형 위치를 결정해야 한다. 립 시일은 그림 2.45와 같이 contact approach angle인 α와 β를 적당히 유지하여 시일을 하는 장치이다. 여기는 α는 윤활유가 채워져 있는 부분의 각도로 보통 40 ~ 60도이고 β는 공기로 채워진 부분의 각도로 보통 20 ~ 35도이다. 그리고 가트 스프링(garter spring)을 이용하여 접촉력을 유지하고 있으며 오프셋(offset)되어 있다. 레비린스 시일은 그림 2.46과 같이 여러 개의 통로를 통과해야

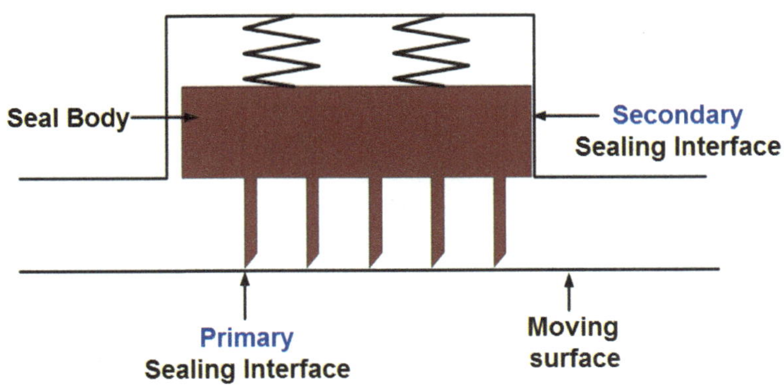

그림 2.46 레비린스 시일

하는 구조로, 이물질이 내부로 침입을 못하게 하는 기능을 한다. 스터핑 박스 시일(stuffing box seal)은 그림 2.47과 같이 실타래로 엮은 스터핑 박스를 사용하는데 시간이 지남에 따라 접촉에 의한 마모가 발생하므로 주기적으로 스터핑 박스를 교체해야 한다.

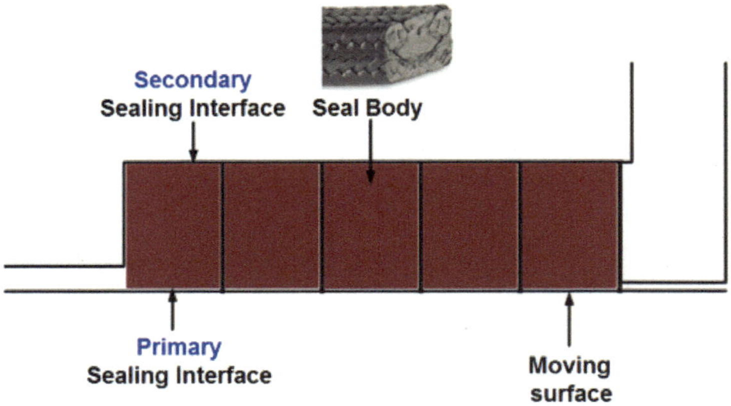

그림 2.47 스터핑 박스(Stuffing box) 시일

정적 시일에서 대표적인 것은 그림 2.48과 같이 오링(O-ring)이다. 오링은 시일 재질로 탄성중합체(elastomer)를 주로 사용하는데 −60℃ ~ 300℃ 온도 범위 내에서 적합성에 문제가 없어야 한다. 압축력에 의해 오링이 줄어든 두께는 원래 두께의 10 ~ 20%이다.

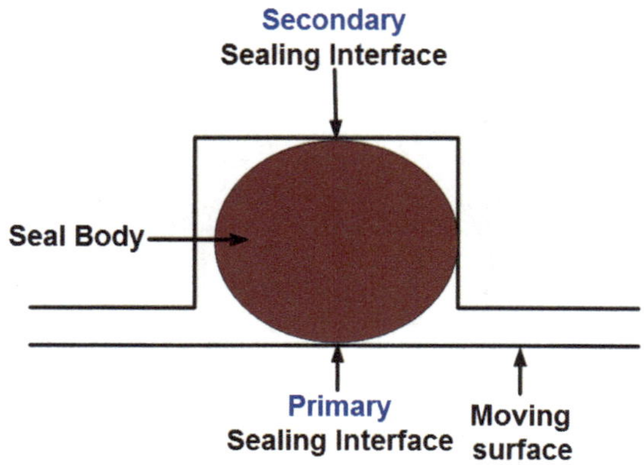

그림 2.48 오링(O-ring)

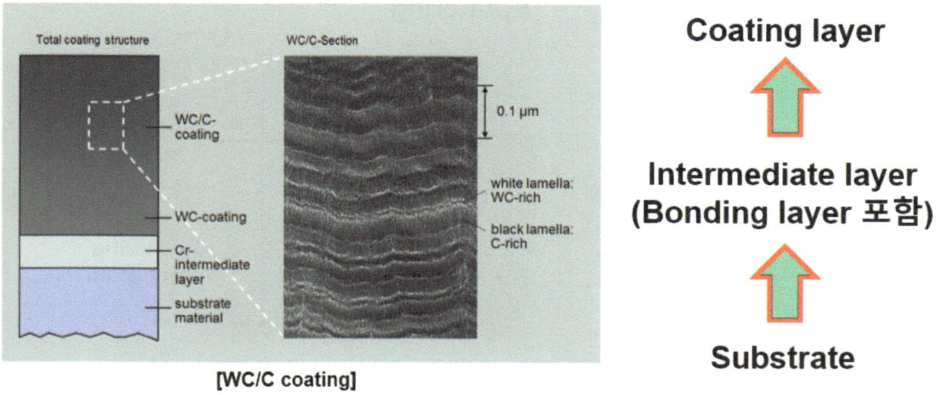

그림 2.49 코팅의 구조

코팅(coating)은 그림 2.49와 같이 모재(substrate)의 표면 위에 다른 물질을 덮어 씌워 기계적 성질을 개선하는 방법이다. 코팅은 WC/C(Tungsten Carbide /Carbon), DLC(Diamond-Like Carbon)와 같이 한 개의 층만 있는 것이 아니라 그림 2.49와 같이 중간 층(intermediate layer) 또는 결합 층(bonding layer) 등과 함께 구성된다. 몇 개 또는 여러 개의 층으로 이루어진 코팅은 마모 저항(wear resistance), 부식 저항(corrosion resistance), 응착(adhesion) 감소 등의 기능을 수행한다. 코팅 방법은 다양하나 그림 2.50과 같이 sputtering 같은 PVD(Physical Vapor Deposition) 그리고 CVD(Chemical Vapor Deposition)와 thermal spraying 방법이 주로 사용된다. 표 2.3은 코팅 전문 업체인 Balzers에서 제공하는 3가지 코팅에 대한 미세경도, 코팅온도, 최대적용온도를 나타낸다. 미세경도 측면에서는 DLC 코팅이 상대적으로 우수하나 최대적용온도 측면에서는 CrN 코팅이 우수하다. 코팅이 윤활유와 연료환경에서 함께 사용할 때는 사용하는 유체들과의 적합성을 고려해야 한다. 예를 들어 강도 측면에서는 DLC 코팅이 우수하지만 연료나 윤활유의 특정 성분과 이상 반응하여 코팅에서 박리(delamination)가 발생하기도 한다. 따라서 코팅은 내구성, 경제성뿐만 아니라 사용하는 조건에 대한 적합성을 검토하여 코팅을 적용해야 한다.

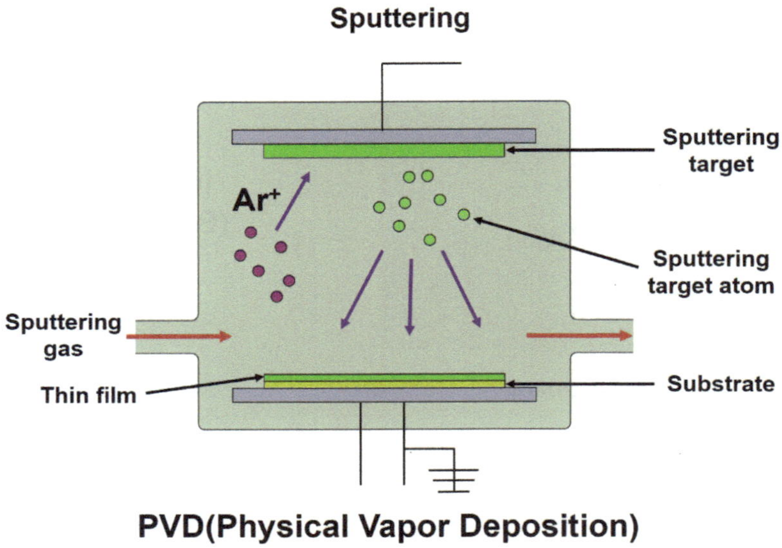
Sputtering
Sputtering target
Ar+
Sputtering target atom
Sputtering gas
Thin film
Substrate
PVD(Physical Vapor Deposition)

(a)

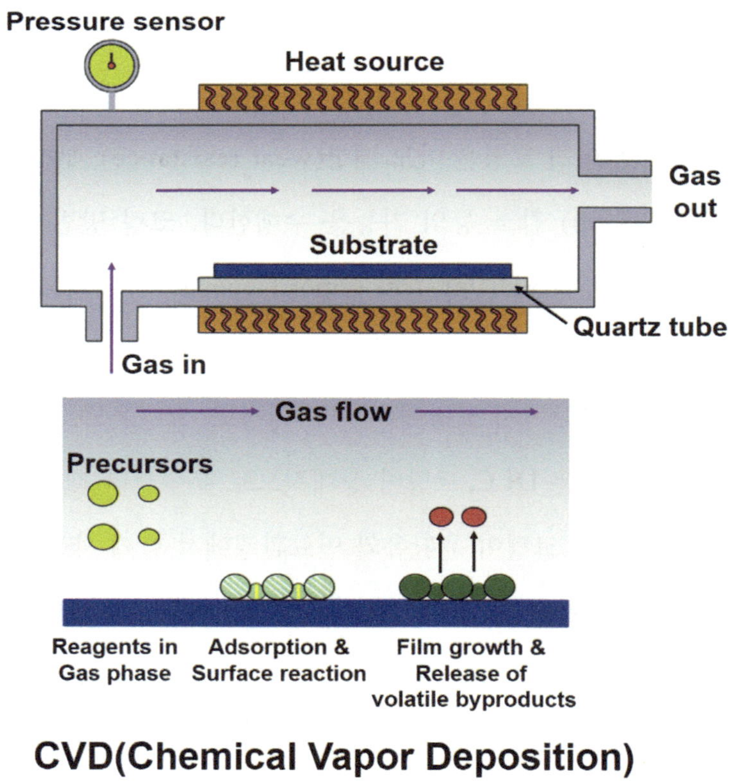
Pressure sensor
Heat source
Gas out
Substrate
Quartz tube
Gas in
Gas flow
Precursors
Reagents in Gas phase
Adsorption & Surface reaction
Film growth & Release of volatile byproducts
CVD(Chemical Vapor Deposition)

(b)

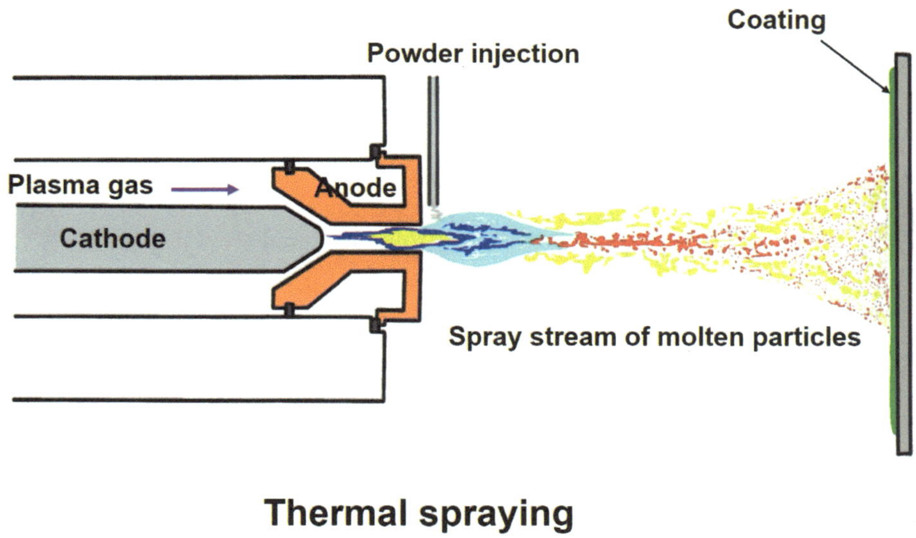

(c)

그림 2.50 코팅의 제조 방법
(a) PVD (b) CVD (c) Thermal spraying

표 2.3 코팅의 경도 및 적용 온도 비교

코팅	WC/C (Tungsten Carbide Carbon)	DLC (Diamond Like Carbon)	CrN
미세경도(HV)	1,000 ~ 1,500	>2,000	1,750
코팅온도(℃)	<250	<250	<500
최대적용온도(℃)	300	350	700

표면 개질은 표면에 여러 가지 방법으로 충격이나 가공을 통해 기계적 성질을 개선하는 방법이다. 표면을 개질하는 방법에는 그림 2.51과 같이 다양하고 초음파, 레이저 등을 이용하여 표면에 충격을 줌으로써 표면의 경도 값, 마찰계수를 개선할 수 있다. 그 외에도 표면 텍스쳐링(surface texturing)과 같이 미세한 딤플이나 홈을 가공하여 마모입자를 가두어 두는 포집 효과(trap effect)와 윤활유 저장 기능 및 유체 동압 발생효과를 이용하여 윤활성능을 개선하는 방법도 있다.

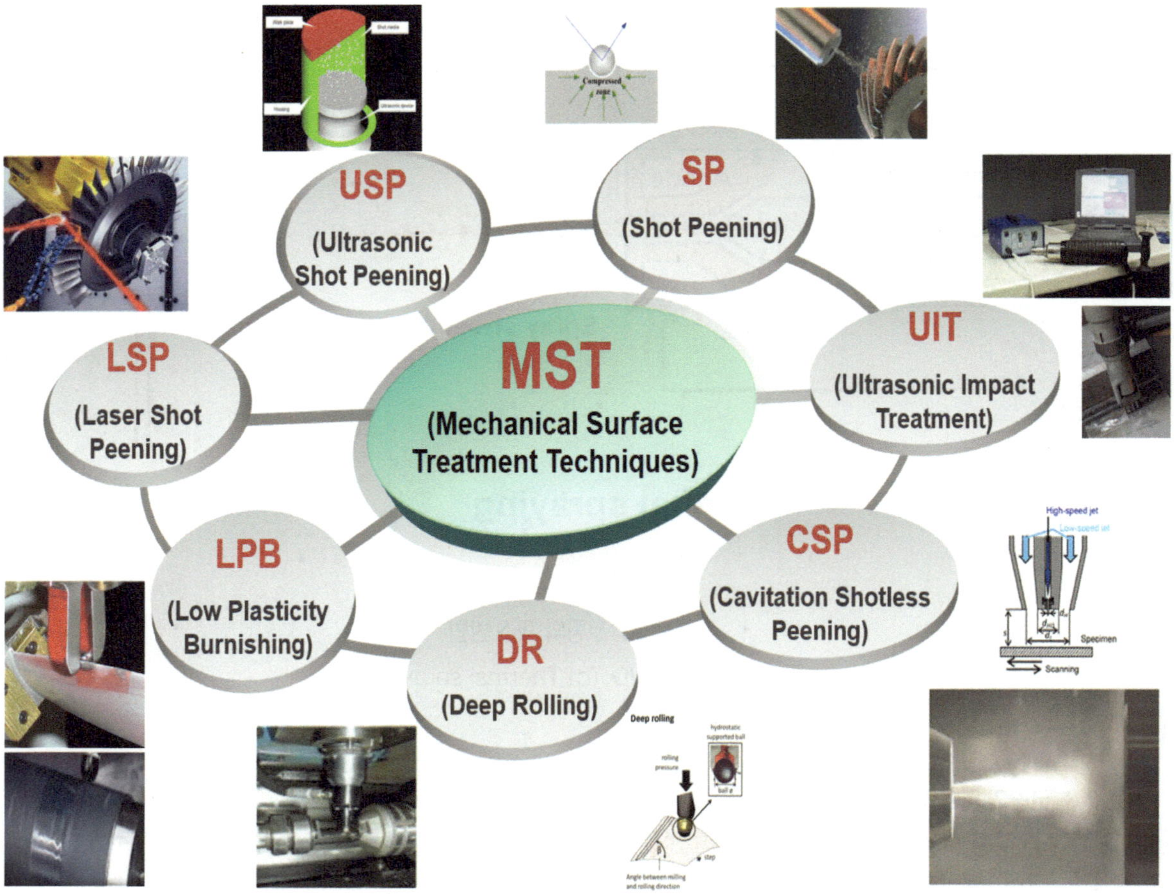

그림 2.51 표면 개질 방법들

2.2 기계상태진단

2.2.1 기계상태진단의 개념

기계상태진단이란 기계시스템에서 발생하는 여러 가지 타입의 고장이나 파손으로 인해 작동 정지가 발생할 경우, 따르는 큰 경제적, 인적 손실을 줄이기 위해 기계시스템을 지속적 또는 정기적으로 감시하여 원활히 작동하도록 관리하는 것과 관련된 학문 분야이다. 기계상태진단은 안전성 측면과 경제적인 측면 외에도 생산성 향상이나 품질 관리 측면에서 중요하다. 안전성 측면에서는 대형 사고나 인명피해가 발생하지 않고 안전하게 기계시스템을 운영하는 것이 중요하다. 경제적인 측면에서는 고가의 기계시스템 고장으로 인한 교체 및 수리 비용이 많이 요구되고 또한 기계시스템의 고장으로 인해 운영이 중단되어 경제적 손실이 발생된다. 그 외에도 생산성 측면에서도 지속적인 상태진단으로 정기적인 기계점검을 위한 시간을 줄임으로 기계의 가동률을 높인다. 산업계에서

그림 2.52 보전 전략

는 기계시스템을 효율적으로 관리하기 위해서 보전 전략(maintenance strategy)을 사용한다. 보전 전략에는 그림 2.52와 같이 선행보전(proactive maintenance), 예지보전(predictive maintenance), 예방보전(preventive maintenance), 사후보전(corrective maintenance, breakdown maintenance)이 있다. 과거에는 사후보전과 같이 기계가 손상이나 고장이 발생한 뒤에 분해 등을 통해 그 원인을 파악하여 보전을 하는 전략을 적용하였지만 그 결과는 효과적이지 않았다. 예방보전은 이력적 데이터를 근거하여 주기적으로 점검함으로써 보전하는 전략이다. 예지보전과 선행보전 전략은 상태기준 보전전략으로 예방보전이나 사후보전에 비해 효과적이다.

2.2.2 기계상태진단의 종류

기계상태진단은 machine condition monitoring 또는 machine condition diagnosis로 표현하고 그림 2.53과 같이 다양한 방법들이 있다. 압력이나 온도 같은 물리량의 기준값으로 상태진단을 하는 것을 compliance monitoring이라 하고 이 방법은 측정값이 기준값을 초과하면 경고를 하는 방식으로 과거에 일반적으로 많이 사용되었다. Structure integrity monitoring 방법은 strain gauge를 이용하여 구조물의 응력(stress), 변형률(strain)을 측정함으로써 상태진단을 하는 방법으로 아직도 기계 구조물 또는 건축, 토목 구조물 등에서 많이 활용한다. 주로 금속을 기계부품의 소재로 사용하는 기계시스템에서는 재료의 과도한 응력과 변형 발생은 이상 징후를 의미하고 큰 파손이나 손상으로 이어진다. 그리고 다리나 건축 구조물들도 내부에 크랙이나 손상이 발생하면 특정 부위에 과도한 응력 집중과 변형이 발생되므로 strain gauge를 활용하여 구조물의 건전성을 모니터링한다. 다른 상태진단 방법보다 진동과 소음을 측정하여 분석함으로써 상태진단을 하는 방법이 가장 많이 활용되고 있다. 회전 기계시스템에서는 소음, 진동을 기반하여 축정렬 불량 등 다양한 이상 징후를 모니터링할 수 있는 상태감시 시스템을 적용한다. 다른 상태진단 분야보다 우수한 적용 사례들도 많고 그 실효성으로 인해 많은 우수

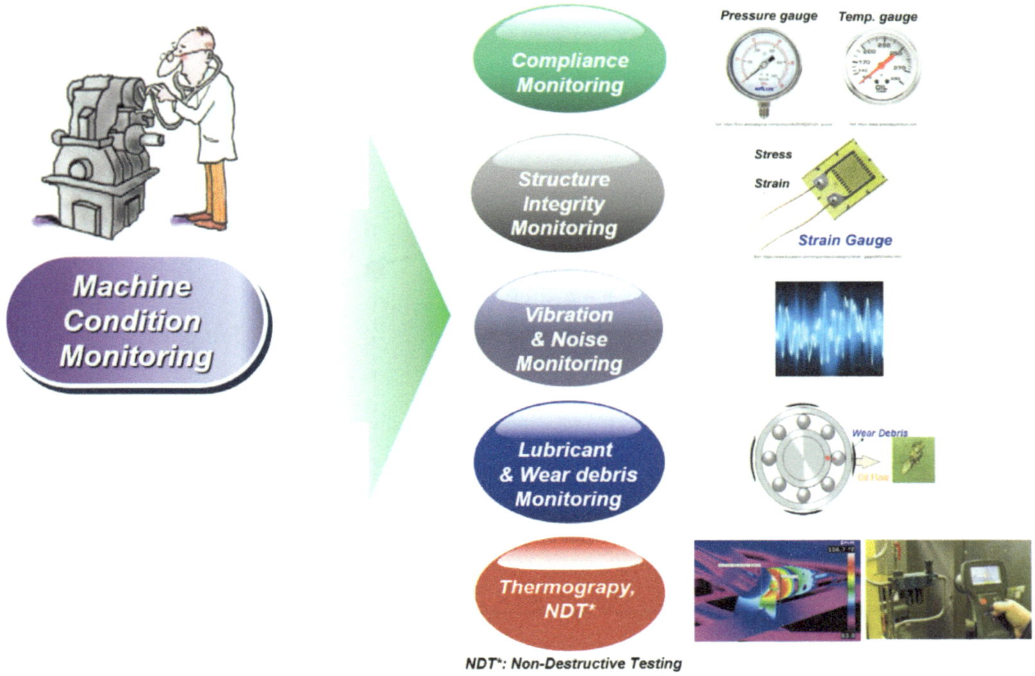

그림 2.53 기계상태진단의 종류

한 인재들이 이 분야 연구에 참여하고 있다. 초음파와 같은 비파괴 방법을 이용한 상태진단 방법도 활용 범위가 확대되고 있다. 비파괴 방법에는 X선을 이용하는 방법, 액체 침투법, 자기력선을 이용하는 방법 등 다양하다. 특히 초음파를 이용한 상태진단에서는 초음파를 측정하여 시각화하는 기술들이 발달함에 따라 전선의 단락이나 가스 누출 부위 탐지 같은 분야에서 그 실용성을 보여주고 있다. 위험한 가스들이 미량으로 누설되는 경우에는 검출이 어렵고 태풍 등으로 전선이 단락된 경우에도 전문인력들이 전봇대에 올라가 전선의 단락 유무를 확인하는 등 이상 진단을 하는 방법이 까다로웠다. 하지만 가시화된 초음파 탐상법은 이러한 진단의 어려움을 쉽게 해결하였다. 열화상 기법을 이용한 상태진단은 물체에서 보내는 복사에너지를 이용하여 물체 표면의 온도 분포를 시각적으로 보여줌으로써 사용자가 쉽게 기계의 상태를 확인할 수 있는 기술이다. 코로나 같은 바이러스에 감염된 환자들을 확인하기 위해 열화상 카메라를 이용하여 사람의 체온을 체크하는 분야뿐만 아니라 다양한 기계에서 접촉에 의한 과열 등을 체크하여 기계

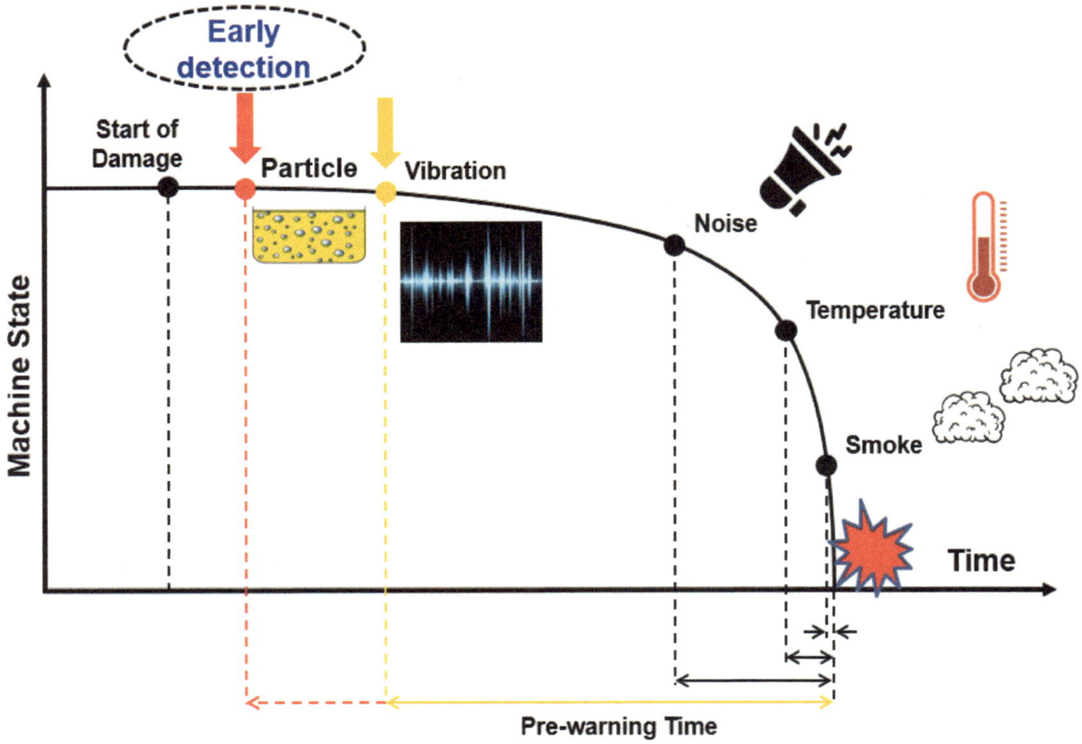

그림 2.54 유분석을 이용한 상태진단의 장점

상태를 진단하는 데도 활용되고 있다. 마지막으로 윤활유, 마모입자를 분석하여 상태진단을 하는 분야가 있는데 이는 그림 2.54와 같이 다른 상태진단 방법에 비해 조기에 이상징후를 발견할 수 있다는 큰 장점이 있다. 그림 2.54와 같이 시간에 따른 고장 매커니즘을 살펴보면 고장 이전에 연기나 과열이 발생하고 이보다 앞서서는 소음, 진동이 발생한다. 소음, 진동보다 이전에는 접촉에 의한 마모가 발생하므로 이를 마모입자 센서 등을 이용하여 측정함으로써 조기 진단이 가능하다. 윤활유 분석을 통한 기계상태진단의 다른 장점으로는 데이터의 분석이 용이하다는 것이다. 진동, 소음의 측정 결과에 비해 윤활유 분석에 의한 측정 결과들이 일정한 경향으로 나타나므로 데이터를 분석하거나 예측하는데 상대적으로 용이하다.

2.2.3 소음, 진동 기반의 기계상태진단

소음, 진동 기반의 상태진단은 가장 보편적이고, 활용도가 높은 분야이다. 진동해석은 시간 영역 해석, 주파수 영역 해석, 공간영역 해석으로 나눠진다. 시간 영역 해석에서는 시간파형, 진폭의 확률밀도함수 등을 이용하여 진폭의 크기나 시간적 변동 파형의 충격성과 대칭성 등을 해석하고 주파수 영역 해석에서는 FFT(Fast Fourier Transform) 등을 이용하여 진동에 어떠한 주파수 성분이 포함되는지 해석한다. 그리고 공간 영역 해석에서는 리사주 도형 등을 이용하여 회전축 중심이 공간적으로 어떠한 궤적(orbit)으로 운동을 하는지 해석한다. 진동을 측정하는 센서에는 스트레인 게이지식 가속도 센서, 서보식 가속도 센서, 압전식 진동가속도 센서 등이 있다. 스트레인 게이지식 가속도 센서는 스트레인 게이지(strain gauge)를 이용하여 측정하고 진동가속도 센서에 비해 낮은 진동수 영역의 진동수 특성과 위상 특성이 우수하다. 서보식 가속도 센서는 미세진동 영역의 진동 측정에 많이 사용되는 센서로 다른 진동 센서에 비해 감도가 10배 이상 높다. 압전식 진동가속도 센서는 압전소자에서 발생하는 전압을 FET(Field Effect Transistor)의 게이트(gate)에 부가한 장치로 출력 저항인 출력 임피던스를 낮게 하는 특징을 가지고 있다. 진동 해석을 통한 상태진단은 축정렬 불량, 불균형, 마찰, 공진 등의 이상진단에 활용된다.

소음 해석을 통한 진단은 진동진단에 비해 우수한 특징과 함께 단점도 있다. 소음은

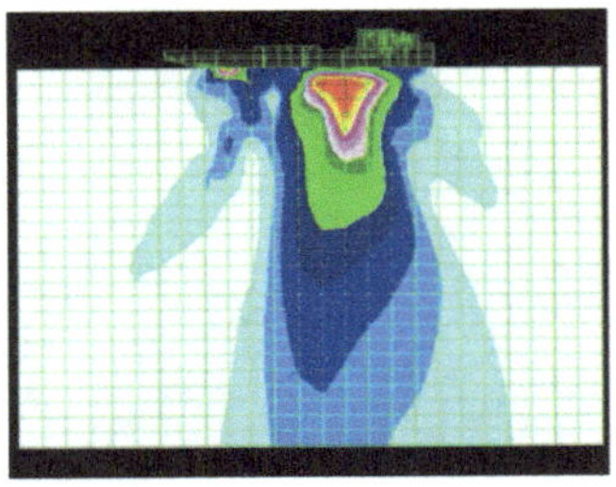

선박 소음

덕트 소음

그림 2.55 소음 해석의 적용 사례

마이크로 폰을 센서로 사용하는데 비접촉 계측이 용이하고 광범위 감시가 가능하다. 그 외에도 설치 장소의 제약이 크지 않고 기준치 설정이 용이하나 주위의 잡음 영향이 크고 이상 판정에 어려움이 있다. 그림 2.55와 같이 선박에서 발생하는 소음뿐만 아니라 건축물의 덕트 소음에 대한 해석과 진단 등 다양한 분야에 적용되고 있다.

2.2.4 열화상 기반의 기계상태진단

열화상을 이용한 상태진단은 그림 2.56과 같이 열화상 카메라와 온도분포를 이용하여 기계, 전자, 물리학, 화학, 건축뿐만 아니라 의학, 우주 분야까지 다양하게 적용되고 있다. 이 방법은 물체의 표면 복사에너지를 검출하고 이를 온도 분포로 환산하여 건전부와 결함부의 온도 차이나 과열로 이상진단을 하는 방법으로 넓은 면적을 동시에 검사할 수 있다. 열화상은 파장에 따라 주변으로 방사되는 에너지와 최대파장, 물체의 온도 특성에 영향을 받는다. 물체로부터의 방사에너지는 범위(range)와 준위(level)에 의해 이미지가 얻어지며 NETD(Noise Equivalent Temperature Difference)라는 온도 분해능이 중요한 변수이다. 적외선 열화상 기술은 크게 외부 에너지원의 유무에 따라 외부 에너지

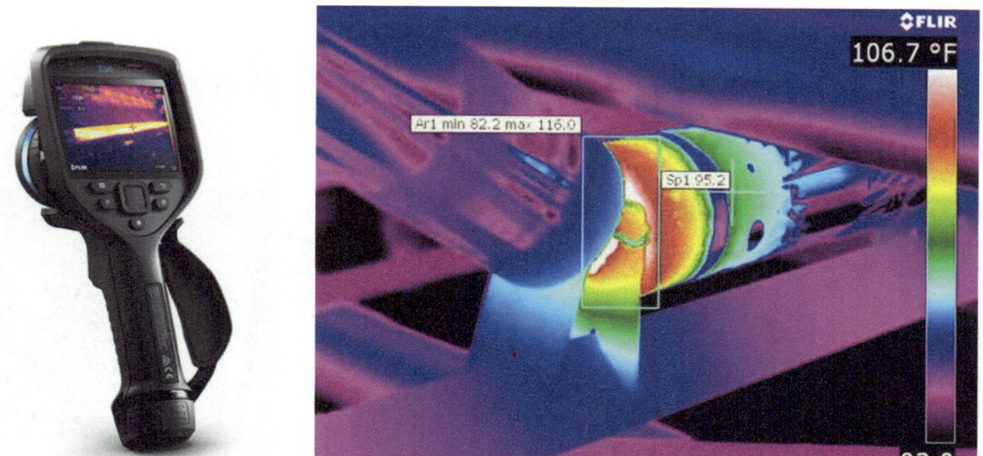

그림 2.56 열화상 카메라

원이 있는 능동적 검사가 있고 외부 에너지원이 없는 수동적 검사로 나누어진다. 능동적 검사 방법에는 펄스 열화상(pulse thermography), 와전류 열화상(eddy current thermography), 위상잠금 열화상(lock-in thermography) 등이 있다. 와전류 열화상은 전기 전도성 물체에 전자기 펄스로 가진하면 와전류가 유도되는데 이를 이용한 방법이다. 유도된 와전류는 특정 불연속점에 도달하면 전류가 우회하게 되고 그 결과 전류 밀도가 변화하는데 전류밀도가 증가한 영역에서는 열이 발생함으로 적외선 열화상 카메라를 이용하여 결함을 발견할 수 있다. 펄스 열화상은 펄스 형태의 고출력 광원을 이용하여 물체에 짧은 시간 동안 조사(照射)하는 방법을 이용한다. 물체에 펄스가 조사되면 물체 표면에서 열의 확산이 발생하는데 이때 적외선 열화상 카메라를 이용하여 물체의 건전부와 결함부를 온도 차이로 구분하게 된다. 위상잠금 열화상은 물체의 시간에 따라 위상과 진폭이 주기적으로 변화하는 열원을 가진하여 온도분포를 발생시키는 방법을 이용한다. 가진에 의해 발생된 온도분포는 적외선 열화상 카메라를 이용하여 결함을 검출할 수 있다.

2.2.5 초음파 기반의 기계상태진단

초음파(ultrasound)는 그림 2.57과 같이 인간이 들을 수 있는 가청범위(20Hz ~ 20,000Hz)를 넘는 주파수의 음파를 의미하고 산업분야에서 초음파를 이용한 기계상태진단에 활발히 적용된다. 초음파는 물체의 형상이나 거리를 측정하거나 어군탐지에 사

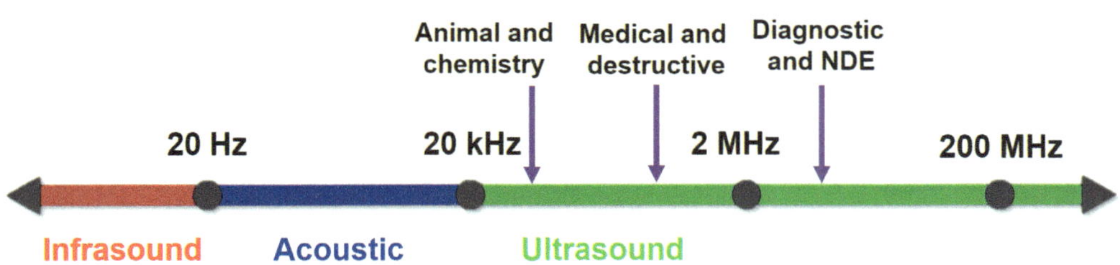

그림 2.57 초음파의 주파수 영역

용되는 SONA나 재료의 균열(crack)이나 기공을 확인하는 방법으로 초음파 탐상법에 사용된다. 요즘은 초음파 카메라를 이용하여 그림 2.58과 같이 전선의 단락이나 가스 누출 등의 이상 유무를 시각적으로 확인할 수 있다. 이렇게 기계의 마찰, 충격음, 누설음, 전기코로나 등의 발생 시 초음파를 발생시키는데 이를 가시화하는 초음파 카메라를 이용하여 이상 진단을 함으로써 초음파를 기반한 상태진단 분야가 점차 확대되고 있다.

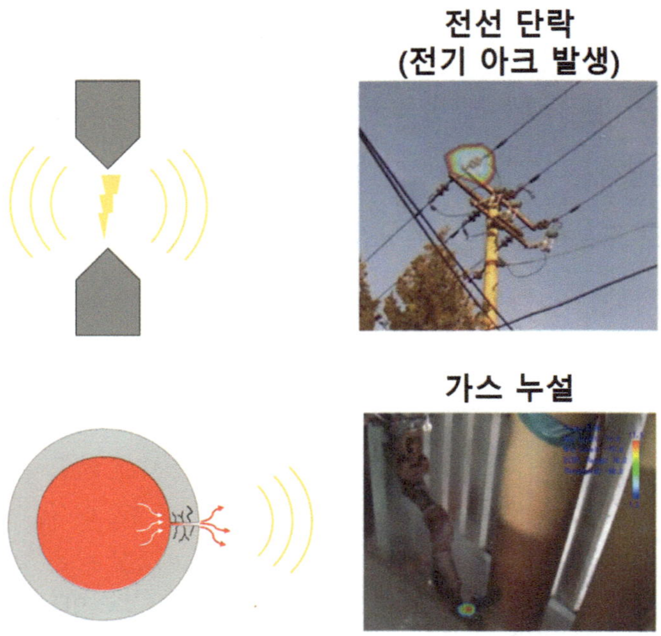

그림 2.58 초음파 카메라를 이용한 상태진단 사례

1 **트라이볼로지의 어원 및 중요성에 대한 설명으로 바르지 않은 것은?**

① 트라이볼로지는 문지르다를 뜻하는 Tribos와 학문을 뜻하는 logy의 합성어이다.
② Peter Jost 교수에 의해 트라이볼로지라는 용어가 처음 사용되었다.
③ 트라이볼로지는 설계 분야에서 가장 큰 기여를 한다.
④ 트라이볼로지 관련 기술은 고대부터 사용되어 왔다.

2 **윤활영역에 대한 설명으로 바르지 않은 것을 선택하라.**

① 윤활영역은 경계윤활, 혼합윤활, 유체윤활로 나누어진다.
② Stribeck curve에서 가로축은 점도, 속도, 하중으로 이루어진 변수이다.
③ 경계윤활은 혼합윤활에 비해 대체적으로 마찰계수가 작다.
④ 유체윤활에서 속도가 증가하면 점성마찰력에 의해 마찰계수가 증가한다.

3 **마찰에 대한 설명으로 바르지 않은 것을 선택하라.**

① 마찰은 운동의 반대방향으로 작용한다.
② 과거의 마찰설에는 요철설과 응착설이 있다.
③ 현재는 마찰이 돌기들의 접촉, 응착, plowing, 화학적인 작용 등에 기인한다고 설명한다.
④ Tabor 등은 마찰이 돌기들의 접촉에 의해 발생하는 요철설을 주장하였다.

4 **마찰력에 대한 설명으로 바르지 않은 것은?**

① 돌기들의 접촉에 의한 마찰력은 수직항력과 마찰계수의 곱으로 나타난다.
② 점성이 큰 유체가 점성이 작은 유체보다 점성 마찰력이 작다.
③ 점성 마찰력은 점성에 의해 발생하는 마찰력으로 전단응력과 면적의 곱으로 나타난다.
④ 유체의 전단응력은 점성계수와 속도 비분항의 곱으로 구해진다.

Exercise

5 **표면 돌기들의 접촉부를 지칭하는 용어로 적당한 것을 선택하라.**

① Asperity
② Junction
③ Junction growth
④ Micro-welding

6 **마모에 대한 설명으로 바르지 않은 것을 선택하라.**

① 응착마모와 연삭마모가 다른 마모에 비해 많이 발생하는 편이다.
② 녹 발생과 관련되어 발생하는 마모는 부식마모이다.
③ 세물체 연삭마모는 마모입자에 의해 발생한다.
④ 기포의 파괴에 의해 발생하는 마모는 캐비테이션마모이다.

7 **캐비테이션마모에 대한 설명으로 바르지 않은 것을 선택하라.**

① 프로펠러 또는 펌프 같은 유체기계에서 주로 발생하는 마모이다.
② 기포의 생성으로 발생하는 마모이다.
③ 기포의 파괴 과정에서 Microjet과 충격파 등에 의해 표면이 손상된다.
④ 기포는 포화증기압 이하로 내려갈 때 발생한다.

8 **침식마모에 대한 설명으로 바르지 않은 것을 고르라.**

① 유체에 의해 발생되는 마모이다.
② 침식마모에 의한 마모량은 유체속도에 크게 영향을 받는다.
③ 유체의 속도가 아주 큰 경우는 침식마모에 의한 마모량이 유체 속도의 다섯제곱에 비례한다.
④ 침식마모를 방지하기 위해서 표면강화를 하거나 내마모성 재료를 사용한다.

9 **반복응력 하에서 일어나며 주로 기어 등에서 발생하는 마모의 형태는 무엇인가?**

① 피로마모
② 침식마모
③ 캐비테이션마모
④ 부식마모

10 리벳(Rivet)이나 볼트 등에서 미소 거리를 접선 방향으로 왕복운동을 함으로써 발생되는 마모의 형태는 무엇인가?

① 침식마모
② 피로마모
③ 프레팅
④ 응착마모

11 포화 증기압 이하로 내려가면 기포가 발생하는데 이때 압력 회복으로 기포가 파괴되는 것을 캐비테이션이라고 한다. 이때에 주위의 압력이 회복되지 않아 기포가 파괴되지 않는 현상을 무엇이라고 하는가?

① pumping
② damping
③ efficiency
④ flashing

12 다음은 프레팅에 대한 설명이다. 빈칸에 들어갈 적절한 단어를 선택하라.

프레팅은 (　　　)과 (　　　)이 반복되어 발생하는 마모의 형태이다.

① stick, slip
② stick, micro-welding
③ stick, micro-jet
④ junction growth, slip

13 연삭마모에 대한 설명으로 바르지 않은 것을 선택하라.

① 연삭마모는 이물질 또는 표면의 돌기 접촉에 의해 발생한다.
② 연삭마모에는 두물체 연삭마모와 세물체 연삭마모가 있다.
③ 두물체 연삭마모는 양쪽 윤활 면 돌기들의 접촉에 의해 발생한다.
④ 세물체 연삭마모는 두물체 연삭마모가 발생한 뒤에 발생한다.

14 시일에 대한 설명으로 바르지 않은 것을 선택하라.

① 시일은 절대적인 것이 아니라 정도의 문제이다.
② 시일에는 미끄럼 시일과 구름 시일이 있다.
③ O-ring은 정적 시일이다.
④ 미케니컬 시일은 크게 개방력과 폐쇄력에 의해 누설량이 결정된다.

Exercise

15 미케니컬 시일에 대한 설명으로 바르지 않은 것을 고르라.

① 미케니컬 시일은 동적 시일이다.

② 미케니컬 시일의 개방력은 유막 압력에 의해 발생된다.

③ 개방력이 폐쇄력보다 아주 큰 경우는 누설량이 증가하지만 폐쇄력이 개방력보다 아주 큰 경우는 시일 면의 접촉에 의해 마모가 발생한다.

④ 미케니컬 시일은 정적 시일보다 저렴하다.

16 시일 중에 여러 개의 통로를 통과하는 구조를 가지고 있으며 외부로부터의 이물질 차단효과도 가지는 것은 무엇인가?

① 오링 ② 레비린스 시일

③ 개스킷 ④ 미케니컬 시일

17 표면 개질에 대한 설명으로 바르지 않은 것을 선택하라.

① 여러 가지 방법으로 충격이나 가공을 통해 기계적 성질을 개선한다.

② 표면을 개질하는 방법으로 초음파나 레이저 등을 이용한다.

③ 표면에 미세한 딤플이나 홈을 가공하는 표면 텍스쳐링은 마모입자를 가두어 두는 포집 효과와 윤활유 저장 효과 및 유체 동압 효과를 이용하여 윤활성능을 개선한다.

④ 표면 개질에서 USP와 UIT 방법은 레이저를 이용한다.

18 표면에 대한 설명으로 바르지 않은 것을 선택하라.

① 금속의 표면은 물리, 화학적으로 다른 성질을 가지는 여러 개의 층으로 구성되어 있다.

② 모재의 바로 위에 형성되어 있는 층이 Beilby 층이다.

③ 실제 표면의 형상은 형상오차, 파상도, 거칠기로 구성되어 있다.

④ 거칠기는 형상오차와 파상도를 제외한 불규칙한 성분으로 절삭, 연삭 및 연마과정에서 형성된다.

19 표면 거칠기에 대한 설명으로 아래 설명에 적합한 표면 거칠기를 선택하라.

> 표면의 중심선으로부터 떨어진 돌기들의 높이에 제곱 평균값으로 렌즈 등과 같이 소수의 큰 편차를 가지는 돌기들의 관리가 중요한 곳에 적용된다.

① R_a ② R_q

③ R_v ④ R_{sk}

20 레이놀즈 방정식과 압력 발생 원리에 대한 설명으로 바르지 않은 것을 선택하라.

① 레이놀즈 방정식은 Navier-Stokes 방정식과 연속방정식을 이용하고 여러 가지 가정들을 적용하여 유도된다.

② 유도과정에 적용한 가정 조건 중에는 유막두께 방향으로 압력이 일정하다는 조건이 있다.

③ 압력 발생의 원리는 레이놀즈 방정식으로 설명된다.

④ 압력 발생 원리에는 Wedge effect, Squeeze effect, Sliding effect가 있다.

21 베어링에 대한 설명으로 바르지 않은 것을 선택하라.

① 베어링은 축과 하우징 사이 또는 상호 마주하는 면과 같이 상대운동을 하는 윤활 면들 사이의 마찰을 줄이고 원활한 운동을 하게 하는 기계요소이다.

② 베어링은 내부 접촉 방식에 따라 미끄럼 베어링과 저널 베어링으로 구분된다.

③ 베어링은 하중 지지 방향에 따라 레디얼 베어링과 스러스트 베어링으로 구분된다.

④ 베어링은 지탱하다 또는 지지하다라는 뜻의 'to bear'에서 어원을 찾을 수 있다.

22 구름 베어링과 미끄럼 베어링의 대한 설명으로 바르지 않은 것을 선택하라.

① 구름 베어링은 구름요소에 가해진 예압에 의해 강성을 높이더라도 중심축 이동량이 크지만 미끄럼 베어링의 경우 중심축 이동량이 비교적 작다.

② 구름 베어링의 경우는 구름요소의 탄성지지 때문에 진동 감쇠가 작은 반면에 미끄럼 베어링의 경우는 윤활유의 damping 효과로 인해 상대적으로 진동 감쇠 효과가 크다.

③ 구름 베어링은 구름요소와 리테이너 등이 반복 하중을 받게 되면 접촉에 의한 소음이 발생하지만 미끄럼 베어링은 축과 베어링의 접촉이 발생하지 않으면 소음이 아주 작은 편이다.

④ 구름 베어링은 주로 액상 윤활유로 윤활을 하고 미끄럼 베어링은 그리스로 윤활을 한다.

23 베어링에 대한 설명으로 바르지 않은 것을 선택하라.

① 유막 내 압력을 발생하는 방식에 따라 정압 베어링과 동압 베어링으로 구분되는데 정압 베어링은 외부에서 가해진 압력에 의해 지지되지만 동압 베어링은 움직임에 의해 발생된 유막 압력으로 지지된다.

② 세라믹 베어링은 베어링의 일부 또는 전체가 세라믹 재질로 된 베어링이다.

③ 공기 베어링은 공기 및 윤활유를 함께 사용하는 베어링이다.

④ 자기 베어링은 전자석을 회전축 주위에 설치하고 축이 기준 위치를 벗어나면 그 정도를 센서로 감지하여 각각의 전자석에 공급되는 전류를 제어함으로써 전자석에 자기력을 발생시켜 회전축을 원하는 위치로 부상시키는 베어링이다.

24 베어링의 특성 계수와 최대 허용 PV 값에 대한 설명으로 바르지 않은 것을 선택하라.

① Sommerfeld Number는 Arnold Sommerfeld의 이름을 인용한 무차원의 베어링 특성 계수이다.

② Sommerfeld Number는 베어링 틈새, 베어링의 지름, 윤활유의 점도, 베어링의 회전수와 하중으로 이루어진 계수이다.

③ 예전의 베어링 설계자들이 Sommerfeld Number를 포함한 그래프를 활용하였다.

④ 최대 허용 PV 값은 저널 베어링에서 마찰열에 의해 발생하는 열 문제를 방지하기 위해 제한 값으로 사용된다.

25 보전 전략에 대한 설명으로 바르지 않은 것을 선택하라.

① 고장이 난 후에 분해 등을 통해 그 원인을 파악하여 보전을 하는 전략을 사후 보전이라고 한다.

② 예방 보전은 이력적 데이터를 근거하여 주기적으로 점검을 함으로써 보전을 하는 전략이다.

③ 예지 보전과 예방 보전이 상태기준 보전 전략이다.

④ 과거에는 사후 보전이나 예방 보전을 주로 적용하였다.

26 기계상태진단에 관한 설명으로 바르지 않은 것을 선택하라.

① 소음, 진동 기반의 상태진단은 가장 보편적이고 활용도가 높은 분야이다.

② 열화상을 기반한 상태진단은 열화상 카메라와 그 온도 분포를 이용하여 진단하는 분야이다.

③ 윤활유 분석에 기반한 상태진단은 마모입자의 검출에 인한 조기 진단이 가능하므로 그 활용성이 가장 높다.

④ 초음파 기반의 상태진단은 가스 누출이나 전선의 단락 등을 확인하는 데 적용할 수 있는 분야이다.

27 저온 부식에 대한 설명으로 아래의 빈칸에 들어갈 적절한 것을 선택하라.

저온 부식은 연소를 통해 형성된 이산화황이 공기중의 산소와 결합하여 (   )을 형성한 뒤, (   ) 이하의 온도에서 수증기와 결합하여 황산으로 응축한다. 황산은 재료 표면을 부식시켜 윤활 문제를 발생시킨다.

① SO_2, 포화수분점　　② SO_3, 산노점

③ SO_2, 응고점　　④ SO_3, 산포점

28 아래 그림과 같이 아주 작은 형태의 Pit들과 함께 표면이 하얗게 변색되는 것과 관련된 마모의 형태를 선택하라.

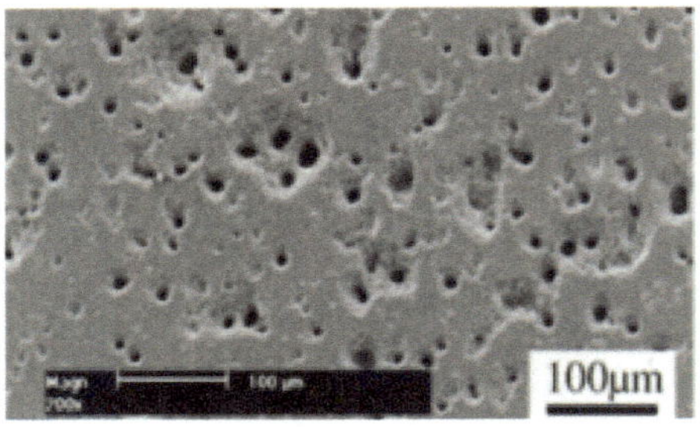

① 침식마모 ② 연삭마모

③ 피로마모 ④ 캐비테이션마모

29 선박용 엔진의 실린더 라이너 호닝 가공에 적용되는 표면 조도로 적합한 것을 선택하라.

> 호닝은 미세한 홈을 가공함으로써 윤활유를 저장하는 기능을 수행하여 실린더 라이너와 피스톤이 원활하게 운동하도록 한다.

① R_a ② R_q

③ R_v ④ R_{sk}

30 레이놀즈 방정식의 유도 과정에 사용한 가정의 내용으로 바르지 않은 것을 선택하라.

① 유체는 비뉴턴 유체이다.

② 유체의 흐름은 층류이다.

③ 유체의 관성력과 체적력은 무시한다.

④ 유체가 접하면 윤활 면에서 유체의 미끄러짐은 없다.

31 아래의 그림은 어떤 형태의 마모와 밀접한 관련이 있는가?

① 연삭마모 ② 응착마모
③ 피로마모 ④ 프레팅

32 Stribeck curve의 가로축 인자가 아닌 것은?

① 점도 ② 하중
③ 속도 ④ 탄성계수

33 아래의 그림은 어떤 형태의 마모인가?

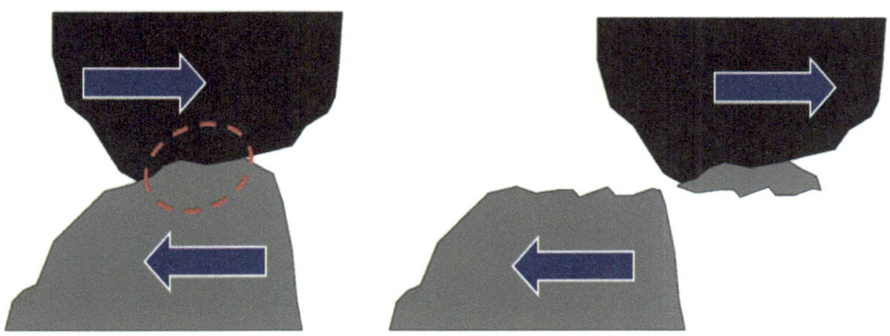

① 연삭마모 ② 응착마모
③ 피로마모 ④ 캐비테이션마모

34 아래의 그림은 터빈 블레이드의 모습으로 어떤 형태의 마모인가?

① 연삭마모 ② 응착마모
③ 피로마모 ④ 프레팅

35 아래의 그림은 어떤 형태의 마모인가?

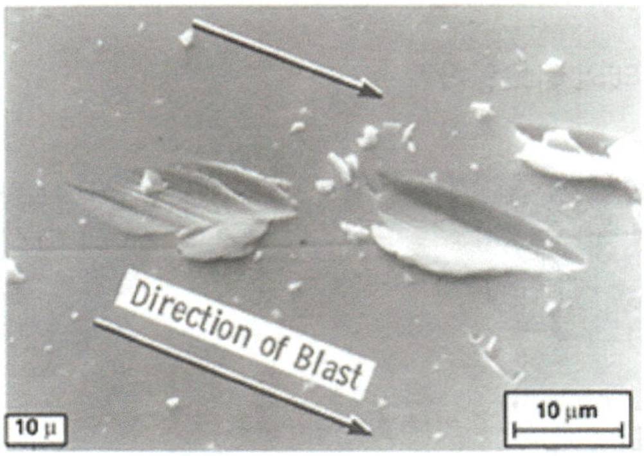

① 침식마모 ② 응착마모
③ 피로마모 ④ 프레팅

36 아래 그림의 베어링에 대한 설명으로 적절하지 않은 것은?

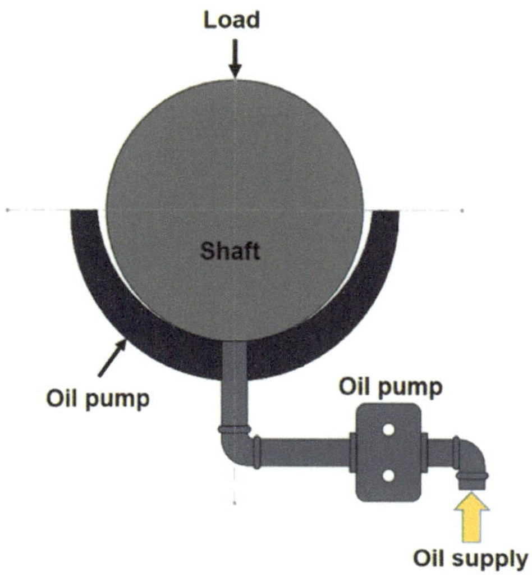

① 정압 베어링이다.

② 외부에서 가해진 압력에 의해 유막이 형성된다.

③ 저널 베어링이 대표적이다.

④ 외부의 공급 압력 장치가 별도로 필요하다.

37 아래 그림의 베어링에 대한 설명으로 적절하지 않은 것은?

① 공기 베어링이다.

② 립 포일 타입의 공기 베어링이다.

③ 구조가 간단하고 넓은 온도 범위에서 사용 가능하다.

④ 윤활유의 공급 장치가 필요하지 않다.

38 Hard EHL에 대한 설명으로 바르지 않은 것은?

① 탄성유체윤활과 관련되어 있다.

② 인공관절이나 탄성계수가 작은 윤활 면에서 나타나는 윤활이다.

③ 높은 유막 압력으로 윤활유의 밀도나 점도가 변하기도 한다.

④ 유막 압력으로 윤활 면의 변형이 발생한다.

39 아래의 그림과 관련된 시일은 어떤 것인가?

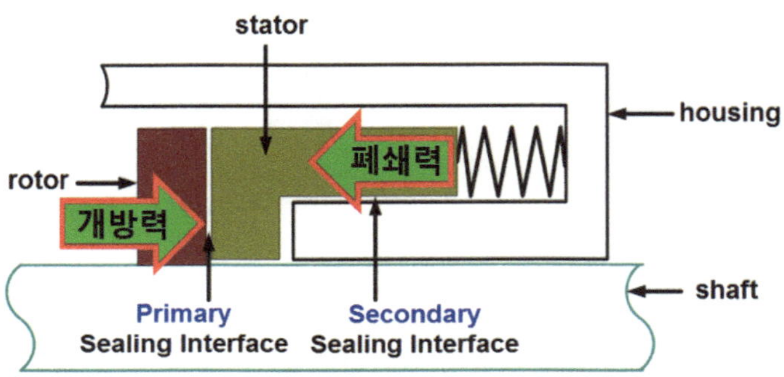

① 미케니컬 시일 ② 립 시일

③ 레비린스 시일 ④ 스터핑 박스 시일

40 아래의 그림은 코팅의 제조 방법 중 어떤 것과 관련이 있는가?

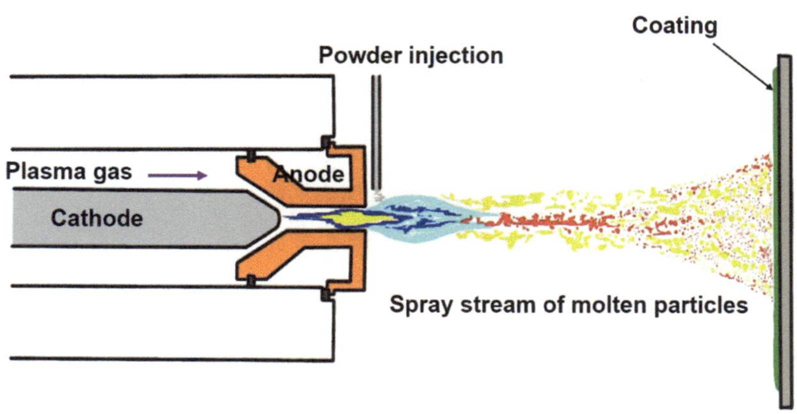

① CVD ② PVD

③ Plasma method ④ Thermal spraying

41 기계상태진단에서 압력이나 온도 같은 기준값을 바탕으로 상태진단을 하는 방법은 무엇인가?

① Compliance monitoring
② Structure Integrity monitoring
③ Noise and vibration monitoring
④ NDT monitoring

42 초음파 기반의 상태진단은 어떤 주파수의 영역을 사용하는가?

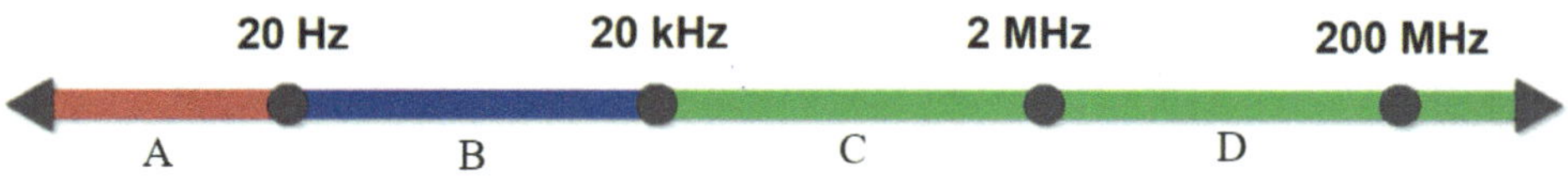

① A
② B
③ C
④ D

43 아래 그림의 상태진단 방법에 대한 설명으로 적절하지 않은 것은?

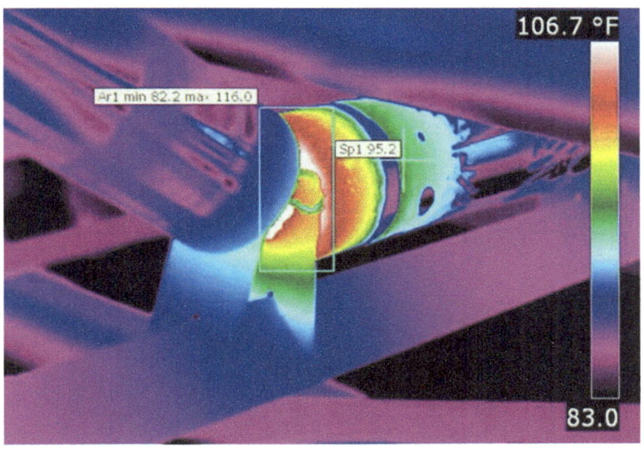

① NETD(Noise Equivalent Temperature Differentiate)라는 온도 분해능이 중요 변수이다.
② 열화상 기반의 상태진단이다.
③ 외부 에너지원의 유무에 따라 능동적 검사와 수동적 검사로 나눠진다.
④ 건전부와 결함부를 주로 온도 차이로 구분한다.

Exercise

44 회전체에서 동적 안정성을 확보하기 위해 주로 사용하는 베어링으로 가장 적절한 것을 선택하라.

① Ceramic bearing

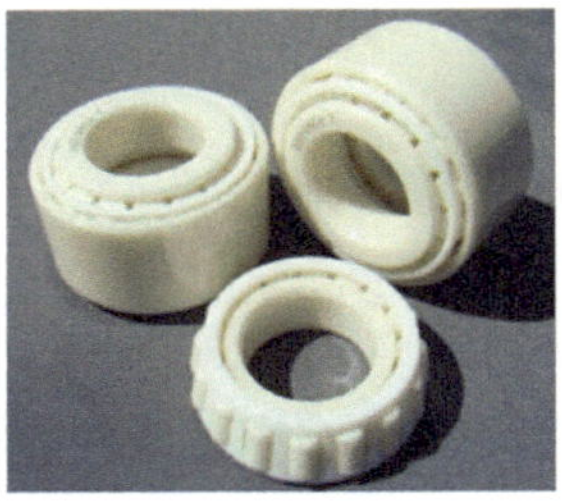

② Megnetic bearing

③ Journal bearing

④ Tilting pad bearing

45 아래 그림은 어떤 형태의 예압(preload) 방식인가?

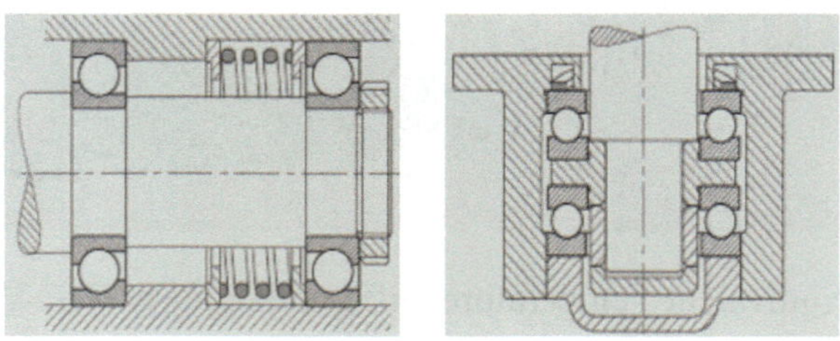

① Fixed position preload
② Position preload
③ Fixed preload
④ Constant pressure preload

46 레이놀즈 방정식에 대한 설명으로 바르지 않은 것은?

① Osborne Reynolds에 의해 유도된 지배 방정식이다.

② 방정식으로 유막 압력 발생 원리를 설명할 수 있다.

③ Navier-Stokes 방정식과 연속방정식을 이용하여 유도된다.

④ 윤활 면의 크기에 비해 유막두께는 매우 얇으므로 유막두께는 고려하지 않는다.

47 아래의 레이놀즈 방정식에서 Squeeze effect를 설명하는 부분을 선택하라.

$$\frac{\partial}{\partial x}\left(h^3\frac{\partial p}{\partial x}\right)+\frac{\partial}{\partial y}\left(h^3\frac{\partial p}{\partial y}\right)=$$

$$6\eta\Big[\underbrace{(u_a+u_b)\frac{\partial h}{\partial x}+(v_a+v_b)\frac{\partial h}{\partial y}}_{A}+\underbrace{h\frac{\partial(u_a+u_b)}{\partial x}+h\frac{\partial(v_a+v_b)}{\partial y}}_{B}+\underbrace{2(w_a-w_b)}_{C}\Big]$$

① A ② B

③ C ④ B, C

48 아래의 같이 x축 기준으로 아래쪽에 있는 값(음의 값)들을 대칭으로 양의 값을 만든 뒤, 평균값을 구하는 방식의 표면 거칠기는 무엇인가?

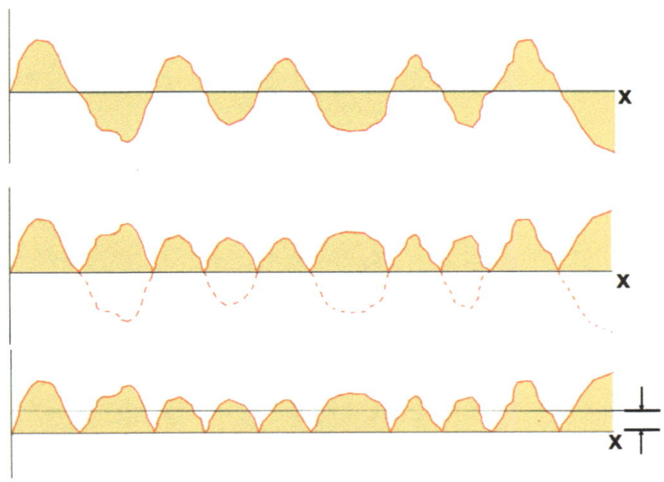

① R_a ② R_q

③ R_v ④ R_{sk}

Exercise

49 아래의 그림과 관련된 상태진단 방법은 무엇인가?

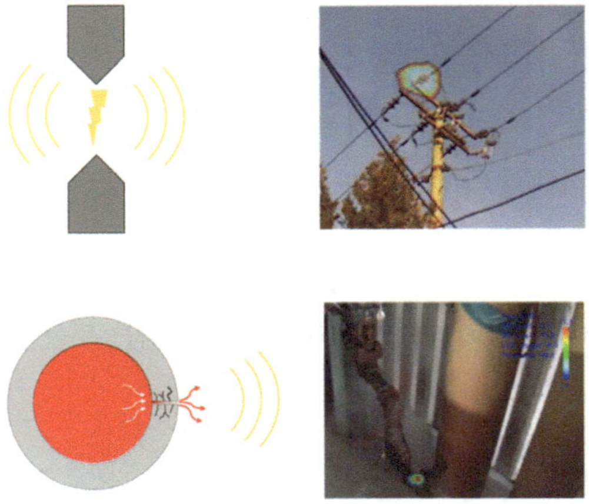

① 소음, 진동 기반의 상태진단 ② 초음파 기반의 상태진단

③ 윤활유 분석 기반의 상태진단 ④ 열화상 기반의 상태진단

50 표면의 거칠기 중 표면 돌기나 골의 뾰족한 정도를 표현하는 것은 무엇인가?

① R_a ② R_{sk}

③ R_{ku} ④ R_q

정답 및 해설

번호	정답	해설
1	③	③ 트라이볼로지는 설계 분야뿐만 아니라 유지 보수 등에 다양하게 활용된다.
2	③	③ 경계윤활은 혼합윤활에 비해 대체적으로 마찰계수가 크다.
3	④	④ Tabor는 응착설을 주장하였다.
4	②	② 점성이 큰 유체가 점성이 작은 유체보다 점성 마찰력이 크다.
5	②	
6	③	③ 세물체 연삭마모는 마모입자뿐만 아니라 이물질에 의해 발생한다.
7	②	② 캐비테이션마모는 생성된 기포가 파괴되면서 발생하는 마모이다.
8	①	① 침식마모는 유체에 운반되는 고형입자들의 충격에 의해 발생되는 마모이다.
9	①	
10	③	
11	④	
12	①	
13	④	④ 세물체 연삭마모는 두물체 연삭마모에 의해 발생된 마모입자뿐만 아니라 이물질에 의해서도 발생한다.
14	②	② 시일에는 정적 시일과 동적 시일이 있다.
15	④	④ 미케니컬 시일은 정적 시일보다 고가이다.
16	②	
17	④	④ 표면 개질에서 USP와 UIT 방법은 초음파를 이용한다.
18	②	② 모재의 바로 위에 형성되어 있는 층이 가공 경화층(변형층)이다.
19	②	
20	④	④ 압력 발생 원리는 Wedge effect, Squeeze effect, Stretch effect가 있다.
21	②	② 베어링은 내부 접촉 방식에 따라 미끄럼 베어링과 구름 베어링으로 구분된다.
22	④	④ 구름 베어링은 주로 그리스로 윤활을 하고 미끄럼 베어링은 액상 윤활유로 윤활을 한다.
23	③	③ 공기 베어링은 공기를 윤활제로 사용하는 베어링이다.
24	②	② Sommerfeld Number에는 베어링 틈새, 베어링의 반지름, 윤활유의 점도, 베어링의 회전수와 하중으로 이루어진 계수이다.
25	③	③ 예지 보전과 선행 보전이 상태기준 보전 전략이다.

번호	정답	해설
26	③	③ 윤활유 분석에 기반한 상태진단은 마모입자의 검출에 인한 조기 진단이 가능하지만 활용성이 가장 높지 않다. 그러나 그 활용성이 점차 증대되고 있다.
27	②	② 저온 부식은 연소를 통해 형성된 이산화황(SO_2)이 공기중의 산소와 결합하여 삼산화황(SO_3)을 형성한 뒤, 산노점(Acid dew point) 이하의 온도에서 수증기와 결합하여 황산으로 응축한다. 황산은 재료 표면을 부식시켜 윤활문제를 발생시킨다.
28	④	
29	③	③ 실린더 라이너에 호닝 가공을 하는 이유는 윤활유를 저장하여 실린더 라이너 내부와 피스톤이 원활한 운동을 하기 위함이다. 표면 거칠기 R_v와 R_p를 가공기준으로 적용하는 한 예가 실린더 라이너의 호닝이다.
30	①	① 유체는 뉴턴 유체이다.
31	②	
32	④	④ Stribeck curve의 가로축은 (점도 x 속도)/하중이다.
33	②	
34	④	
35	①	
36	③	③ 저널 베어링은 동압 베어링이다.
37	②	② 범프 포일 타입의 공기 베어링이다.
38	②	② 인공관절이나 탄성계수가 작은 윤활 면에서 나타나는 윤활은 Soft EHL이다.
39	①	
40	④	
41	①	
42	③	
43	①	① NETD(Noise Equivalent Temperature Difference)라는 온도 분해능이 중요 변수이다.
44	④	④ 동적 안정성을 확보하기 위해 주로 사용하는 베어링은 틸팅 패드 베어링이다.
45	④	
46	④	④ 윤활 면의 크기에 비해 유막두께는 매우 얇으므로 유막두께 방향으로 압력이 일정하다.
47	③	① A: Wedge effect, ② B: Stretch effect, ③ C: Squeeze effect를 각각 설명한다.
48	①	
49	②	② 전선 단락이나 가스 누출을 감지하는 데 초음파 기반의 상태진단 기술이 많이 활용되고 있다.
50	③	

CHAPTER 3

유분석을 활용한 기계상태진단

3.1 유분석 방법의 종류

3.2 윤활유 오염원

3.3 여러 가지 윤활유 분석 방법

3.4 윤활유 센서의 종류와 기능

3.5 윤활유 분석 센서를 활용한 기계상태진단 사례

Exercise

Machine Condition Diagnosis Based on Oil Analysis

본 장의 주요 학습 내용

- 유분석의 3가지 방법
- 오일 샘플링 시 주의사항
- 윤활유 오염원의 종류
- 점도의 정의 및 종류
- 점도지수의 정의
- 비중의 정의 및 종류
- 인화점의 정의 및 측정 방법
- 유동점의 정의 및 측정 방법
- 윤활유 수분의 종류 및 측정 방법
- 산가, 염기가의 정의 및 측정 방법
- 오염도의 종류와 측정 방법
- 오염도 측정 전에 수행해야 할 과정 및 주의 사항
- FTIR, ICP
- RPVOT, RULER, MPC
- 윤활유 센서의 종류
- 마모입자 센서의 측정 원리
- 점도 센서, 수트 센서의 측정 원리
- 산가 및 염기가 센서, Aeration 센서의 측정 방법
- 유전상수의 정의
- 유전상수에 영향을 주는 인자들
- 통합형 센서의 의미 및 활용 사례

3.1 유분석 방법의 종류

윤활유를 분석하는 방법은 그림 3.1과 같이 크게 3가지로 나누어진다. 오일 샘플링(oil sampling)을 한 뒤 실험실에서 분석을 하는 오프라인(off-line) 방법, 주된 흐름에 분석을 하는 인라인(in-line) 방법, 대표적인 우회로를 이용하여 분석을 하는 온라인(on-line) 방법이 이에 속한다. 주된 흐름이나 시스템에 영향을 주지 않으면서 분석하기 용이한 온라인 방법을 선호한다. 온라인 방법은 윤활유 센서를 이용하는 방법으로 오일 샘플링 과정에서 발생하는 오염 등과 같은 사람의 실수를 방지할 수 있고 초기 고장을 예방한다. 그리고 전체적인 유지 비용이 저렴하고 분석하는 데 숙련된 기술이 필요하지 않다는 장점이 있다.

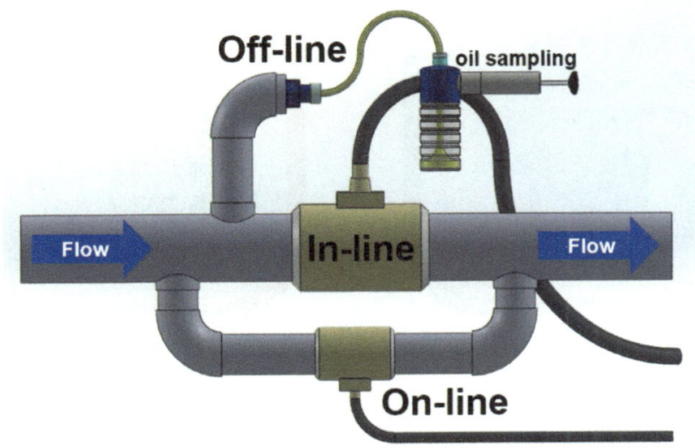

그림 3.1 윤활유 분석 방법들

오프라인 분석을 하기 위해서는 그림 3.2와 같이 진공 펌프 등을 이용하여 오일 샘플링을 하는 것이 필요하다. 오일의 샘플링 시, 윤활유의 상태를 잘 나타내는 대표성이 있는 시료를 채취해야 한다. 샘플링 시, 그림 3.3과 같이 엘보우 같은 난류 영역, 활성 유동 영역, 베어링이나 펌프의 하류에서 채취하는 것이 바람직하고 흐름이 없거나 층류 영역, 필터 후단, 섬프 탱크, 기계작동 정지 시에 채취하는 것은 바람직하지 않다.

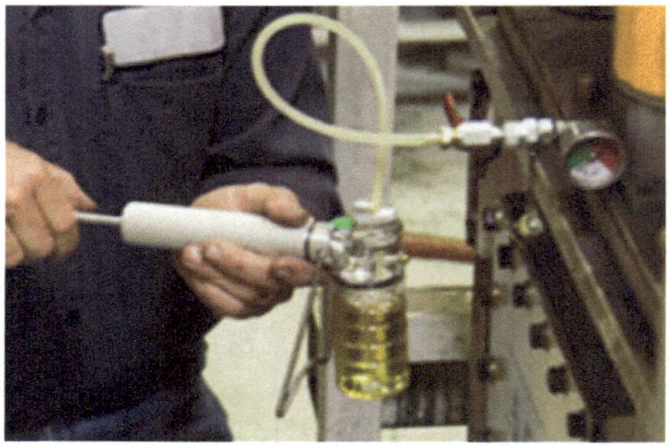

그림 3.2 진공 펌프를 이용한 오일 샘플링

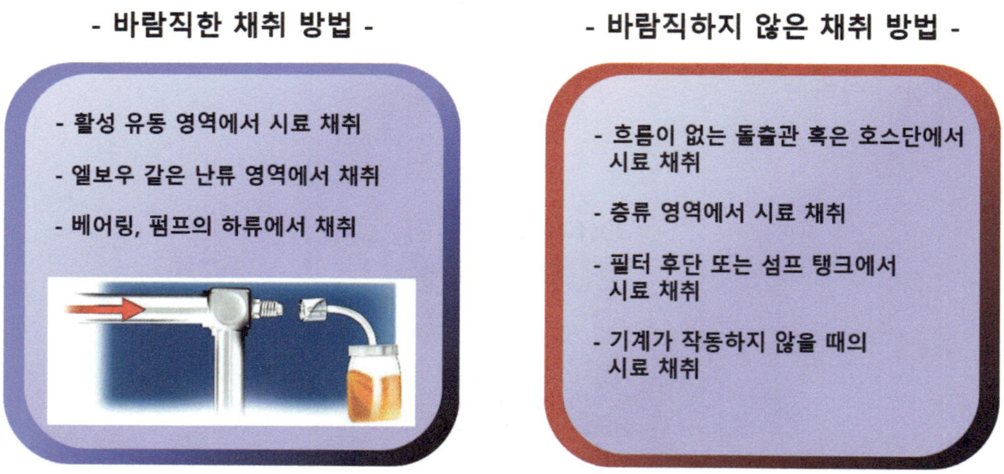

그림 3.3 샘플링의 바람직한 채취 방법과 바람직하지 않은 채취 방법

시료의 샘플링 시 청결을 유지해야 한다. 샘플링 시 시료를 오염시키면 기계상태에 대한 잘못된 정보를 얻게 된다. 샘플링하는 도구와 샘플링 병이 청결해야 하며 샘플링하는 사람도 청결을 유지해야 한다. 샘플링 병의 청결도 지침은 ISO 3722에 규정되어 있다. 샘플링 병의 재질로는 주로 PET 플라스틱이 사용되며 병의 내부 색깔을 확인할 수 있게 투명하게 제작된다.

3.2 윤활유 오염원

효과적인 윤활유 분석을 위해서는 윤활유의 오염원에 대한 지식이 필요하다. 그림 3.4와 같이 윤활유의 오염원에는 물, 공기, 열, 고체 입자, 연료 및 용제, 부동액, 냉매, 부적당한 윤활유 등이 있다. 고체 입자에는 마모에 의해 발생하는 마모입자, 흙, 먼지, 수트, 불용분 등이 있다. 특히 다른 오염원과 달리 대기 중에서 기계시스템이 작동하므로 공기 중의 산소와 윤활유가 반응하여 산화가 진행되는 것은 피할 수 없는 현상이다.

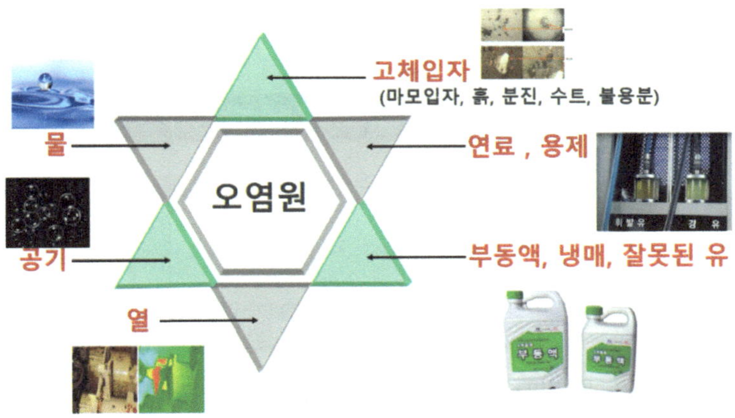

그림 3.4 윤활유의 오염원들

먼저 오염원 중 수분은 산화를 발생시키고 점도 상승 등 윤활유를 열화시키는 주원인 중 하나이다. 윤활유 중에 수분은 그림 3.5와 같이 자유수분(free water), 유화수분(emulsified water), 용해수분(dissolved water) 3가지 형태로 존재하고 자유수분은 이미 탱크나 섬프(sump) 바닥으로 침전된 물을 의미하고 용해수분은 물 입자들이 윤활유 속에 용해되어 분산되어 있는 형태를 말한다. 그리고 유화수분은 윤활유 중에 안정된 부유 상태로 분산된 물을 의미한다. 수분 오염에서 수분포화점에 대한 개념이 반드시 필요한데 수분포화점은 윤활유가 유지할 수 있는 용해수분의 최대량을 말한다. 윤활유가 수분포화점 이상에서는 유화수분 또는 자유수분 형태로 존재한다. 보통 같은 윤활유에서 수분에 의한 오염을 시각적으로 윤활유가 흐려지는 정도로 판단을 할 수 있지만 종류가 다른 윤활유들의 수분오염 정도를 평가할 때는 주의해야 한다. 왜냐하면 윤활유마다 수분포화점이 다르므로 수분오염의 양이 큰 경우에도 수분포화점이 높으면 상대적으로 덜 흐려 보일 수 있기 때문이다. 따라서 유종이 다른 경우에는 시각적으로 수분오염의 정도를 평가하는 것은 바람직하지 않다.

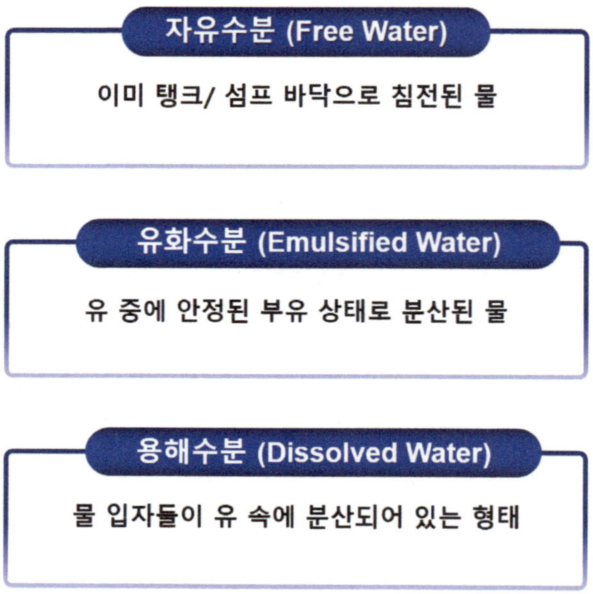

그림 3.5 오일 중에 존재하는 수분의 3가지 형태

부동액은 냉각수 등이 추운 환경에서 작동할 수 있도록 물의 어는점을 낮추는 액체이다. 부동액의 누설에 의한 오염은 그림 3.6과 같이 부동액의 주성분인 에틸렌 글리콜과 칼슘 황산염과 반응하여 오일 볼(oil ball)을 형성한다. 오일 볼의 크기는 대략 5 ~ 40μm 정도이고 필터 손상이나 베어링 마모 등을 유발한다. 그림 3.7은 오일 볼에 의한 손상된 윤활 면의 모습을 보여준다. 부동액의 오염은 점도 증가뿐만 아니라 오일 볼에 의한 윤활 면을 손상시키므로 주의해야 한다. 부동액에 의해 오염이 될 경우, 원소 분석을 하면 칼륨(K), 나트륨(Na), 붕소(B) 성분이 기준치 이상 검출된다. 따라서 부동액의 오염에 의한 기계손상이 의심된다면 반드시 이 부분을 확인하는 것이 필요하다. 부동액 오염을 검출하는 방법에는 포름알데히드를 이용한 현장 시약법(ASTM D2982), 기체크로마토그래피(ASTM D4291), FTIR, 점도 분석, blotter spot test 등이 주로 이용된다. 현장 시약법은 부동액의 주성분인 글리콜을 포름알데히드로 변환하여 그 함유량을 색깔의 진한 정도에 따라 판단하는 방법이고 기체크로마토그래피는 혼합기체인 시료를 액체나 고체로 채운 분리관 속으로 통과시켜 기계 시료 속의 각 성분을 분리하여 검출하거나 농도를 측정하는 방식으로 글리콜을 측정한다.

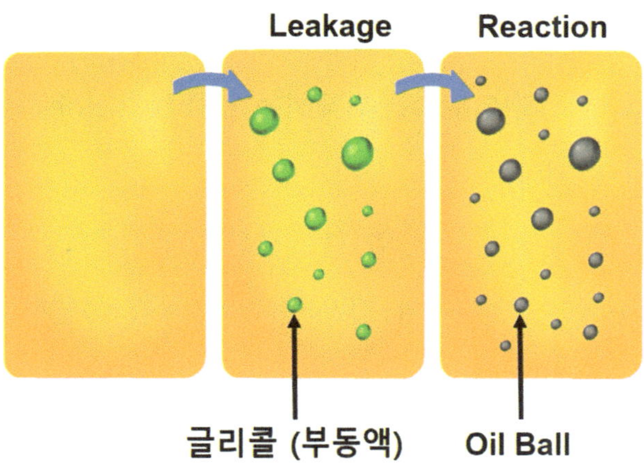

그림 3.6 부동액 혼입에 의한 오일 볼 형성

그림 3.7 오일 볼(Oil Ball)

연료에 의한 오염은 주로 연료 펌프에서의 누설, 연료관의 누설, 연료분사 결합, 블로우바이(blow-by)에 의해 발생한다. 연료가 윤활유에 비해 상대적으로 점도가 낮기 때문에 연료가 윤활유에 유입이 되면 점도가 저하되고 윤활유의 첨가제 등이 희석되므로 윤활성능이 저하된다. 특히 윤활유의 불이 붙는 온도인 인화점(flash point)이 20℃ ~ 30℃ 정도 인하된다. 연료의 오염이 의심되면, 점도 측정도 방법이지만 인화점을 확인해 보는 것이 바람직하다. 연료가 혼입이 되면 연료 성분 중에 황(S)이 물과 반응하여 황산이 생성되어 부식이라는 큰 문제점을 유발한다. 그래서 상대적으로 가솔린 엔진보다 황 함유량이 많은 연료를 사용하는 디젤 엔진의 경우에 황산의 중화를 위해 염기성분이 윤활유에 포함되어 있다. 이때에는 황 함유량에 따라 적절한 염기가(BN)를 가진 윤활유를 사용해야 한다. 연료오염에 대한 분석을 위해서는 인화점 측정, FTIR, 점도, 가스크로마토그래피 등을 이용할 수 있다.

디젤 엔진의 경우 낮은 공연비, 낮은 압축비, 블로우바이 등으로 수트(soot)에 의한 윤활유의 오염이 발생한다. 그림 3.8과 같은 수트에 의한 윤활유의 오염으로 슬러지(sludge)가 발생하고 마모 발생, 점도 증가, 분산성 저하, 필터 막힘 또는 손상 등이 발생

그림 3.8 수트(soot)

할 수 있다. 수트의 주성분이 탄소이며 이는 압축 강도가 큰 물질로 내마모 성능을 감소시켜 윤활 면에서의 손상을 발생시킨다. 그리고 윤활유에 수트가 유입이 되면 분산제가 수트를 에워싸서 그들이 결합하여 부피가 커지는 것을 막는 역할을 수행하지만 수트의 유입량이 많아지면 윤활유의 분산제가 수행하는 기능을 상실하게 된다. 수트 오염 검출에는 점도 측정, FTIR, 펜탄 불용분 시험(ASTM D893), blotter spot test 등이 활용되고 있다.

윤활유의 공기 오염은 대기중에서 기계시스템을 사용하기 때문에 피할 수 없다. 공기에 의한 오염이 발생하면 윤활유 중에 기포를 밖으로 배출하는 방기성이 저하되고 거품 발생의 원인이 된다. 공기 오염으로 인해 그림 3.9 좌측의 그림과 같이 윤활유의 표면장력이 저하되면 기포가 미세하게 깨져서 윤활유에 남아 있게 된다. 그리고 미세한 고체부유물들이 기포 발생의 핵이 된다.

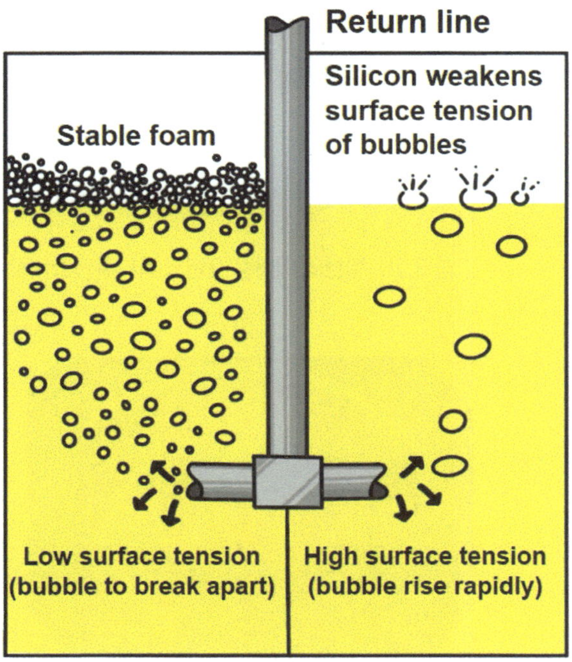

그림 3.9 윤활유 표면장력에 의한 방기성

먼지나 흙에 의한 오염은 주로 건설장비와 같이 외부 환경에서 노출되어 작동을 하는 기계시스템에서 많이 발생한다. 흙의 성분 분석을 하면 80% 이상이 SiO_2와 Al_2O_3로 구성되어 있으며, 이 성분들이 윤활 면에서 마모를 발생시킨다.

그림 3.10과 3.11은 바니쉬와 락커링(lacquering)이 기계요소에 형성되어 있는 모습을 보여준다. 바니쉬와 락커링이 형성이 되면 원활한 상대운동이 어려워진다. 그 이유는 바니쉬와 락커링이 윤활 면에 형성됨으로써 틈새가 줄어들어 유체고착(hydraulic lock)이 발생하거나 눌러붙음(seizure)이 발생하기 때문이다. 그 외에도 좁아진 틈새로 인해 접촉에 의한 마찰열이 증가하여 윤활유를 소모하게 된다. 바니쉬의 형성과정을 살펴보

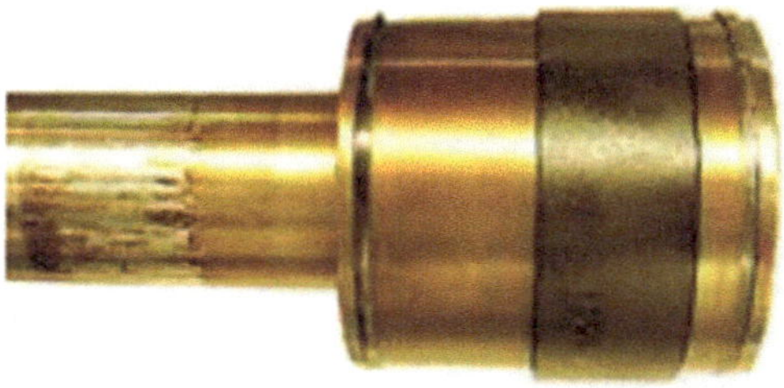

Vane valve of gas turbine

Plain bearing of gas turbine

그림 3.10 밸브와 베어링 표면의 바니쉬(varnish) 형성

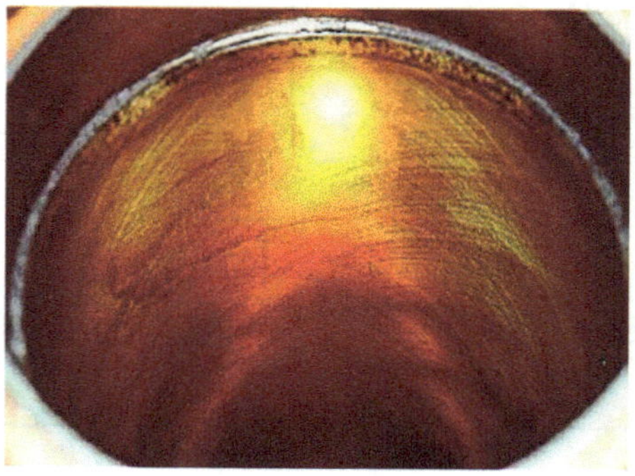

Cylinder liner lacquering

그림 3.11 실린더 라이너의 락커링 형성

면 윤활유가 산화 및 여러 가지 원인으로 오염이 되어 용해 불순물이 형성된다. 그 이후 고 분자량의 반응 생성물들이 기유의 용해성을 넘어갈 경우 불용해 불순물이 윤활유 내에 잔류하게 된다. 불용해 불순물들이 극성을 가지는 기계 금속 표면에 붙게 되고 시간이 지남에 따라 불순물들이 퇴적층을 형성하게 된다. 락커링에 대한 발생 메커니즘은 크게 2가지가 있다. 이 부분은 저자의 락커링에 대한 리뷰(review) 논문에 자세하게 서술되어 있다. 락커링은 그림 3.12와 3.13과 같이 Shell 회사에서 주장하는 가설과 Alberola라는 사람의 가설이 있으며 각각의 접근하는 방식이 다르다. Shell의 가설은 불완전 연소와 블로우바이에 의해 누설된 연료가 산화와 중합반응(polymerization)을 통해 그 분자량이 커지게 된다. 윤활유에는 여러 가지 첨가제가 있는데 그 첨가제 중에 잉여 첨가제들이 산화와 중합반응을 통해 분자량이 커진 연료와 반응을 하게 된다. 이때 연소 등으로 외부의 압력이나 열이 퇴적층에 공급되면 퇴적층이 단단하게 형성된다. Alberola는 윤활유를 저분자량의 액체 폴리머(polymer)로 가정하고 윤활유가 열적열화와 산화에 의해 열경화성(thermosetting) 반응을 하여 락커링이 형성된다고 주장하였

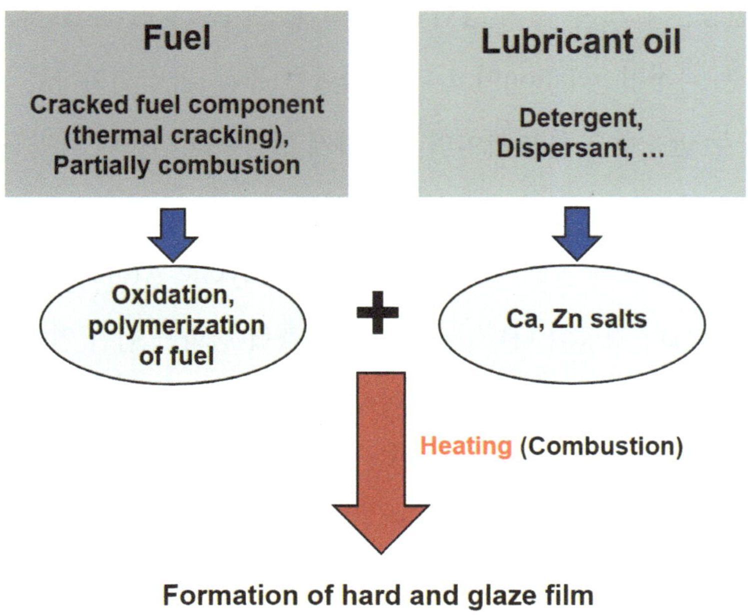

그림 3.12 락커링의 발생 원리 (Shell의 가정)

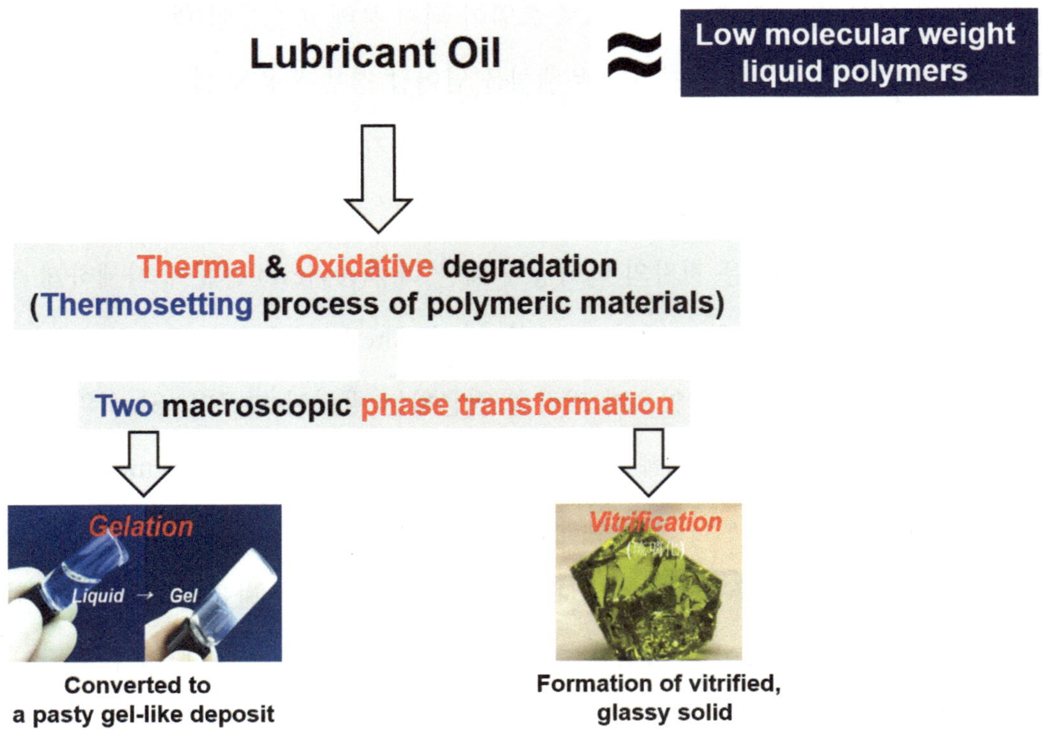

그림 3.13 락커링의 발생 원리 (Alberola의 가정)

다. 열경화성 반응은 크게 두 가지 상변화 반응으로 나누어지는데 하나는 액체에서 gel 형태로 변화하는 과정이 gelation이고 다른 하나는 유리 같이 변화하는 과정이 vitrification이다. 이 두 반응을 통해 반짝이며 딱딱하게 형성된 퇴적층이 락커링이다.

락커링의 발생 원인은 여러 가지가 있다. 연료의 성분 중에 방향족(aromatic) 성분이 많은 연료에서 발생빈도가 높으며, 특히 PAHs(Polycyclic Aromatic Hydrocarbons)가 많은 연료에서 그런 경향이 나타난다. 그 외에 출력 변화가 심한 연소 조건이나 공회전이 많은 운전 조건 등이 락커링 형성에 영향을 준다. 그리고 그림 3.14와 같이 연료의 황 함유량에 따라 적절한 염기가(BN)를 함유한 윤활유를 사용해야 하는데 그렇지 않은 경우에 락커링의 발생을 유발한다. 예를 들어 황 함유량이 적은 연료에 염기가가 높은 윤활유를 사용할 경우 청정제 성분 등의 첨가제에서 잉여 첨가제가 발생한다. 이 잉여첨가제는 연료의 성분과 반응하여 락커링을 발생시킨다.

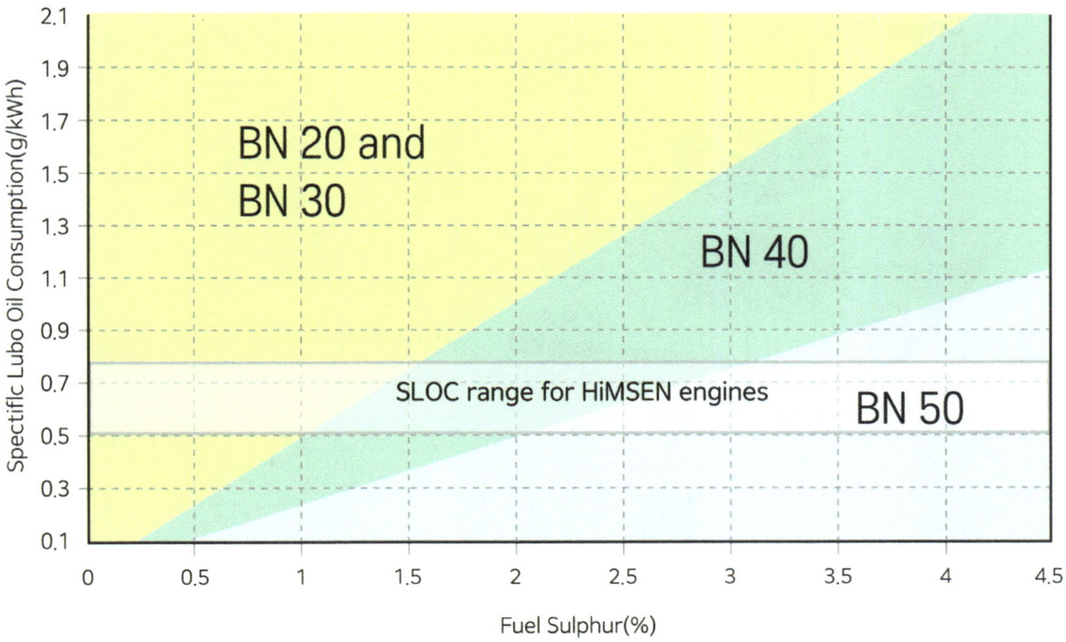

그림 3.14 연료의 황 함유량에 따른 윤활유의 염기가

락커링의 특징을 살펴보면 그림 3.11에서와 같이 광택이 나며 또한 색깔은 주로 갈색이나 황색 계통이다. 표면과의 결합력은 아주 강하다. 그림 3.15의 pull-off 검사과정과 같이 락커링의 표면 결합력을 확인할 수 있다. Pull-off 검사는 선박용 도료의 결합력을 테스트하는 방법으로 ISO 4624에 명시되어 있다. 선박용 도료의 경우는 3 ~ 4 MPa이 합격 기준인데 락커링의 경우는 그보다 큰 9 MPa 정도의 높은 결합강도가 측정된다. 따라서 락커링은 표면과 높은 결합강도를 유지하므로 단순히 물리적인 힘으로 제거하기는 어렵다.

바니쉬의 경우는 아세톤 같은 유기 용매에 녹아서 제거되지만 락커링은 염산, 황산 같은 산 성분에 의해 제거된다. 그 이유는 락커링의 quinone이라는 성분이 산에 녹는 성질을 가지고 있기 때문이다. 그림 3.16은 실린더 라이너에 발생한 락커링이 아세트산에 의해 제거된 모습을 보여준다. 바니쉬와 락커링을 눈으로 구분하기는 어려우므로 물리적으로 쉽게 제거되거나 아세톤 같은 유기 용매에 반응하여 제거가 된다면 바니쉬라고 판단하는 것이 적합하다.

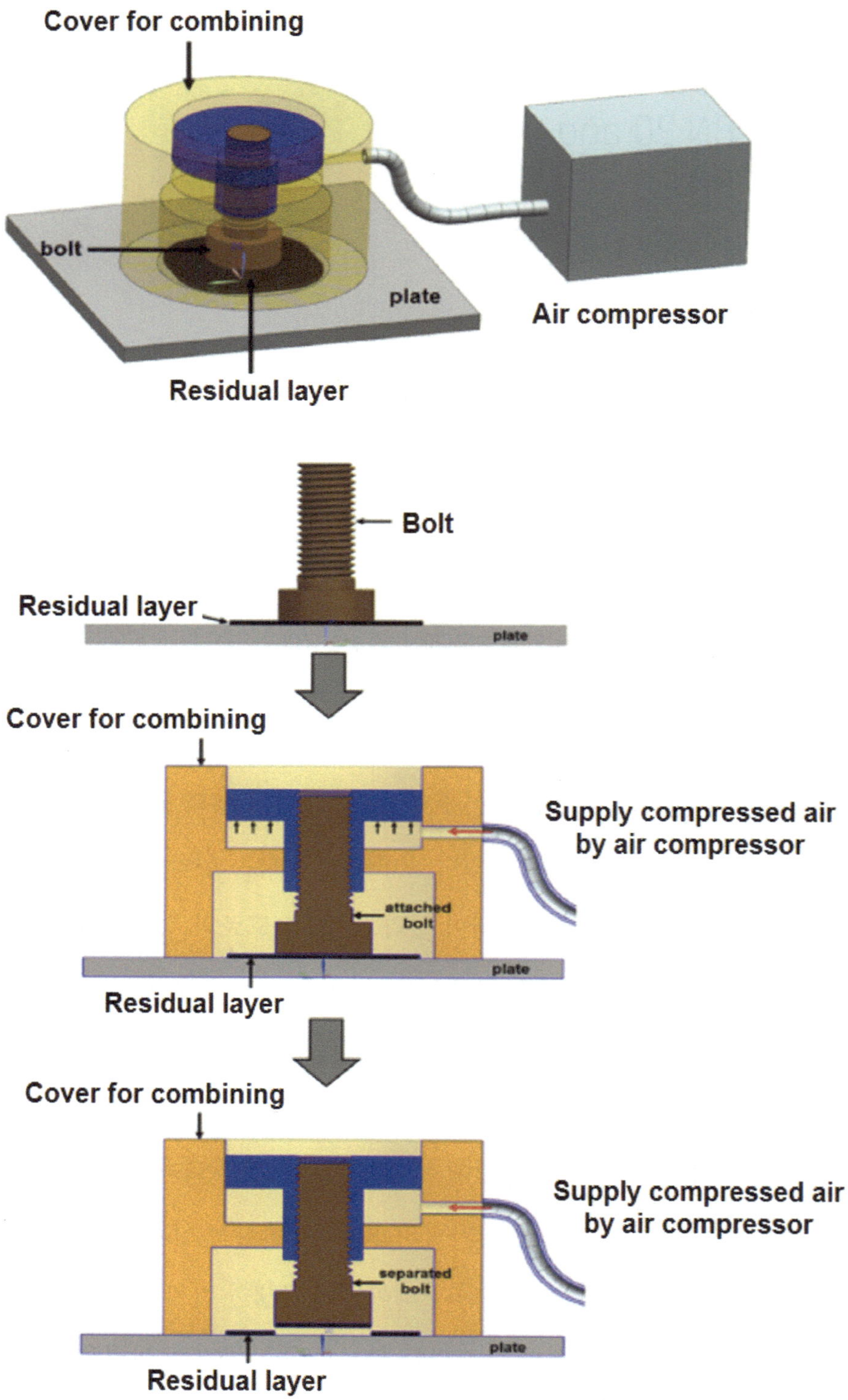

그림 3.15 Pull-off 검사과정

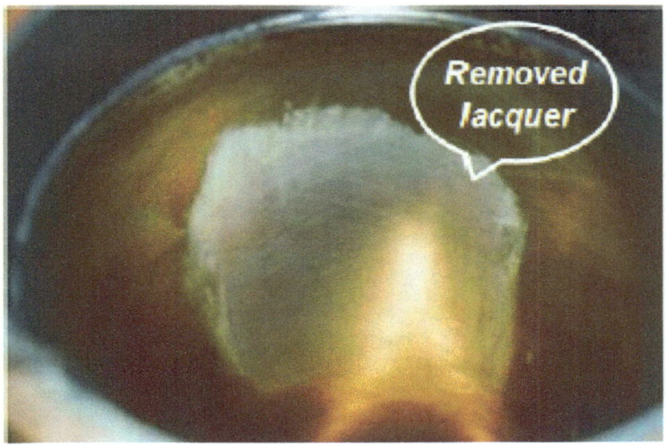

그림 3.16 산에 의해 제거된 락커링

3.3 여러 가지 윤활유 분석 방법

윤활유의 분석 방법은 여러 가지이다. 우선 기유의 물성을 나타내는 점도, 점도지수, 비중, 인화점, 유동점에 대해서 먼저 설명하고 오염도, FTIR, ICP, DR Ferrograph, RULER, RPVOT 등에 대해 하나씩 설명한다.

3.3.1 점도, 점도지수, 비중, 인화점, 유동점 분석

점도는 유체의 흐름과 전단에 대한 저항으로 윤활유의 물성을 대표하는 값 중에 하나이다. 다양한 시스템에서 적당한 점도의 범위가 존재하므로 요구되는 점도 조건보다 낮은 경우에는 접촉에 의한 마모 손상이 발생하고, 요구되는 점도 조건보다 높은 경우에는 큰 점성 마찰력으로 인해 동력(power)의 손실이나 과도한 마찰에 의한 열문제가 발생한다. 점도는 그림 3.17과 같이 점도가 높을수록 유동성이 나빠진다.

그림 3.17 점도에 따른 유체의 유동성

점도는 절대점도(absolute or dynamic viscosity)와 동점도(kinematic viscosity)로 나누어진다. 간혹 dynamic viscosity를 동점도로 혼동해서 사용하는 일이 있으니 주의해야 한다. 절대점도는 그림 3.18과 같이 토크(torque)를 측정하여 점도를 역으로 계산하며, ASTM D2983에 측정 방법이 정의되어 있다. 단위는 주로 P(Poise, g/(cm.s))를 사용하고 Poise의 1/100을 센티포이즈(centipoise, 10^{-2}P=cP)도 사용한다. 그 외에도 Pa·s 단위를 사용한다. 포이즈(P)와 Pa·s와의 관계는 아래 식 (1)과 같다. 단위에서 소문자와 대문자를 주의해서 사용해야 한다.

$$1\ cP = 10^{-2}\ P = 10^{-3}\ Pa \cdot s = 1\ mPa \cdot s \tag{1}$$

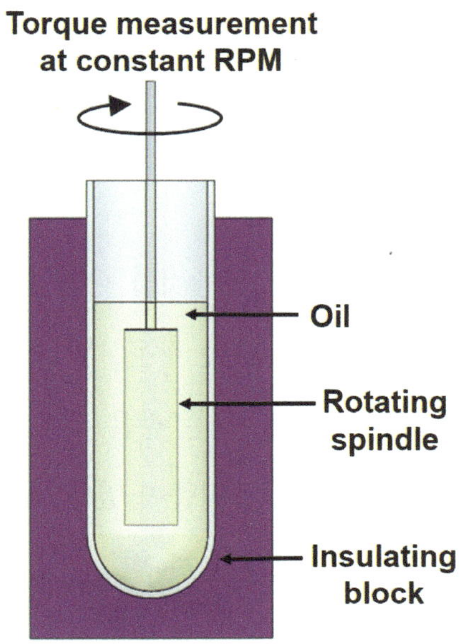

$$
\begin{aligned}
T &= F \times r \\
&= \eta \frac{v}{h} \times A \times r \ (\because F = \tau A, \tau = \eta \frac{v}{h}) \\
&= \eta \frac{v}{h} \times 2\pi r l \times r \ (\because A = 2\pi r l) \\
&= \frac{2\pi r N}{60} \times \frac{\eta}{h} \times 2\pi r l \times r \ (\because v = \frac{2\pi r N}{60}) \\
&= \frac{2\pi r N \times 2\pi r l \times r}{60 \times h} \times \eta
\end{aligned}
$$

$N = RPM$, r : radius of spindle

h : clearance, l : length of spindle

그림 3.18 절대점도의 측정

동점도는 중력에 의한 흐름과 전단에 대한 저항으로 그림 3.19와 같이 모세관에 흐르는 시간을 측정하여 평가하는 방법으로 ASTM D445에 측정 방법이 규정되어 있다. 동점도의 단위는 St(stokes, cm^2/s)와 St의 1/100인 cSt(centistokes, mm^2/s)를 사용한다. 절대점도를 밀도로 나누면 동점도가 되는 상관관계가 있다.

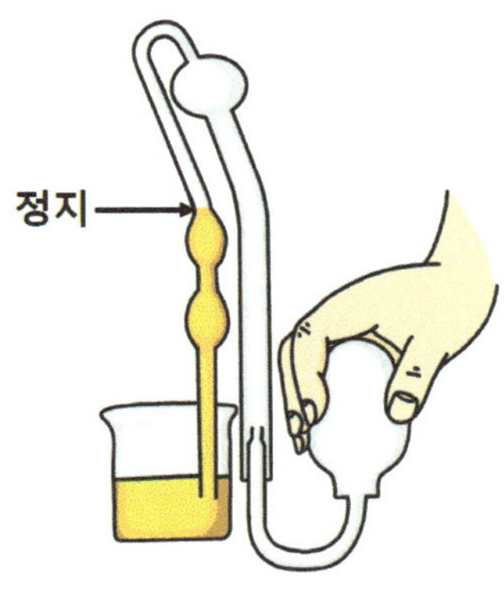

그림 3.19 동점도의 측정

점도지수는 VI(Viscosity Index)로 나타내고 온도변화에 대한 점도의 변화를 나타낸다. 40℃와 100℃ 사이의 점도 변화 정도를 지수화하였고 ASTM D2270에 규정되어 있다. 점도지수가 크면 온도변화에 의한 점도 변화가 적다는 것을 의미하며 보통 점도지수 100 이상을 점도지수가 높은 편이라고 한다.

비중(Specific Gravity, SG)은 물의 무게에 대한 유체의 무게비를 나타내며 섭씨와 화씨를 사용할 때 그 기준이 조금 상이하다. 섭씨를 사용할 때는 같은 부피에 4℃ 물의 무게에 대한 15℃ 시료 무게의 비를 나타내고, 화씨를 사용할 때는 같은 부피의 60℉ 물의 무게에 대한 60℉ 시료 무게비를 나타낸다. 그 외에도 API 비중이 있다. API 비중은 미국석유협회인 API(American Petroleum Institute)에서 지정한 비중이며 36단계로 나뉘어져 있고 물은 10에 해당한다. 물보다 비중이 큰 유체는 API 비중이 10보다 작으며 물보다 비중이 큰 유체는 API 비중이 10보다 크다. 그리고 API 비중과 비중과의 관계는 아래 식 (2)와 같다.

$$\text{API 비중} = 141.5/\,SG - 131.5 \tag{2}$$

인화점(flash point)은 윤활유가 충분히 증발하여 화염에 노출되었을 때 순간적으로 불이 붙는 최저온도를 나타낸다. 인화점과 발화점(fire point)은 내화성(耐火性)과 관련된 물성값이지만 차이가 있다. 인화점은 화염을 이용하여 측정하지만 발화점은 화염을 사용하지 않고 스스로 발화하는 온도를 측정한다는 점이 다르다. 같은 윤활유나 연료에서는 보통 인화점보다는 발화점이 높다. 그래서 안정적인 관리 및 사용 측면에서 발화점보다는 인화점의 정보를 많이 활용한다. 인화점에는 그림 3.20과 같이 open cup과 closed cup 2가지 방식이 있다. Open cup 타입의 대표적인 방법이 COC(Cleveland Open Cup) test이고 구조가 상대적으로 간단하나 액체 표면으로부터 거리에 따라 측정된 인화점이 다를 수 있다. Closed cup 타입의 대표적인 방법이 PMCC(Pensky Martens Closed Cup) test이고 이 방법은 open cup 타입보다 인화점이 낮은 액체에 대해 측정을 한다. 즉 상대적으로 휘발성이 강하거나 인화점이 낮은 연료의 인화점을 측정하는 데 적합하다. Open cup 타입의 측정은 ASTM D92에 규정되어 있고 closed cup 타입의 측정은 ASTM D93에 규정되어 있다. 사용유의 인화점을 측정하여 신유의 인화점과 비교할 때는 반드시 그 측정 방법의 동일 여부를 확인해야 한다. 그 이유는 측정 타입에 따라 인화점의 차이가 발생하기 때문이다. 휘발성(volatility)은 작은 분자들이 고온에서 증발하는 경향을 측정하는 것으로 인화점과는 다르다. 그림 3.21과 같이 250℃에서 1시간 동안 노출되었을 때 발생하는 중량 손실을 측정하여 휘발성을 평가한다. 일반적으로 휘발성이 낮을수록 좋으며 이 실험 방법은 ASTM D5800에 규정되어 있다.

유동점(pour point)은 그림 3.22와 같이 중력 하에서 윤활유가 흐를 수 있는 최저 온도로 윤활유의 저온 특성을 나타낸다. 유동점 측정은 ASTM D97에 규정되어 있고 그 측정 방법은 시료를 46℃로 가열한 뒤 2.5℃ 주기로 꺼내서 흐르는지 확인하여 5초동안 흐르지 않은 온도보다 2.5℃ 높은 온도를 유동점이라 한다. 표 3.1은 다양한 윤활유의 유동점을 보여준다.

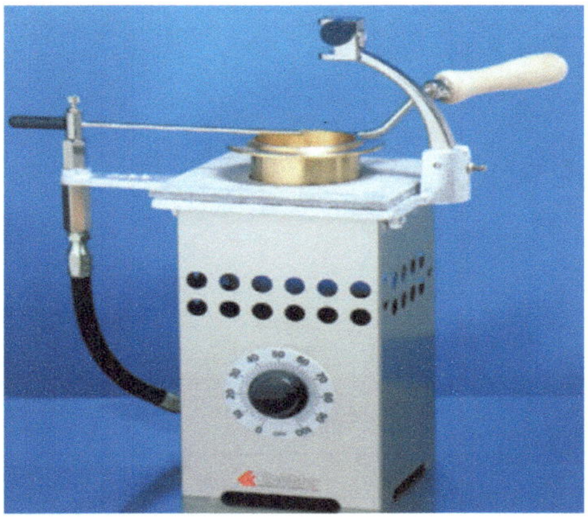

[COC- ASTM D92]

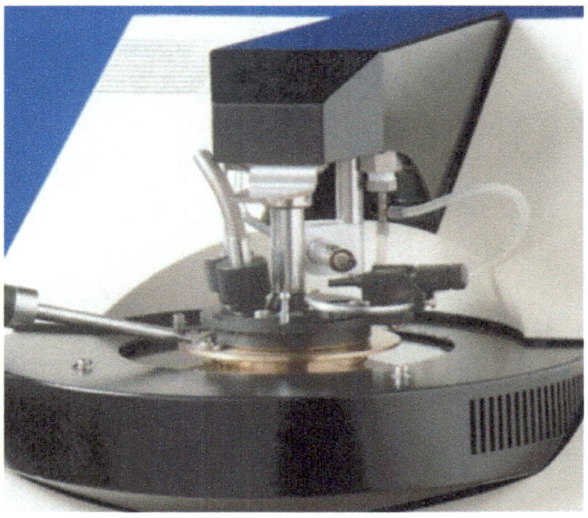

[PMCC- ASTM D93]

그림 3.20 인화점의 두 가지 방식

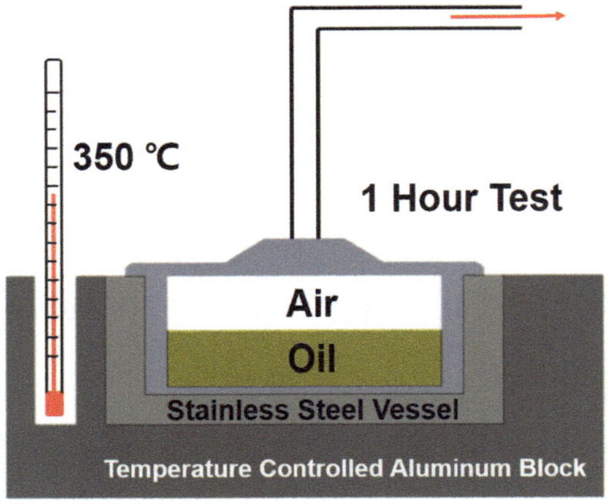

그림 3.21 휘발성 측정

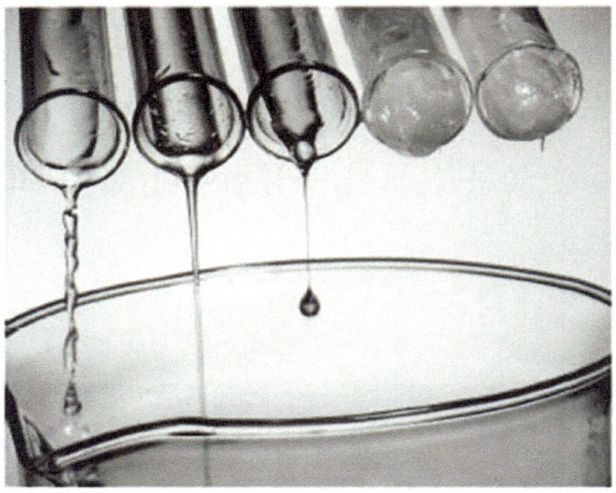

그림 3.22 유동점 측정

표 3.1 윤활유의 종류에 따른 유동점

윤활유의 종류	유동점(℃)
터빈유	-18
엔진유 (단급유)	-23
엔진유 (다급유)	-35
식물성 유압작동유	-29

3.3.2 수분, 산가, 염기가 분석

수분의 측정은 현장에서 간단히 측정하는 방법, Karl Fischer 방법, FTIR과 수분센서를 이용하는 방법이 있다. 현장에서 측정하는 방법으로는 같은 유종에 대해서 흐려지는 정도를 보고 판단하는 시각적 방법, Watector를 이용하는 방법, Crackle test, 수산화칼슘(CaH_2)을 이용한 측정 등이 있다. 시각적으로 수분오염의 정도를 판단할 때는 반드시 같은 유종에 대해서 비교하여야 한다. 왜냐하면 앞서 오염원에 대한 설명에서 언급했지만 윤활유의 포화수분점이 유종마다 다르기 때문이다. Watector는 그림 3.23과 같이 윤활유와 수분의 비중 차이를 이용하여 그 양을 측정할 수 있고 또한 밸브를 통해 아래쪽에 있는 수분을 제거할 수도 있다. Crackle test는 그림 3.24와 같이 가열판에 윤활유를 떨어뜨리면 수분이 어느 정도 있을 때 '톡톡' 소리가 난다. 이를 통해 수분 오염이 어느 정도 진행되었는지를 확인할 수 있는 방법이다. 수산화칼슘을 이용하는 방법은 자유수분과 유화수분의 양을 측정할 수 있으며, 윤활유 시료와 시약을 섞으면 수소기체가 방출되는데 이 수소기체의 용적은 수분농도에 비례하는 점을 활용한다. 가장 보편적인 방법은 화학적으로 Karl Fischer 방법을 이용하는 것이다.

그림 3.23 수분감시기(Watector)

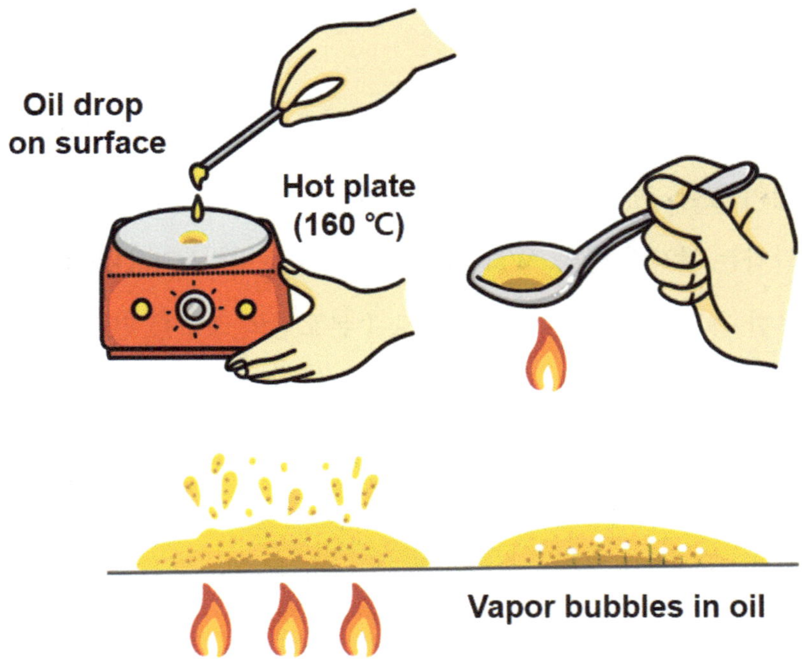

그림 3.24 크래클 테스트(Crackle Test)

Karl Fischer 방법은 1935년 독일의 화학자 Karl Fischer에 의해 개발된 방법으로 체적 계량법, 전기량 계량법이 있다. 이 방법은 적정(titration)을 이용하는데 적정은 일정한 부피의 시료 용액 내에 존재하는 물질 중에서 알고자 하는 물질의 양을 직접적으로 측정하는 것이 아니라 이것과 반응하는 데 필요한, 이미 알고 있는 농도의 시약 부피를 측정하여 그 양을 구하는 방법이다. 체적 계량법(volumetric method)은 요오드 시약을 이용한 적정방법으로 사용된 시약의 부피를 측정하여 수분을 측정하는 방법으로 ASTM D1744에 규정되어 있다. 전기량 계측법(coulometric method)은 전기량 분해에 의한 적정방법으로 전기량을 측정하여 수분을 측정한다. 그림 3.25는 체적 계량법, 전기량 계측법, 공증류법을 보여준다. 체적 계량법은 500ppm(parts per million) 이상의 수분량을 측정 가능하며 반응액이 첨가제 등과 반응하므로 절대적인 값이라기보다는 상대적인 평가 방법으로 사용된다. 전기량 계측법은 체적 계량법에 비해 상대적으로 적은 양의 수분 측정이 가능하여 5 ~ 5000ppm 범위의 수분 측정이 가능하다. 이 방법도 다른 첨가제나 이물질에 의한 오차를 가지고 있으므로 보다 높은 정확성을 위해 사용되는 방법이 공증류법이다. 공증류법은 윤활유를 가열하여 수분을 분리하고 전기량 계측법 또는 체적 계량법으로 수분을 측정함으로써 보다 미세한 수분까지 측정 가능하고 측정의 정확성도 상대적으로 높다.

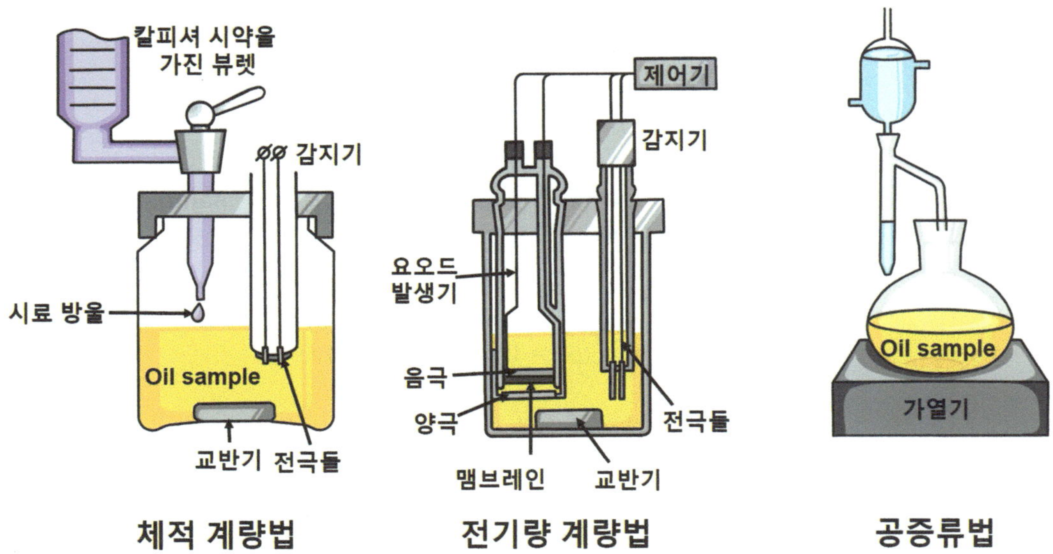

그림 3.25 체적 계량법, 전기량 계량법, 공증류법

산가(Acid Number, AN)와 염기가(Base Number, BN)는 윤활유의 산화 또는 열화의 정도를 평가하는 데 많이 사용되는 물성값이다. 산가는 그림 3.26과 같이 1g의 윤활유 시료에 포함된 산성물질을 중화하는 데 필요한 수산화칼륨(KOH)의 양을 mg으로 표시한다. 이와 비슷한 개념으로는 화학에서 pH라는 개념이 있는데 산가는 산의 농도를 나타내고 pH는 산의 강도를 나타낸다. 염기가는 윤활유 중에 부식성 산을 중화하기 위해 사용할 수 있는 잔류 알칼리 성분의 농도를 나타낸다. 또한 윤활유 시료 1g 중에 포함되어 있는 알칼리성 성분을 중화하는 데 필요한 산과 같은 당량의 수산화칼륨의 양을 mg으로 표시한다. 염기가의 시약으로 산을 사용하지만 중화에 필요한 양을 알칼리로 환산하여 표시한다는 차이점이 있다. 산가와 염기가를 측정할 때 주의해야 할 사항이 있

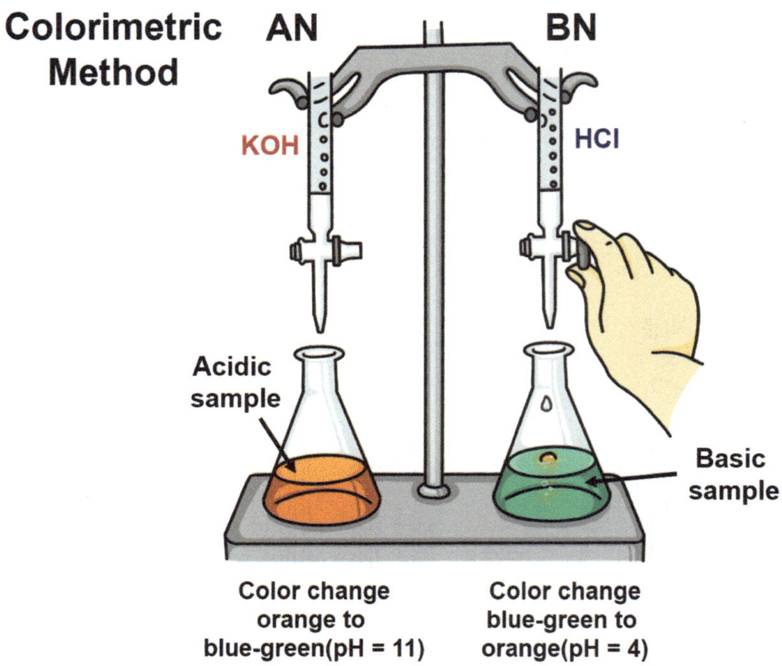

그림 3.26 산가, 염기가 측정

다. 표 3.2는 산가와 염기가의 측정 방법들을 보여준다. 산가의 경우에는 반응시약으로 수산화칼륨을 사용하고 색상이나 전위차 계측을 이용하여 측정하지만 염기가의 경우에는 반응시약이 염산과 과염소산을 사용하고 산가와 마찬가지로 색상과 전위차 계측을 이용하여 측정한다. 특히 주의할 사항은 디젤 엔진의 경우 수트에 의해 오염이 되면 윤활유가 검은색 계통으로 어둡게 변화하므로 색상법으로 염기가의 측정은 적당하지 않다는 점이다. 그리고 반응시약으로 과염소산을 사용하는 ASTM D2896의 경우에는 반응시약이 강산이므로 상대적으로 실험 시간이 짧다는 장점이 있지만 마모입자 등을 분해하는 데 사용되어 염기가가 높게 평가될 수 있다. 신유의 경우에는 반응시약을 염산으로 사용하는 ASTM D4739와 차이가 거의 없지만 오염이 된 사용유의 경우에는 차이가 발생한다.

표 3.2 산가 및 염기가 측정 방법

ASTM Test	지시 방법	반응시약	비고
D 664 AN	전위차 계측법	수산화칼륨(KOH)	
D 974 AN	색상법	수산화칼륨(KOH)	
D 974 BN or D 5984-96	색상법	염산(HCl)	• 디젤 엔진의 경우 Soot로 인해 색상법으로 구별이 되지 않음
D 2896 BN	전위차 계측법	과염소산($HClO_4$)	
D 4739 BN	전위차 계측법	염산(HCl)	

3.3.3 오염도 분석

오염도는 윤활유 속에 포함되어 있는 고형 입자들의 개수를 파악하여 오염의 정도를 분석한다. 입자계수는 그림 3.27과 같이 여러 종류가 있으며 좌측에서 우측으로 그 기술이 발달하였다. 처음에는 작은 구멍(세공)을 가공한 막에 고형 입자가 막힘으로 입자를 측정하는 방식에서 출발하여 레이저를 활용하는 광학식 방식까지 발전하였다. 처음에는 하나의 레이저로 입자의 계수만 가능하였으나 점차 여러 개의 레이저 또는 측정 기술의 발달로 입자의 대략적인 모양까지도 파악이 가능한 DIPC(Direct Image Particle Counter) 방식까지 개선되었다. 그 이후에 현미경과 비젼(vision) 기술의 발달로 PMPI(Particle Micro Patch Imaging) 방식으로 실제 입자들을 개별로 분리하여 입자 영상을 저장할 뿐만 아니라 크기별로 구별하며, 색깔로 어떤 금속의 입자인지에 대한 대략적인 정보도 제공한다. 그림 3.27과 같이 하나의 레이저를 사용하는 레이저 광학식 방법에서는 레이저의 직진성으로 인해 큰 입자 뒤에 있는 입자들을 파악하기 힘든 단점이 있었다.

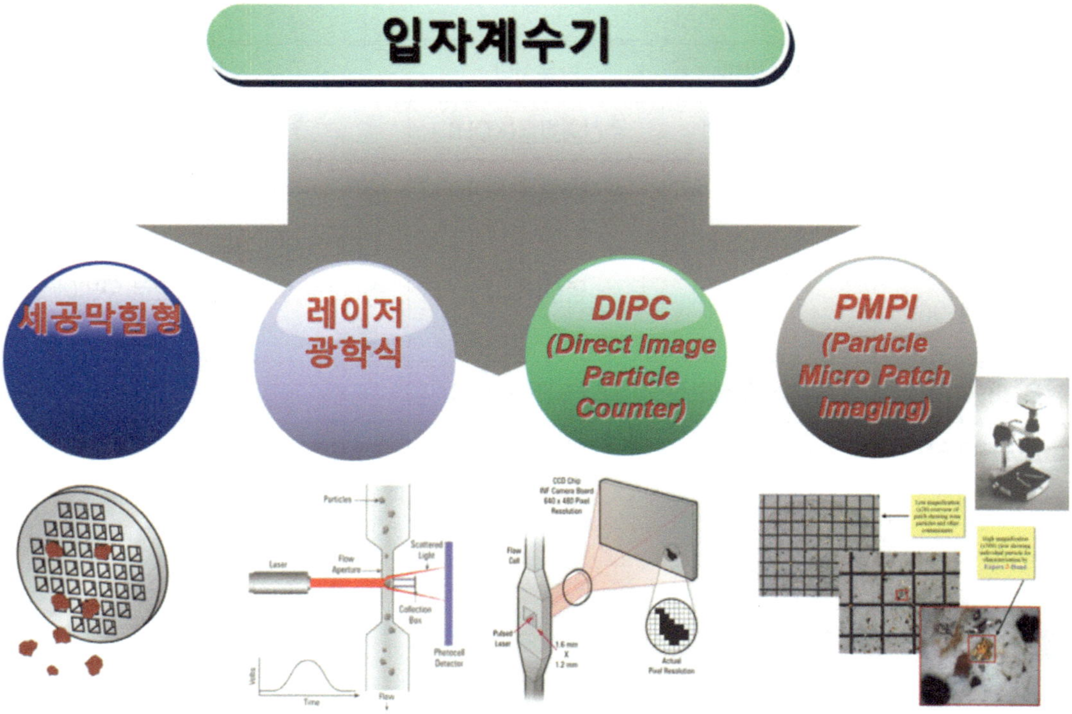

그림 3.27 입자계수기의 형태

대표적으로 많이 이용되고 있는 오염도는 표 3.3과 같다. NAS 1638은 미국의 NASA에서 만든 오염도 규정으로 ISO 규정의 오염도 규정이 나오기 전까지 산업계에서 많이 이용되었다. 2001년 5월 31일부로 폐지되었지만 오염도를 하나의 등급으로 표시한다는 장점으로 인해 일부 산업계에서 여전히 사용되고 있다. NAS 1638은 00부터 12까지 14등급으로 나누어지고 한 등급 간의 오염 정도는 2배이다. NAS 1638 이후 요즘 기계시스템의 틈새를 고려하여 입자의 크기를 구분하는 기준을 4μm, 6μm, 14μm으로 하고 기준에 따른 3가지 등급을 제시하였다. NAS 1638에 비해 보다 세밀한 입자까지 분류가 가능하지만 등급이 기준 입자 사이즈들에 의해 3가지로 등급이 평가되기 때문에 직관성 측면에서는 용이하지 않다. 따라서 산업계에서는 ISO 4406의 등급을 NAS 1638로 환산하는 방식에 대해서 연구하고 방법을 찾는 시도도 하였다. 그 결과 ISO 4406의 입자 크기를 구분하는 기준을 일부 사용하고 NAS 1638과 같이 하나의 등급으로 평가하는 방식의 오염도 평가 방식이 나오게 되었는데 그것이 표 3.3에 나와 있는 SAE AS 4059이다. SAE AS 4059는 000에서 12까지 15등급으로 나누어지며 주로 항공, 발전기 분야에 많이 이용되고 있다.

표 3.3 대표적인 오염도의 종류

고형 입자에 대한 오염도	특징	비고
NAS 1638	• 100ml당 입자계수 • 입자 크기를 구분하는 기준: 5μm, 15μm, 25μm, 50μm, 100μm • 등급: 00 ~ 12 (14등급)	• 2001년 5월 31일부로 폐지 • 각 등급의 간격은 2배의 오염 수준
ISO 4406	• 1ml당 입자계수 • 입자 크기를 구분하는 기준: 4μm, 6μm, 14μm	• 1999년 전에는 입자 크기를 구분하는 기준이 6μm, 14μm
SAE AS 4059	• 100ml당 입자계수 • 입자 크기를 구분하는 기준: 4μm, 6μm, 14μm, 21μm, 38μm ,70μm • 등급: 000 ~ 12 (15등급)	• AS: Aerospace • 주로 항공, 발전기 분야에 이용

광학식 입자계수기에서는 공기나 수분에 의한 간섭이 발생한다. 따라서 공기나 수분을 제거하기 위해 진공펌프를 이용하여 제거하는 방법이 주로 사용된다. 그 외에도 그림 3.28과 같이 ASTM D7647에 수분의 영향을 배제하기 위한 화학적인 방법이 있다. 이 방법은 그림 3.28과 같이 톨루엔과 이소프로판올을 3:1로 혼합한 용액을 윤활유와 1:1의 비율로 섞는다. 이때 물이 이소프로판올에 용해되고 이소프로판올은 톨루엔에 용해된다. 그리고 톨루엔은 윤활유에 용해됨으로써 수분뿐만 아니라 수분제거를 위해 사용한 톨루엔과 이소프로판올을 제거함으로써 입자계수의 정확성을 개선할 수 있다.

입자계수기에서 주의해야 할 사항은 샘플병에서 시료를 채취하여 사용할 때 반드시

그림 3.29와 같은 교반기를 사용하여 교반 후 90초 안에 분석을 해야 한다. 그렇지 않으면 오염 입자들이 샘플병 바닥에 가라앉아 윤활유의 대표성이 저하되기 때문이다. 그리고 교반을 원활하게 하기 위해서는 샘플병에 윤활유를 가득 채우는 것이 아니라 그림 3.30과 같이 빈 공간이 있어야 하는데 그 공간을 ullage 또는 head space라고 한다. 표 3.4는 점도에 따라 ullage의 공간과 쉐이킹(shaking) 시간을 보여준다. 점도가 높을수록 ullage가 커지고 쉐이킹 시간도 길어진다.

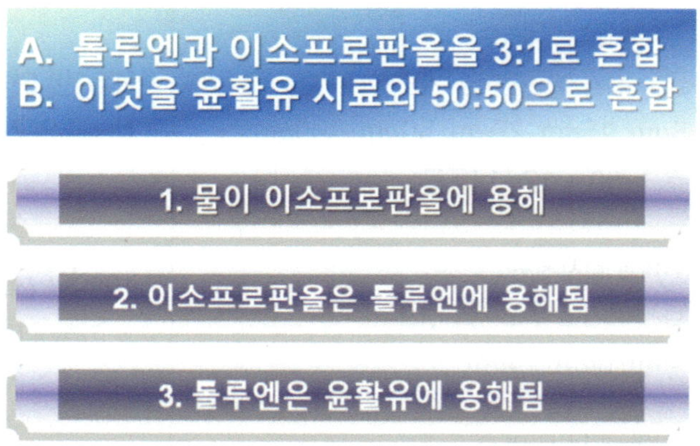

그림 3.28 광학식 입자계수기에서 수분 간섭의 감소 방안

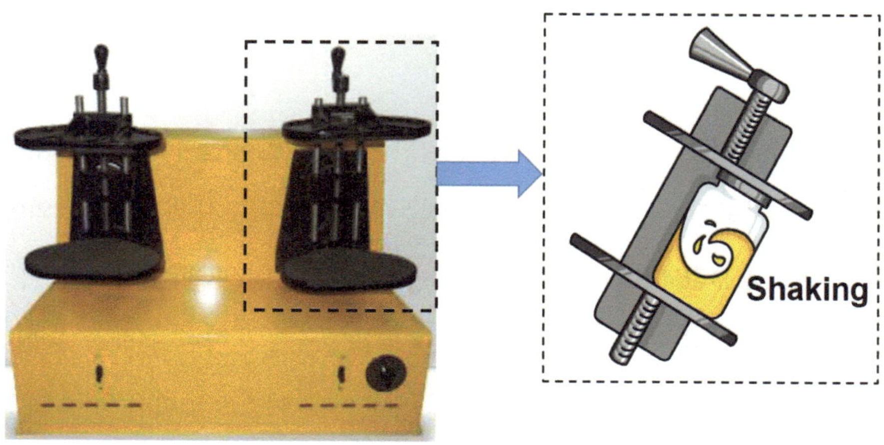

그림 3.29 교반기

그림 3.30 오일 샘플병의 빈 공간(head space)

표 3.4 점도에 따른 ullage와 쉐이킹 시간

동점도(η) 범위 [cSt]	샘플병 중에 요구되는 공간 (ullage, 전체 부피에 대한 비율)	쉐이킹 시간 [minute]
$\eta \leq 32$	1/4	2
$32 \leq \eta \leq 100$	1/3	3 ~ 4
$\eta > 100$	1/2	5 ~ 10

오염도를 평가하는 방법에 대해 SAE AS 4059를 예로 들어 설명한다. 그림 3.31과 같이 SAE AS 4059 오염도 등급표가 있을 때, 실제 입자 크기를 구분하는 기준에 따른 각각의 등급이 빨간색 실선이라고 하면 전체 등급은 파란색 실선과 같이 11등급이 된다. 즉 4μm 이상의 입자에서는 7등급, 6μm 이상의 입자에서는 8등급, 14μm 이상의 입자에서는 9등급, 21μm 이상의 입자에서는 9등급, 38μm 이상의 입자에서는 10등급, 70μm 이상의 입자에서는 11등급인 상황에서 이 시료의 전체 등급은 가장 나쁜 등급인 11등급이 된다. NAS 1638에서 최종 등급을 결정하는 방법도 SAE AS 4059 오염도를 결정하는 방식과 동일하다.

Size, ISO 4402 calibration, or optical microscope		Maximum Contamination limits (particles/100mL)					
		> 1μm	> 5μm	> 15μm	> 25μm	> 50μm	> 100μm
Size, ISO 11171 Calibration or Electron Microscope		> 4μm(c)	> 6μm(c)	> 14μm(c)	> 21μm(c)	> 38μm(c)	> 70μm(c)
Size Code		A	B	C	D	E	F
Classes	000	195	76	15	3	1	0
	00	390	152	27	5	1	0
	0	780	304	54	10	2	0
	1	1,560	609	109	20	4	1
	2	3,120	1,220	217	39	7	1
	3	6,250	2,430	432	79	13	2
	4	12,500	4,860	864	152	26	4
	5	25,000	9,730	1,730	306	53	8
	6	50,000	19,500	3,460	612	106	16
	7	100,000	38,900	6,920	1,220	212	32
	8	200,000	77,900	13,900	2,450	424	64
	9	400,000	156,000	27,700	4,900	848	128
	10	800,000	311,000	55,400	9,800	1,700	256
	11	1,600,000	62,3000	111,000	19,600	3,390	512
	12	3,200,000	1,250,000	222,000	39,200	3,780	1,020

그림 3.31 SAE AS 4059의 오염도

3.3.4 FTIR, ICP 등 다양한 분석 방법

푸리에 변환 적외선 분광분석(Fourier Transform Infrared Spectroscopy, FTIR)은 그림 3.32와 같이 적외선을 시료에 조사하여 광원의 투과율과 흡수율을 측정하여 분자들을 구분한다. 기유와 첨가제의 상태, 유기 오염물을 분석하는 방법으로 많이 활용된다. 원소분광분석법은 철, 구리 같은 원자들을 분석하는 방법이지만 FTIR은 물, 글리콜 같은 분자들을 분석하는 방법이다. 그림 3.33과 같이 분석 결과는 cm당 파동의 수(wave number)에 대한 흡수량(absorption)으로 표시한다. 인산에스테르 같은 가수분해를 잘하는 윤활유에 대해 FTIR을 이용하여 신유와 사용유에서 물분자의 파동수에 대

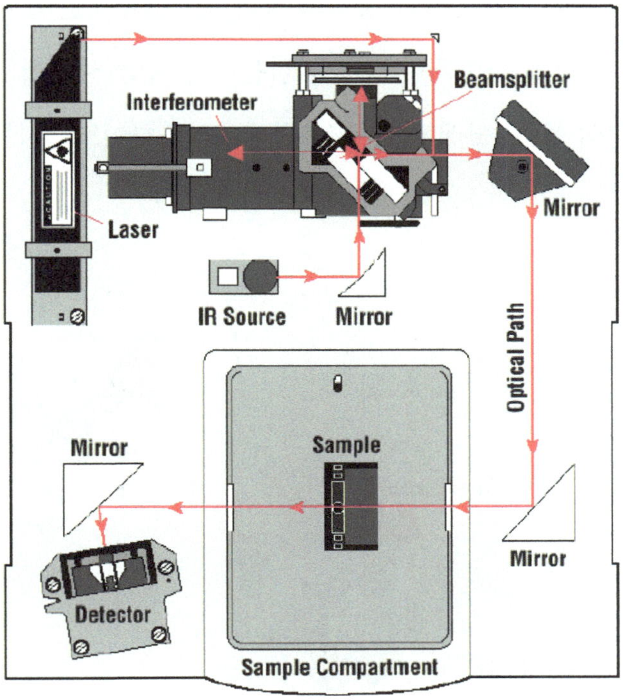

그림 3.32 FTIR 장치의 개략도

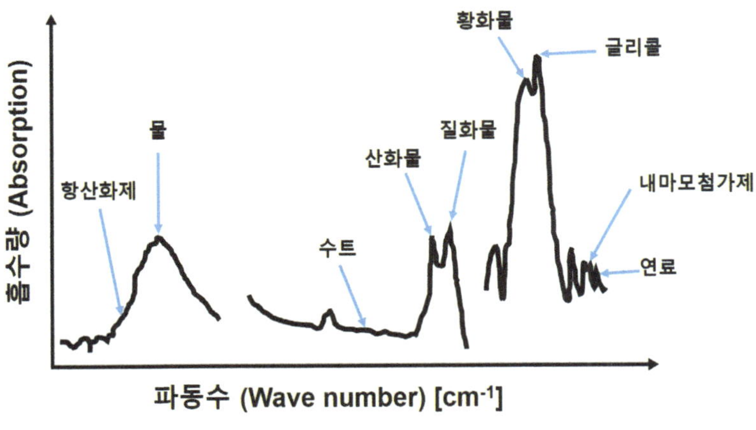

그림 3.33 FTIR의 분석 결과

한 흡수량을 비교하여 수분오염의 정도를 파악할 수 있다. 그 외에도 FTIR을 이용하여 황화물과 산화억제제인 페놀에 대한 흡수량을 파악하여 윤활유의 열화정도를 파악하는 등 다양한 오염원에 대한 분석이 가능하다. 하지만 FTIR을 이용한 윤활유 분석에서 주의할 사항은 그림 3.34와 같이 동일한 영역의 적외선을 흡수하는 분자들이 중첩되는 분광대역을 갖고 있어서 같은 분자 구조를 포함하는 화합물들 사이에서 구별이 어렵다는 점이다. 즉 그림과 같이 물, 에틸렌 글리콜, 부틸레이티드하이드록시톨루엔은 물 분자를 가지고 있으면 구별이 쉽지 않다는 것을 의미한다.

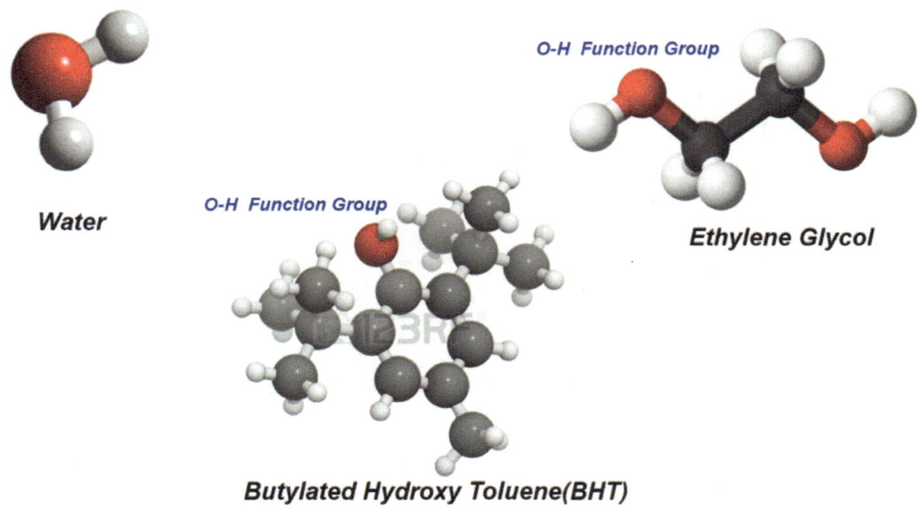

그림 3.34 중첩되는 공진으로 인한 FTIR의 한계

원소분광분석(Atomic Emission Spectroscopy, AES)은 윤활유의 원소에 대해 분석을 하는 방법으로 그림 3.35와 같이 RFS(Rotrode Filter Spectroscopy), RDE(Rotation Disc Electrode), ICP(Inductively Coupled Plasma)가 있다. RDE는 탄소로 구성된 다공성의 디스크가 회전을 하면서 윤활유 시료를 묻혀 상단의 아크로 태움으로써 이때 나오는 광원을 이용하여 원소를 분석하는 방법이다. RDE는 아크를 사용하였지만 ICP에서는 플라즈마를 이용하여 시료를 태움으로써 나오는 광원으로 원소를 분석한다. RDE는 10μm보다 작은 입자에 대한 원소 분석이 가능하지만 ICP는 3μm보다 작은 입자에 대한 원소 분석이 가능하다. 원소분광분석방법은 그림 3.36에서 5μm보다 큰 구리(Cu) 입자에 대한 민감도가 낮다는 것을 확인할 수 있듯이 큰 입자가 많은 시료에 대한 분석에서는 제한적이다. 이런 경우에는 입자계수기나 직독 페로그래피(Direct Reading

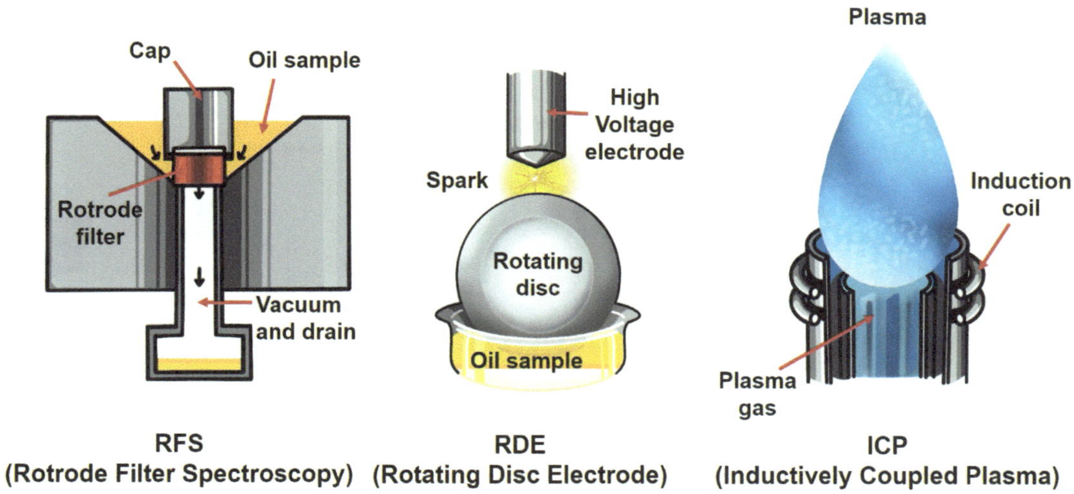

그림 3.35 원소분광분석법

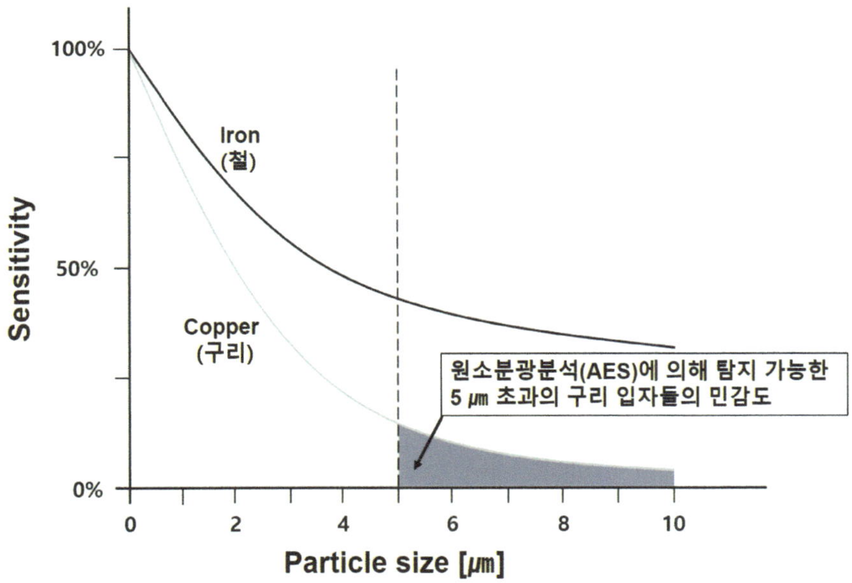

그림 3.36 원소분광분석법의 민감도

Ferrography) 같은 다른 분석 방법으로 보완할 필요가 있다.

페로그래피는 그림 3.37과 같이 강력한 자기장 위에 유리 슬라이드를 따라 시료를 통과시키면 슬라이드에 철분 및 비철 입자를 오염물과 함께 분석이 가능하다. 슬라이드에 분류된 입자들을 현미경으로 마모입자의 크기, 모양 등을 분석할 수 있다. 요즘 사용되

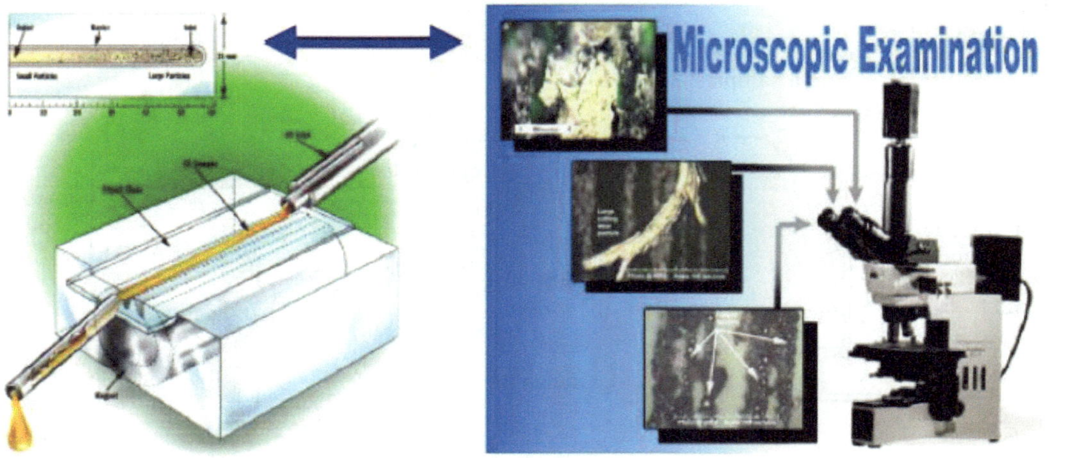

그림 3.37 페로그래피와 직독 페로그래피

는 직독 페로그래피는 현미경에서 자동적으로 입자를 크기별로 분류해주는 등 자동화된 페로그래피이다. 직독 페로그래피에서 WPC(Wear Particle Concentration)는 마모입자 농도를 나타내고 PLP(Percentage Large Particles)는 대입자 농도를 나타낸다. 5μm 이하의 작은 입자의 농도를 D_S라 하고 5μm 초과하는 큰 입자의 농도를 D_L이라 하면 WPC와 DLP는 식 (3)을 이용하여 구할 수 있다.

$$WPC=(D_L+D_S)/\text{Sample Volume}$$
$$DLP=100\times(D_L-D_S)/(D_L+D_S) \tag{3}$$

회전압력용기 산화시험(Rotating Pressure Vessel Oxidation Test, RPVOT)은 RBOT (Rotating Bomb Oxidation Test)라고도 하며, 산화를 분석하는 방법이다. 그림 3.38과 같이 150℃의 가열조에 윤활유 시료 50g을 물 5g, 구리코일 3m를 넣은 뒤 산소 압력이 90 psi에서 압력 용기를 회전하면서 산화시킨다. 이때 물과 구리코일은 산화를 촉진하기 위해 사용된다. 산화로 인해 산소의 감압이 25 psi가 될 때까지의 시간을 분단위로 측정한다. 이때 산소의 감압이 25 psi가 될 때까지의 시간이 길수록 산화안정성이 뛰어나다. 이 방법으로 식 (4)를 이용하면 윤활유의 산화 잔존 수명을 구할 수 있다. 식 (4)에서

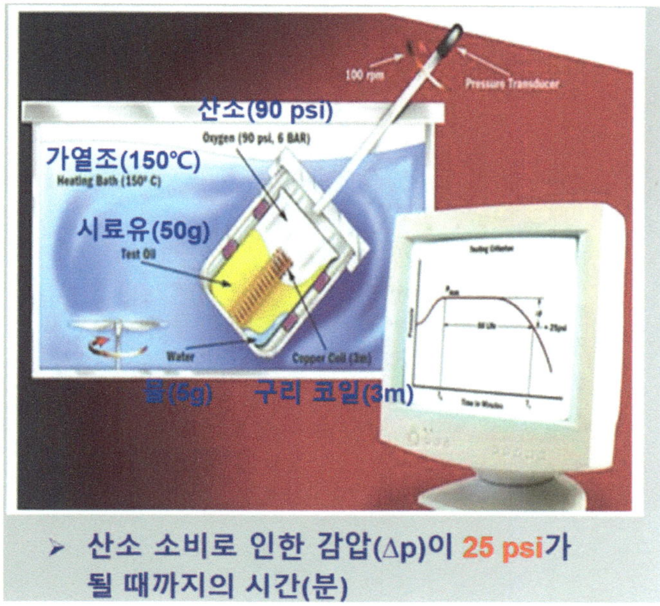

그림 3.38 회전압력용기 산화시험(RPVOT)

RPVOT는 실험에서 산소의 감압이 25 psi가 될 때까지의 시간을 의미한다. 이 방법은 윤활유의 산화 잔존 수명을 백분율로 보여주므로 사용자에게 쉽게 판단할 수 있는 정보를 준다는 점에서 장점은 있지만 시험 반복 정밀도가 나쁘며 시험에 걸리는 시간이 길다는 단점이 있다.

$$\text{윤활유 산화 잔존 수명(\%)} = (\text{RPVOT @사용유}) \times 100 / (\text{RPVOT @신유}) \quad (4)$$

RULER는 산화방지제의 농도를 측정하여 산화를 분석하는 장치이다. 페놀(phenoles), 아민(amines), ZDDP 같은 산화방지제의 소멸 경향을 관리함으로써 윤활유의 잔존유용수명을 결정한다. RULER는 그림 3.39와 같이 시료를 솔루션액과 혼합하여 산화방지제를 추출한 뒤 프로브를 이용하여 산화방지제의 양을 측정한다. 테스트는 1분 안에 검사가 완료될 정도로 간단하다.

MPC(Membrane Patch Colorimetry)는 그림 3.40과 같이 윤활유의 열화를 분석하는 것으로 현장이나 분석실에서 윤활유 중의 열화 생성물(바니쉬)의 양을 분석하기 쉬

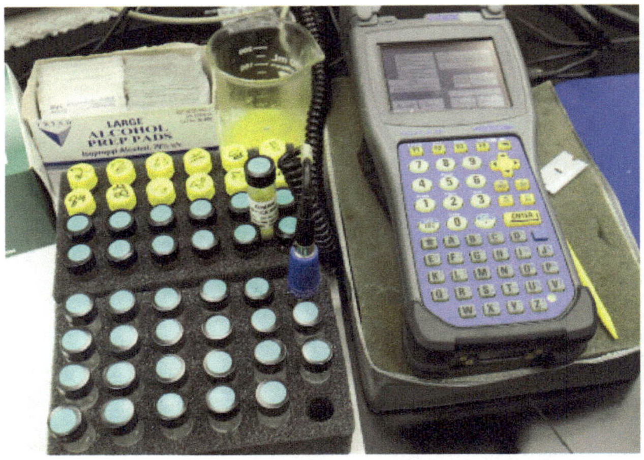

그림 3.39 RULER

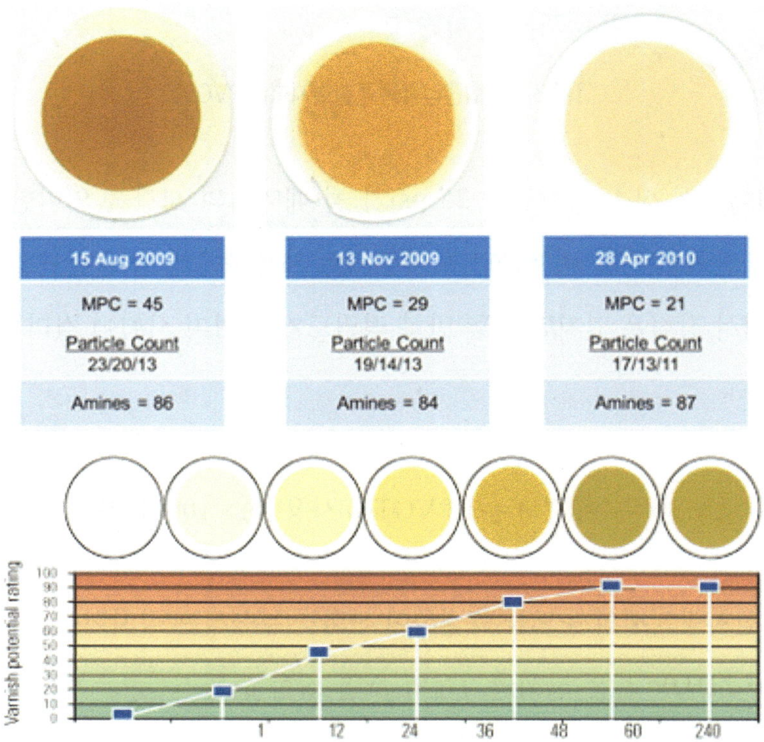

그림 3.40 MPC

표 3.5 MPC의 4단계

Normal	Monitor	Abnormal	Critical
<15	15 ~ 29	30 ~ 40	>40

운 방법이다. 이 방법은 72시간 시료를 묵힌 다음에 시료와 에테르를 각각 50ml 혼합하여 0.45μm의 맴브레인 패치(membrane patch)를 통해 여과시킨 뒤, 걸러진 열화 생성물의 색깔로 분석을 한다. 색깔을 숫자로 나타내는데 열화 생성물 즉 바니쉬가 많은 경우 색깔은 짙은 갈색 계통이고 기준표로 평가하면 숫자가 크게 나타난다. 이때 MPC의 4단계 상태는 표 3.5와 같다. 표 3.5에서 40을 초과하는 critical의 상태는 바니쉬에 의한 윤활유의 오염이 심각하다는 것을 의미한다.

Blotter spot test는 그림 3.41과 같이 시료를 Blotter paper 위에 떨어뜨리면 시료에 있는 바니쉬나 soot 이물질이 분산된다. 이때 분산되는 형태를 보고 윤활유의 분산성의 정도를 파악한다. 이물질이 한곳에 모여 있다면 윤활유의 분산성이 상실되었음을 보여주는 것이다.

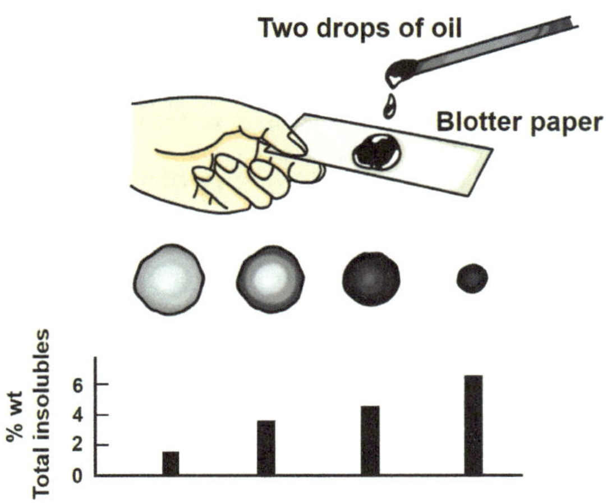

그림 3.41 Blotter spot test

공기 방출(air release) 시험, 발포 경향(form tendency), 포말 안정성(foam stability) 시험은 윤활유 속의 공기가 산화의 원인이 되므로 윤활유 중에 있는 공기를 얼마나 잘 배출하는지를 평가하는 시험이다. 공기 방출 시험은 압축 공기를 시료 속으로 불어 넣은 뒤, 공기가 체적의 0.2%에 도달하는 데 요구되는 시간을 분(minute) 단위로 측정하는 방법으로 ASTM D3427에 규정되어 있다. 이때 측정된 시간이 짧을수록 윤활유의 상태

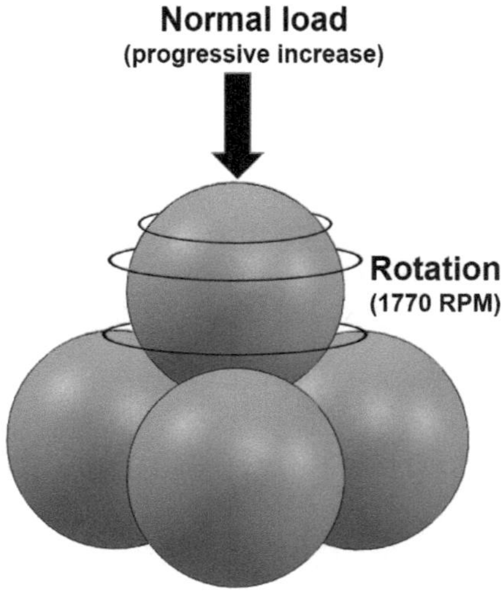

그림 3.42 Four ball test

가 양호하다. 발포 경향, 포말 안정성 시험은 윤활유가 포말(거품) 형성에 저항하고 빨리 포말을 사라지게 하는 능력을 평가하는 시험으로 3가지 단계(sequence)를 진행하며 이 방법은 ASTM D892에 규정되어 있다. 예전에는 윤활유의 관리 규정에 공기 방출, 발포 경향, 포말 안정성에 대한 규정이 포함되어 있지 않았지만 요즘은 이 규정을 포함하는 사례들이 증가하고 있다.

내마모 테스트 방법에는 가장 대표적인 방법이 그림 3.42와 같은 four ball test이다. 이 방법은 3개의 강구 위에 1개의 강구를 회전하면서 수직하중을 가하며 회전 강구가 융착될 때까지 규정된 주기로 하중을 증가한다. 이 방법은 ASTM D2783에 규정되어 있으며 융착될 때까지의 인가한 하중이 클수록 내마모 성능이 우수하다는 것을 의미한다.

FZG(Four Square Gear) test는 그림 3.43과 같이 윤활유의 극압 성능을 테스트하는 방법으로 실제 기어 접촉으로 기어 윤활유의 마모와 스커핑(scuffing) 저항 능력을 평가한다. 스커핑 또는 스코링(scoring)이 일어날 때까지 일정한 속도로 점차 하중을 증가시키면서 시험을 수행하며, 관련 실험 내용은 ASTM D5182에 규정되어 있다.

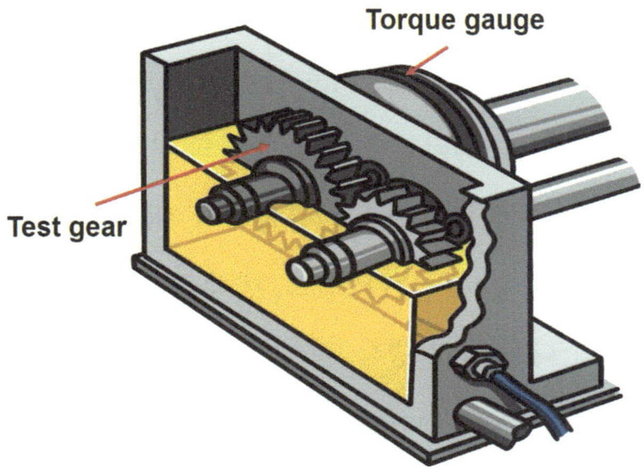

그림 3.43 FZG(Four Square Gear) test

Timken test는 그림 3.44와 같이 윤활유의 극압 성능 테스트하는 방법으로 회전부와 레버암으로 구성된다. 회전부의 링이 정지한 강철 블록에 가하는 압력을 변화시키는데 이 방법은 그리스와 액상 윤활유에 대해 각각 ASTM D2509과 ASTM D2782에 규정되어 있다. 어떤 하중을 인가하고 10분 안에 큰 마모가 발생하면 fail로 판정한다.

탄소 잔류분(carbon residue)은 윤활유의 증발(evaporation)과 열분해(pyrolysis) 과정 후에 남아 있는 탄화 잔류물을 의미한다. 탄소 잔류분은 기유의 특성에 영향을 많이 받으며 연소 지연, 미연소 탄소입자 배출, 엔진 열 효율 저하, 배기 계통 퇴적물(deposit)

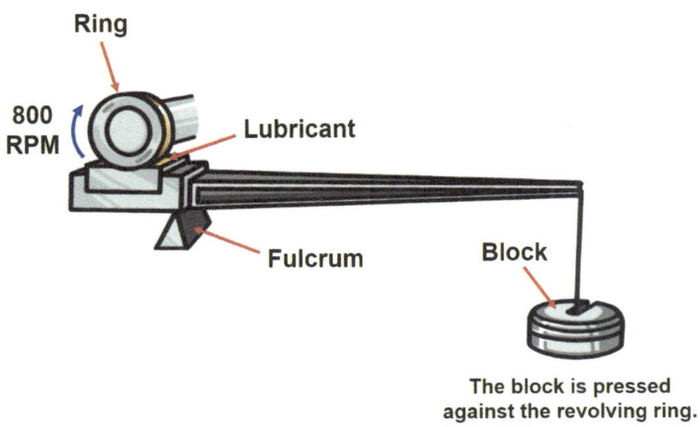

그림 3.44 Timken test

등의 문제와 관련되어 있다. 탄소 잔류분 분석에서 나오는 결과의 단위는 %(m/m)로 전체 용액에 대한 탄화 잔류물의 양을 질량비로 나타낸다. 예를 들어 용액이 100kg일 때 탄소 잔류분 분석에서 0.2%(m/m)라면 실제 양은 탄화 잔류물이 0.2kg이라는 것이다.

Sulfated(sulphated) ash는 샘플이 탄소 잔류물이나 재(ash)가 생성될 때까지 태워 황산과 반응하고 남은 ash의 양을 나타낸다. 연소, 냉각, 황산과 반응, 탄소가 완전히 산화될 때까지 가열(775℃)한 다음 다시 냉각, 황산과 반응, 무게가 일정할 때까지 가열(775℃) 과정을 거친다. 이때 sulfated(sulphated) ash 분석을 통해서 신유는 첨가제의 양을 확인할 수 있고 사용유의 경우에는 첨가제의 양뿐만 아니라 금속 마모입자들이나 무기질 오염물의 양을 파악할 수 있다.

펜탄 불용분(pentane insoluble) 분석은 윤활유와 펜탄 용매를 혼합하여 산화물과 고체입자를 윤활유로부터 분리한 뒤 톨루엔(toluene)으로 유기 산화물(organic oxides) 등을 녹이고 soot 같은 녹지 않는 불용분(insoluble)을 윤활유로부터 분리하여 그 양을 측정하는 방법이다. 그 대표적인 방법으로는 ASTM D893, ASTM D5967, ASTM D4055가 있다. 먼저 ASTM D893의 시험 절차는 아래와 같다.

① Pentane solvent를 분석하고자 하는 윤활유와 혼합
② 혼합한 용액에서 불용분을 원심 분리하여 그 양(A)을 측정
③ 톨루엔을 이용하여 유기 산화물을 녹임
④ 혼합한 용액을 원심 분리하여 그 양(B)을 측정
⑤ A와 B의 무게 차이를 평가하여 soot 등 불용분의 함량을 평가

ASTM D5967(soot percent by thermal gravimetric analysis[TGA])은 오븐 안에 분석하고자 하는 윤활유를 넣고 가열하면서 무게의 변화를 측정하여 분석하는 방법으로 그 절차는 다음과 같다.

① 불화성 가스인 질소 가스를 주입하여 산화 반응을 방지하며 일정하게 온도를 증가시키면서 불용분만 남기고 오일 성분은 증발하게 한 뒤, 무게(A)를 측정

② 질소 대신 산소를 주입하여 탄소 함유 물질(carbonaceous material)을 태우고 다른 금속 불용분은 남긴 뒤, 무게(B) 측정

③ A와 B의 무게 차이를 평가하여 soot 등 불용분의 함량을 평가

ASTM D4055(pentane insoluble by membrane filtration)은 펜탄 용매를 이용하여 윤활유와 혼합하고, 미세 맴브레인(submicron membrane)을 이용하여 피터링한 뒤, 건조시켜 무게를 측정하여 분석하는 방법이다. ASTM D893은 불용분을 분리하는 데 원심 분리를 이용하지만 ASTM D4055는 미세 맴브레인을 이용한다. 아래 표 3.6은 H사 선박용 엔진 윤활유의 관리 기준을 나타낸다. 관리 기준 항목은 염기가, 점도, 인화점, 수분 함량, 펜탄 불용분이다. 선박용 엔진은 주로 저급유를 사용하여 불용분이 많이 생성되므로 펜탄 불용분을 윤활유 관리 규정으로 포함하고 있다.

표 3.6 선박용 엔진 윤활유의 관리 기준 [HHI사]

Ingredients	Tolerable Range	Test method
BN	Max. 50% of initial value	ISO 3771
Viscosity	Min. -20% and Max. 30% of new oil	ISO 3104
Flash point	Min. 180℃	ISO 2719
Water contents	Below 0.3% (volume)	ISO 3733
N-Pentane insoluble	Max. 2.5% (mass)	ASTM D893/B

3.4 윤활유 센서의 종류와 기능

3.4.1 윤활유 센서의 종류

그림 3.45와 같이 인체의 혈액을 채취하여 단순한 혈액형 확인뿐만 아니라 원심 분리 방법을 이용하면 표 3.7과 다양한 질환에 대해 확인이 가능하다. 인체의 혈액이 건강에 대한 많은 정보를 가지고 있듯이 윤활유 또한 그림 3.46과 같이 다양한 오염 및 기계상태에 대한 정보를 갖고 있다. 윤활유에 포함된 수분, 연료, 부동액, 수트, 먼지, 마모입자 등에 정보를 분석하여 윤활유의 상태뿐만 아니라 기계상태에 대해 파악할 수 있다. 하지만 예전에는 윤활유가 제공하는 기계상태에 대한 정보들을 활용하는 분야가 적었다. 이는 주로 샘플링을 통한 오프라인 분석이 대부분이었기 때문이다. 오프라인 분석을 하면 정확한 분석은 가능하지만 실시간적인 분석을 통한 상태진단이 이루어지지 않았다. 또한 실시간적인 분석을 위한 윤활유 분석 센서의 발달도 미흡하였다. 현재는 윤활유 센서의 발달로 윤활유가 담고 있는 다양한 정보들을 이용하여 실시간적인 상태진단이 가능하게 되었다. 그 이유는 윤활유 센서의 민감도 및 신뢰성이 개선되고 있기 때문이다.

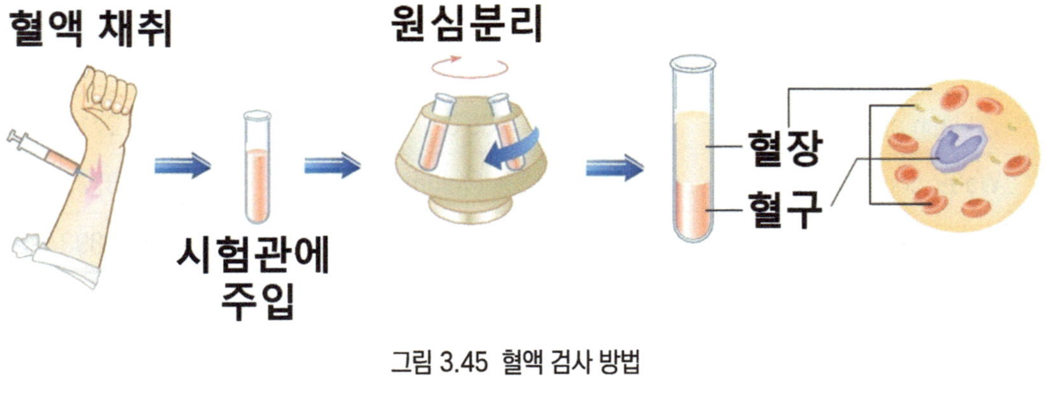

그림 3.45 혈액 검사 방법

표 3.7 혈액 검사를 통해 확인할 수 있는 질환

No.	검진 분류	검사항목	관련 질환
1	혈액형 검사	ABO 혈액형, Rh식 혈액형	-
2	당뇨병 검사	Glucose 등	당뇨병
3	심장 및 지질 검사	HDL Cholesterol 등	심근경색, 동맥 경화 등
4	신장기능 검사	Creatinine 등	신부전, 근육질환 등
5	전해질 검사	Na, K, Cl 등	전해질 대사, 급만성 신부전증
6	췌장기능 검사	Amylase	췌장염, 이하선염
7	혈청철분 검사	Fe, TIBC	철분 결핍성 빈혈 등
8	간기능 검사	Albumin, Globulin 등	간질환, 영양 상태 확인 등
9	간염 검사	PHA, RPHA 등	간염 여부, 간염항체생성 여부
10	관절 및 염증 검사	RA Test 등	급성 염증, 악성 종양 등
11	성병 검사	RPR 등	성병
12	소변 검사 (12종)	Ketone Body 등	-
13	일반 혈액 검사	WBC count 등	탈수증, 빈혈 등
14	갑상선 검사	Free T4	갑상선 호르몬 질환
15	암표지자 검사 (종양)	AFP 등	골수성 백혈병 등

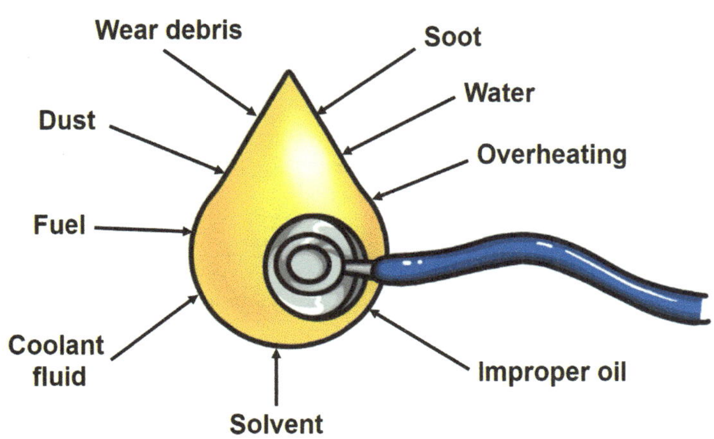

그림 3.46 윤활유에 포함된 상태진단 정보

윤활유 센서는 그림 3.47과 같이 마모입자 센서, 점도 센서, 수분 함량 센서, 수트 센서, 산가 및 염기가 센서, aeration 센서, 그리스 센서가 사용된다. 그 외에도 유전상수 센서, 전기전도도 센서, 오염도 센서 등이 있다. 마모입자 센서의 경우 가장 대표적인 윤활유 센서 중의 하나이다. 그림 3.48은 운전시간에 따른 마모입자 사이즈와 마모입자 발생률을 나타낸다. 새로운 엔진이나 기어박스에서 운전 초기나 정상적인 운전 조건인 경우에는 마모입자의 사이즈가 1μm ~ 10μm 정도이다. 그러나 비정상적인 운전 조건에서의 마모입자는 정상적인 운전 조건일 때보다 마모입자 사이즈가 20μm ~ 100μm로 크다. 단 풍력 터빈의 경우에는 비정상적인 운전 조건일 때 마모입자의 사이즈는 10μm ~ 50μm 정도이다. 이 결과를 바탕으로 기계상태의 이상 징후에 대한 조기 경고를 주기 위

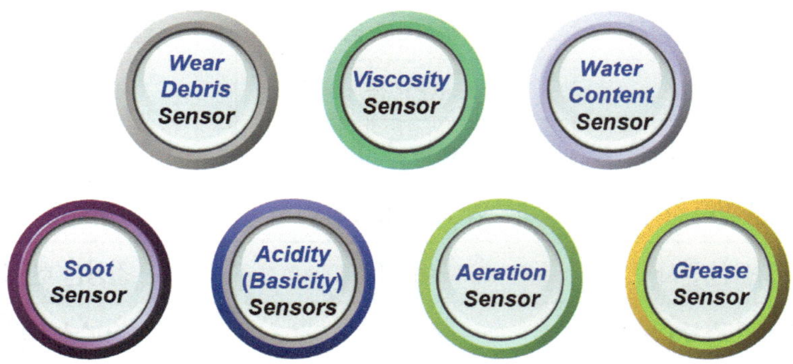

그림 3.47 윤활유 센서의 종류

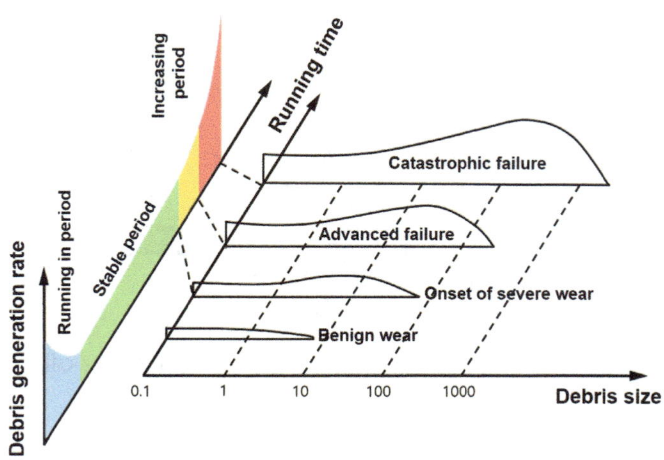

그림 3.48 운전 시간에 따른 마모입자 사이즈 및 마모입자 발생률

해서는 풍력 터빈의 경우 10μm 이상의 마모입자를 모니터링하는 것이 필요하고 일반적으로는 20μm 이상의 마모입자를 모니터링해야 한다는 것을 확인할 수 있다.

3.4.2 마모입자 센서

마모입자 센서는 그림 3.49와 같이 인덕턴스(inductance)를 이용하는 방법, 전기용량(capacitance)을 이용하는 방법, 음향(acoustics)을 이용하는 방법, 광학(optics)을 이용하는 방법 그리고 인덕턴스와 영구자석을 이용하는 bulk measurement 방식이 적용된다. 전류의 변화는 자력선을 변화시키고 이때 기전력이 발생하는데 이를 자기 유도라 한다. 자기 유도의 정도를 인덕턴스라고 하면 전기용량은 전기 에너지의 저장 능력을 나타내며 정전용량이라고도 한다.

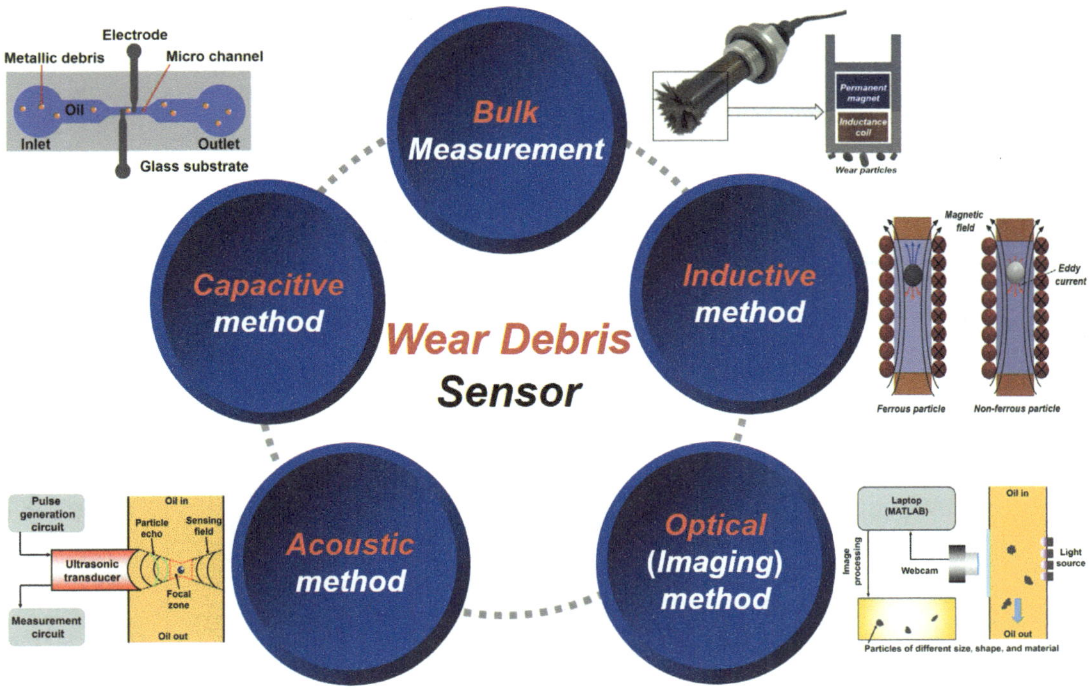

그림 3.49 마모입자 센서의 종류

표 3.8은 마모입자 센서들의 측정 방법에 따른 장점, 단점, 측정 가능한 물질, 측정 범위 등에 대해 정리한 자료이다. 인덕턴스를 이용한 마모입자 센서에서 MetalSCAN 센서는 철분(ferrous) 마모입자와 비철(non-ferrous) 마모입자를 모두 측정 가능하지만 민감도(sensitivity)가 낮다는 단점이 있다. 그림 3.50의 왼쪽 그림과 같이 자기장과 와류

표 3.8 마모입자 센서의 비교

측정 방법(분류)		특정 센서	측정 가능 물질	측정 범위	장점	단점
인덕턴스 (Inductance)	Magnetic collection	Gill sensor	철분 입자	-	영구자석으로 철분입자 제거, 고출력	개별 마모입자의 검출 불가능, 비철 입자 검출 불가능
	3-D solenoid structure	MetalSCAN sensor	철분과 비철 입자	100 ~ 3360μm	철분과 비철 입자 구별, 고출력	낮은 민감도, 넓은 측정 영역으로 인해 여러 개의 입자들이 하나의 입자로 확인될 가능성이 있음
	2-layer planar coil structure	Inductive pulse sensor	철분과 비철 입자	20 ~ 1000μm	철분과 비철 입자 구별, 개별 마모입자를 검출 가능	저출력
전기용량 (Capacitance)	Dielectric constant	Bulk capacitance sensor	금속 입자	-	고출력	낮은 민감도, 수분의 영향을 받음, 넓은 측정 영역
		Microfluidic Capacitance sensor	금속 입자	10 ~ 40μm	높은 민감도	극도로 낮은 출력, 수분의 영향을 받음
초음파 (Ultrasonic)	Acoustic Amplitude change	Ultrasonic oil debris sensor	고체 입자, 공기 방울	170 ~ 1000μm	고체 입자와 공기 방울 검출	복잡한 구조, 금속과 비금속 입자 구별 불가능
		Integrated ultrasonic, inductive pulse sensor	금속 입자, 세라믹, 공기 방울, 고체 입자	50 ~ 310μm	철분과 비철 입자 구별, 고체 입자와 공기 방울 검출	저출력, 복잡한 측정 유로 구조
광학 (Optical)	Wear debris morphology	Active pixel sensor	고체 입자	5 ~ 160μm	입자의 모양과 재질 확인	저출력, 복잡한 시스템, 투명성에 영향을 받음

(eddy current)의 방향을 비교하여 반대방향이면 비철 마모입자이고 같은 방향이면 철분 마모입자라는 것을 구별할 수 있으나 측정하는 범위가 넓어 여러 개의 입자를 하나의 입자로 인식할 수 있다. Gill 센서는 그림 3.50의 오른쪽 그림과 같이 영구 자석(permanent magnet)과 인덕턴스 방식을 함께 사용하는 마모입자 센서로 철분 마모입자만 측정 가능하다. 영구 자석을 사용하면 비철 마모입자의 검출이 어렵고 낱개의 마모입자를 구별하여 측정이 불가능하다. 그러나 다량의 철분입자를 측정뿐만 아니라 철분입자를 센서에 붙임으로 제거가 가능하다는 장점이 있다.

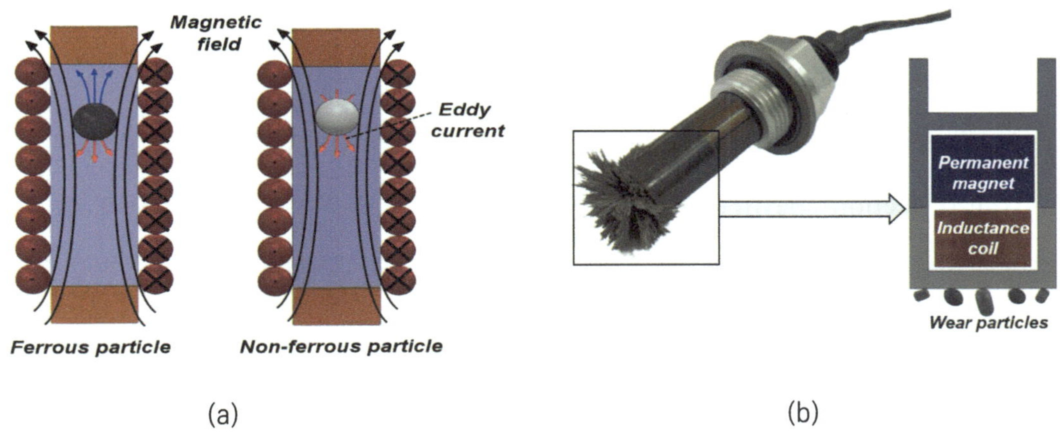

그림 3.50 인덕턴스를 이용한 마모입자 센서
(a) Inductance sensor (b) Ferrous wear debris sensor

그림 3.51과 같이 전기용량을 이용한 마모입자 센서는 철분 마모입자와 비철 마모입자를 구분할 수 없지만 높은 민감도를 가지고 있다. 마모입자의 오염에 의한 전기용량의 변화, 즉 유전율(permittivity)을 이용하는 방식으로 유전율은 물, 점도, 산가 등 다른 요소에 영향을 받기 때문에 마모입자에 대한 변화만을 검출하는 데 어려움이 있다. 또한 전기용량을 측정하는 방식이므로 금속 계통의 마모입자를 검출할 수 있다.

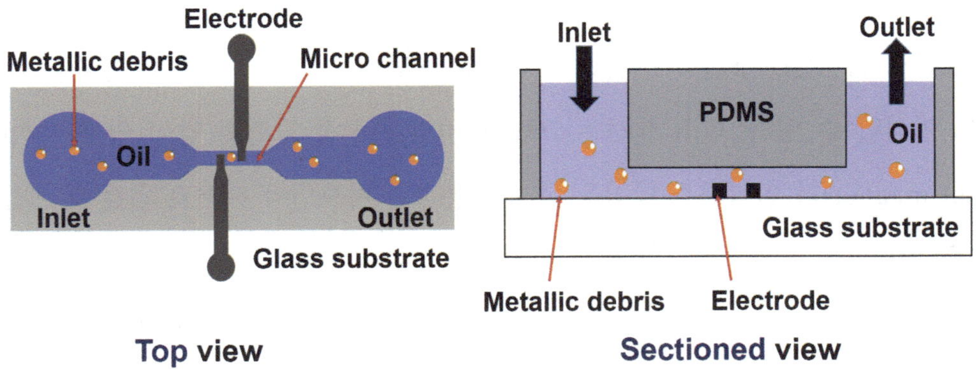

그림 3.51 전기용량을 이용한 마모입자 센서

음향을 이용한 마모입자 센서는 그림 3.52와 같이 초음파를 검사하고자 하는 윤활유에 보낸 뒤, 반사파를 이용하여 측정한다. 대부분의 고체 마모입자들은 음향 반사계수(acoustic reflection coefficient)가 비슷한 값을 가지므로 금속 입자와 절연체 입자를 구별하기 어렵지만 윤활유 중의 고체 입자와 공기 방울을 구별할 수 있다. 그림 3.50의 우측과 같이 반사파의 첫 번째 peak 값이 아래쪽에 있는 경우는 공기 방울이고 첫 번째 peak 값이 위쪽에 있는 경우는 고체 입자이다. 초음파로 측정하는 영역이 균일하지 않으므로 만일 마모입자가 측정 영역을 벗어나 통과한다면 측정이 불가능한 단점이 있다. 즉 마모입자의 측정에서 실제 오염에 비해 과소평가될 가능성이 있다. 따라서 좁은 유로

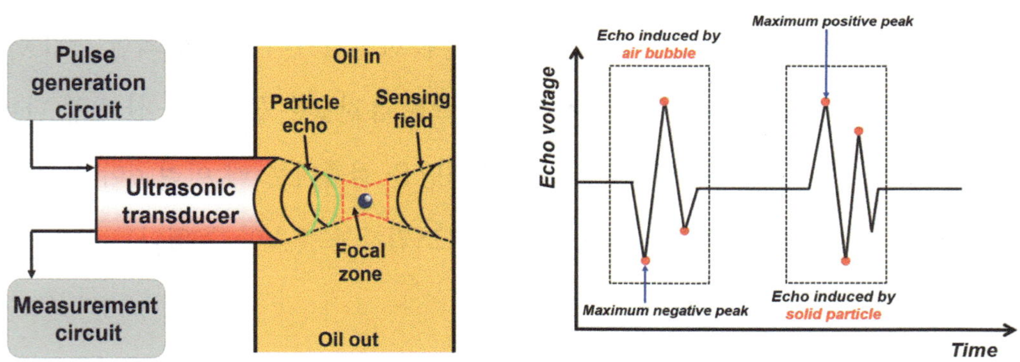

그림 3.52 음향을 이용한 마모입자 센서

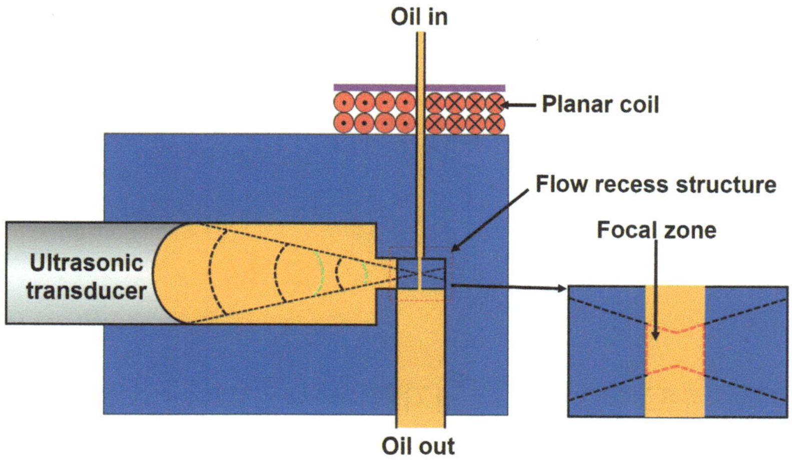

그림 3.53 음향과 인덕턴스를 함께 이용한 마모입자 센서

로 측정 영역을 축소하여 측정하면 이 문제를 일부 개선할 수 있지만 측정 효율이 감소한다. 이에 그림 3.53과 같이 음향과 인덕턴스를 함께 이용하여 측정하는 마모입자 센서도 개발되었다.

광학을 이용한 마모입자 센서는 그림 3.54와 같이 광원을 이용하여 마모입자를 검출하는 방법으로 마모입자의 형상까지 확인할 수 있다는 점에서는 다른 방법과 차별성이

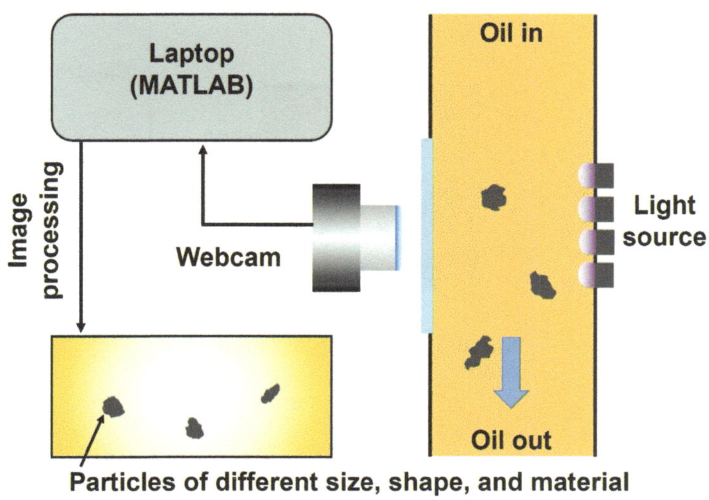

그림 3.54 광학을 이용한 마모입자 센서

있지만 윤활유의 빛 투과성에 영향을 많이 받는다. 이때 불투명한 윤활유의 경우는 마모입자의 크기나 개수 측정에서 오류(error)를 포함하며 또한 선명한 사진을 확보하는 데 어려움이 있다. 그리고 마모입자들이 빠르게 움직이거나 측정 창에서 겹치는 경우에는 이를 구별하기 위한 효과적인 이미지 처리 알고리즘과 이를 실행하기 위한 고성능의 하드웨어가 요구된다.

3.4.3 점도 센서, 수트 센서, 산가(염기가) 센서, Aeration 센서

점도는 윤활유의 대표적인 물성값으로 기계시스템에서는 적당한 범위를 유지해야 한다. 요구되는 조건보다 점도가 낮을 경우에는 접촉에 의한 마찰, 마모가 발생하며 점도가 높을 경우에는 과열에 의한 문제가 발생한다. 이처럼 중요한 물성값을 측정하는 점도 센서는 그림 3.55와 같이 크게 물체의 변위(displacement)를 이용하는 방법, 음향을 이용하는 방법, 진동을 이용하는 방법이 있다. 물체의 변위를 이용한 방법은 그림 3.55의 가운데 그림과 같이 작은 피스톤을 전자기력으로 아래위로 움직일 때 걸리는 시간을 측정하여 유체의 점도를 측정하는 방식이다. 이 방법은 구조의 복잡성으로 인해 센서의 신뢰성이 높지 않다. 음향을 이용하는 방법은 구조가 간단하고 열적 안정성을 가지고

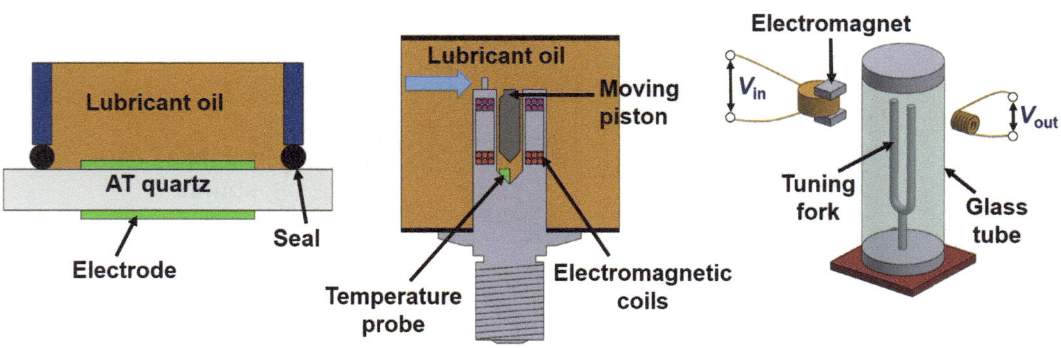

(a) (b) (c)

그림 3.55 점도 센서
(a) Acoustic method (b) Displacement method (c) Vibrational method

있으나 윤활유에 잠겨 있는 전극이 산 성분에 의해 부식되는 경우 정확성이 줄어든다. 진동을 이용하는 방법은 유체의 점도에 따라 공진 주파수나 진폭이 달라진다는 점을 활용한다.

수트 센서는 디젤 엔진과 같이 윤활유에 수트가 혼입할 가능성이 높은 환경에 적용하는 센서로 윤활유의 전도율(conductivity) 또는 유전율(permittivity)의 변화를 이용한다. 이전에 마모입자 센서에서 전기용량을 이용한 측정 방식이 마모입자 외에도 다른 오염에 의한 변화에 영향을 많이 받는 것처럼 수트 센서도 수트 외에 다른 오염원의 영향을 많이 받는다. 이렇게 전기화학적 방식을 이용하는 센서의 범용성은 좋으나 어떤 특정한 한 가지 원인에 의한 검출이나 측정을 하는 데 어려움이 있다. 수트 센서는 EIS(Electrochemical Impedance Spectroscopy)와 다변량 분석(multivariate data analysis)을 이용하여 이를 개선하려 하였다. EIS는 윤활유의 절연 특성(dielectric property)과 주파수의 함수로 임피던스(impedance)를 측정하여 활용하였다.

전통적인 pH 센서는 윤활유가 사용되는 환경에서 반응이 느리고 민감도가 낮아서 현재는 사용되지 않는다. 산가 센서는 그림 3.56과 같이 MEMS 기반으로 제작된 구조물에 H^+ 농도 변화를 측정하는 방식이나 CNT(Carbon Nano Tube)를 이용한 저항을 측정하는 방식 등이 있다.

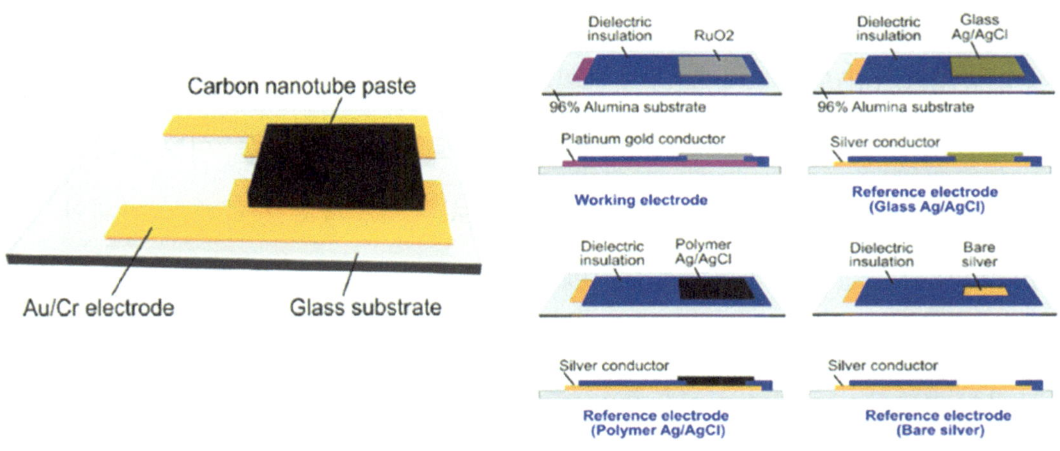

그림 3.56 MEMS 공정을 이용하여 제작한 산가 센서

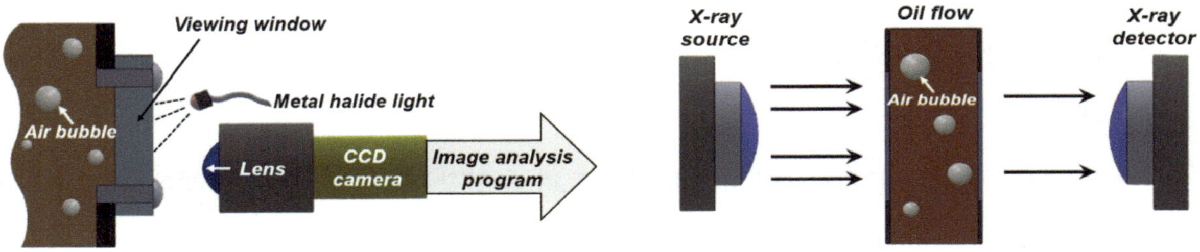

그림 3.57 Aeration 센서

Aeration 센서는 그림 3.57과 같이 광원을 사용하거나 X-선을 이용하는 방식이 있다. 광원으로는 금속 할로겐화물(metal halide) 빛을 이용하고 CCD(Charge Coupled Device) 카메라로 측정하는 방식은 윤활유의 투명성, 빛의 강도, CCD 카메라 또는 측정되는 기계시스템의 진동에 크게 영향을 받는다. X-선을 이용하는 방법은 높은 정확도를 가지고 있으나 현재 적용되는 센서의 경우 측정되는 유체가 0.5L보다 적은 양이 필요하고 수트나 물 같은 다른 오염원에 영향을 받는다.

3.4.4 유전상수 센서 등 그 외 윤활유 센서

하나의 물성값을 통해 윤활유의 특성을 파악하려는 연구들이 진행 중이며 그 대표적인 물성값 중의 하나가 유전상수(dielectric constant)이다. 사용유(used oil)의 유전상수는 신유(new oil)의 값과 비교하여 윤활유의 오염에 대한 정보를 제공한다. 유전상수는 비유전율(relative permittivity, ε_r)이라는 용어로도 사용되고 물, 마모입자, 부동액, 연료의 혼입과 같은 오염물의 존재에 대한 정보를 제공하고 산화나 첨가제의 고갈(depletion) 같은 윤활유의 화학적 변화에 대한 정보도 제공한다. 유전상수(κ, kappa)는 식 (5)와 같이 유전율의 비 또는 전기용량의 비로 나타낸다. 유전율은 전기장을 전달하는 물질의 정도를 나타내고 전기용량은 축전기 등이 전하를 저장할 수 있는 능력을 의미한다. 참고로 전기용량은 그림 3.58과 같이 두 전극 사이의 거리(d)와 면적(A), 물질의

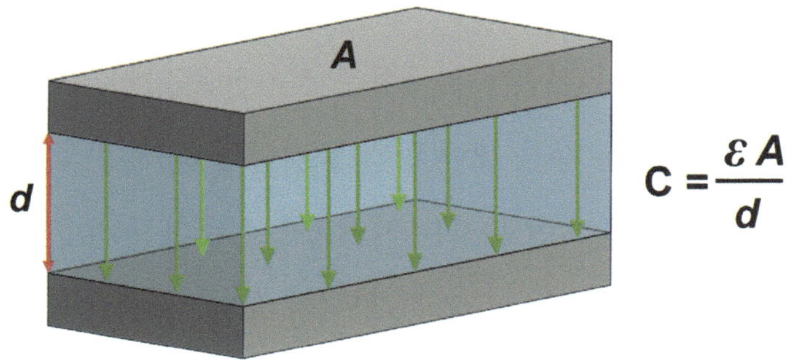

그림 3.58 전기용량

유전율(ε)로 구해진다.

즉 유전상수는 진공상태일 때의 전기용량(C_0) 또는 유전율(ε_0)에 대한 어떤 물질에서의 전기용량(C') 또는 유전율(ε_m)의 비를 나타낸다.

$$\kappa = \varepsilon_r = \varepsilon_m/\varepsilon_0 = C' / C_0 \tag{5}$$

표 3.9는 여러 가지 용제에 대해 특정 온도일 때의 유전상수 값을 나타낸다.

표 3.9 여러 가지 물질의 유전상수

Solvent	Dielectric constant	Temperature(K)	Solvent	Dielectric constant	Temperature(K)
Acetic acid	6.2	293	Acetone	20.6	293
Formic acid	58	293	Water	79.7	293
Methanol	32.6	293	Benzene	2.3	298
Ethanol	22.4	293	Diethyl ether	4.3	293
Methylene chroride	9.1	293	Acetonitrile	37.5	293
Toluene	2.4	293	Dichloromethane	9.1	293
Chloroform	4.8	293	Nitromethane	35.9	303

유전상수는 그림 3.59와 같이 크게 2가지 편극성(polarizability)과 쌍극자 모멘트(dipole moment)의 합으로 나타난다. 편극성은 전기장을 가진 분자 내에서 전자들의 상호작용이고 쌍극자 모멘트는 분자 내에 양과 음전하의 중역 중심을 측정하여 평가한다. 만약 두 중심이 일치하지 않으면 분자는 전기적으로 비대칭적이 되고 극성이 되면서 영구적으로 쌍극자(dipole)가 된다. 식 (6)은 쌍극자 모멘트(μ_1)와 전기장(E) 및 편극성(α)의 관계를 나타낸다. 식 (7)은 유전율(ε)에 대한 드 베이어(Debye) 공식이다. 식 (7)에서는 L(아보가드로 수), ρ(오일의 밀도, g/cm^3), α(편극성), μ_1(쌍극자 모멘트), M(오일의 분자량), k(볼츠만 상수), T_1(절대온도)을 이용하여 유전율과 편극성, 밀도, 분자량, 온도와의 관계를 보여준다. 식에서 $(L\rho/(3M))$은 분자 하나의 부피를 나타내고 kT_1는 열에너지의 양을 나타낸다.

$$\mu_1 = \alpha E \tag{6}$$

$$(\varepsilon-1)/(\varepsilon+2)=(\alpha+\mu_1^2/(3kT_1))(L\rho/(3M)) \tag{7}$$

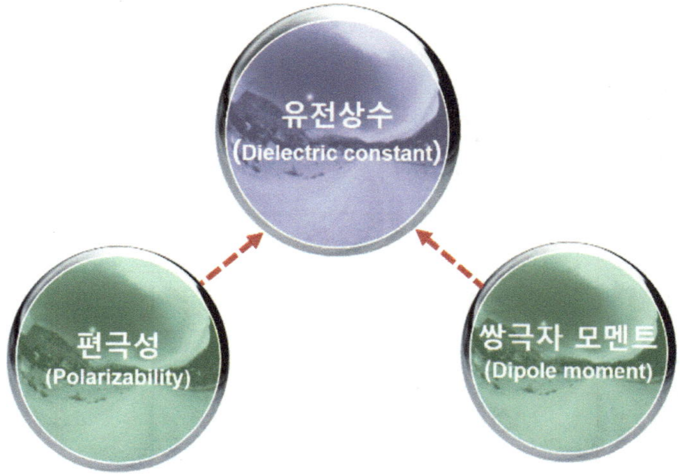

그림 3.59 유전상수의 편극성과 쌍극자 모멘트

유전상수에 영향을 주는 인자에는 온도, 밀도, 파라핀계와 나프텐계의 양, 첨가제, 전기장의 주파수 등이 있다. 온도에 따른 유전상수의 변화를 살펴보면 그림 3.60과 같이

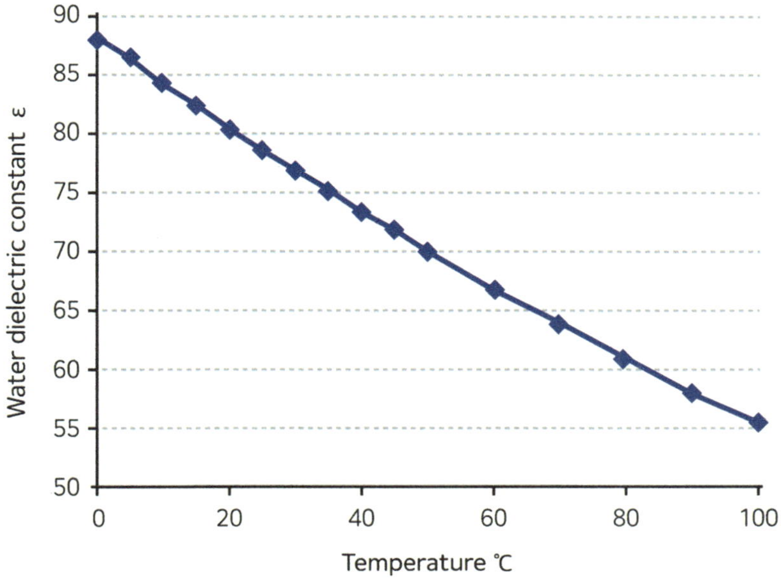

그림 3.60 온도 변화에 대한 물의 유전상수

온도가 증가할수록 대체적으로 유전상수는 감소한다. 식 (7)의 드 베이어 공식에서도 보여주듯이 온도가 증가하면 윤활유의 밀도가 감소하여 유전율이 감소한다. 밀도가 작다는 것은 단위 부피당 윤활유 분자들의 수가 상대적으로 적다는 것으로 윤활유 분자들 간의 전기장과 상호작용이 약해진다. 밀도는 유전상수의 편극성에 영향을 준다. 식 (8)은 하나의 예시로 연료에서 밀도와 유전율의 관계를 나타내는 식으로 밀도의 단위는 kg/m^3이다.

$$\varepsilon = 0.001667\rho + 0.785 \tag{8}$$

전기장 주파수(electric field frequency)는 유전상수에 영향을 주는데 전기장 주파수가 증가하면 유전상수는 감소한다. 전기장의 주파수가 높으면 분자들에게 회전이나 움직이는 데 충분한 시간이 주어지지 않아 단지 극성(polarizability)만이 유전상수에 기여한다. 윤활유의 구성요소에서 첨가제들이 기유에 비해 유전상수에 미치는 영향이 크다. 그 이유는 내마모방지제, 산화억제제 등의 첨가제에는 쌍극자 모멘트 성분이 있기 때문이다. 기유에는 방향족, 나프텐계, 파라핀계가 있는데 파라핀계보다는 방향족과 나프텐

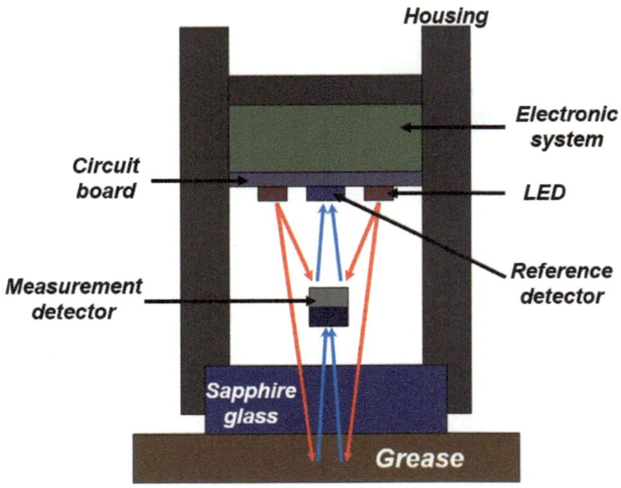

그림 3.61 그리스 센서

계가 큰 유전상수 값을 가진다. 그 외에도 수분, 연료 등의 오염에 의해 유전상수가 변화한다. 요즘 자동차, 건설장비 등에서 상태진단을 위해 유전상수 센서를 이용하는 사례들이 증가하고 있다.

그리스의 높은 점도 조건과 유동이 균일하지 않으며 가혹한 작동 조건에 많이 사용되기 때문에 일반적인 액상 윤활유에 적용되는 센서들은 그리스를 사용하는 환경에 적용하기 어렵다. 즉, 액상 윤활유의 경우는 일반적인 온도 사용 범위에서 유동성이 양호하므로 여러 가지 방법으로 측정이 가능하지만 그리스는 유동성이 나빠 다양한 측정 방법을 적용하기 어렵다. 최근에 Schaeffler에서 그리스의 수분 함량, 마모입자, 온도, 불투명도(opacity)를 측정 가능한 센서를 개발하였다. 그림 3.61과 같이 근적외선(near-infrared) 광원을 이용하여 그리스에 의해 반사되는 것을 검출기(detector)로 측정하는 방식이다. 이 방법은 비슷한 흡수 특성을 갖는 오염물에 대한 구분이 어렵고 또한 센서의 위치에 민감하다. 그리스 또한 산업 분야에서 활발히 적용되므로 그리스 분석을 활용한 상태진단을 하기 위해서는 그리스의 물성값을 측정하는 센서의 개발이 요구된다.

전기전도도는 전기전도율이라고도 하는데 전기 저항의 역수이며, 전류가 통과하기 쉬운 정도를 나타낸다. 윤활유의 전기전도도는 기유, 첨가제, 극성 등에 영향을 받는다. 윤활유가 오염이 되면 전기전도도가 변화하므로 전기전도도 센서를 이용하여 윤활유의 상태진단을 한다. 전기전도도 또한 유전상수와 유사하게 여러 가지 오염인자들에 영향을 많이 받는 단점이 있다.

3.4.5 통합형 센서

윤활유의 오염과 열화는 어떤 하나의 원인 또는 오염원에 의해서라기보다는 복합적인 원인들에 의해 발생한다. 따라서 윤활유나 기계의 상태진단을 위해서는 여러 가지 물성값에 대한 측정과 평가가 필요하다. 그림 3.62는 산업계에서 사용되고 있는 통합형 센서들을 보여준다. 그리고 표 3.10은 그림 3.62에 있는 통합형 센서들의 작동 온도, 작동 압력, 측정 가능한 항목 및 항목에 대한 오차 수준을 보여준다. 윤활유 센서들이 2가지 이상의 물성값을 측정하며 측정오차들이 5% 이하의 정밀도를 유지하고 사용온도나 압력조건이 다양한 시스템에 적용할 수 있도록 제작되었다. 이렇게 MEMS의 기술 등 센서 제조 기술의 발달로 하나의 센서로 윤활유의 여러 가지 물성값을 측정할 수 있는 통합형 센서들이 개발되고 있다. 하나의 물성값을 측정하는 과거의 센서에 비해 여러 가지 물성값을 동시에 측정함으로써 종합적인 분석이 가능하게 되었다. 그러나 여전히 센서의 정확도 및 신뢰성의 개선이 필요하다.

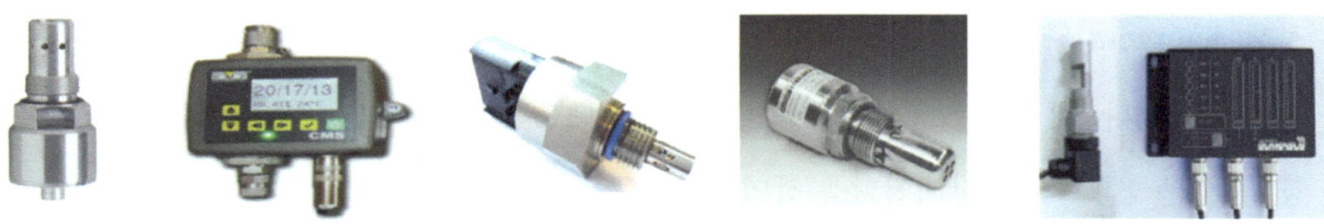

그림 3.62 통합형 윤활유 센서

표 3.10 통합형 윤활유 센서의 특징

Oil sensor model	IFM LDH 100	RMF Contamination monitoring sensor 2	TE FPS 2800	Hydac HLB 1400	Ulfa Oil-Mon sensor
Working Temp.	-20℃ ~ 120℃	-40℃ ~ 120℃	-40℃ ~ 150℃	-25℃ ~ 100℃	-20℃ ~ 85℃
Working pressure	Max. 50 bar	Max. 20 bar	Max. 25 bar	Max. 50 bar	Max. 10 bar
Errors	Temp: ±2℃, Relative humidity: ±3 %	Temp: ±2℃, Relative humidity: ±3 %, Contamination: ±0.5 code for 4, 6, 14μm	Temp: ±0.1℃, Density: ±1 %, Viscosity: ±2 %, Dielectric constant: ±1 %	Temp: ±3℃, Relative humidity: ±3 %, Electrical conductivity: ±5 %, Dielectric constant: ±5 %	Temp: ±3℃, Relative humidity: ±3 %, Contamination: ±0.02 ppm
Measuring items	Temperature, Relative humidity	Temperature, Relative humidity, Contamination	Temperature, Density, Absolute viscosity, Dielectric constant	Temperature, Relative humidity, Electrical conductivity, Dielectric constant	Temperature, Relative humidity, Contamination, Oxidation

3.5 윤활유 분석 센서를 활용한 기계상태진단 사례

3.5.1 각종 엔진 적용 사례

엔진 윤활유는 상대 운동을 하는 구성요소의 마찰을 감소시키는 기능뿐만 아니라 청정제(detergent)나 분산제(dispersant)에 의해 구성요소들을 깨끗하게 유지시키는 기능 등을 수행한다. 이전에는 윤활유를 샘플링하여 점도, 산가, 염기가, 수분 함량, 불용분의 양 등을 분석함으로써 상태진단을 하였다. 요즘은 자동차 엔진뿐만 아니라 선박용 엔진, 장갑차나 탱크의 엔진 등에 윤활유 센서를 이용한 실시간 상태진단이 적용되고 있다. 최근에는 유전상수나 전기화학적 임피던스(electrochemical impedance)를 이용하거나 가시화 페로그래피(visual ferrograph)를 이용하여 엔진 윤활유를 상태진단하고 있다.

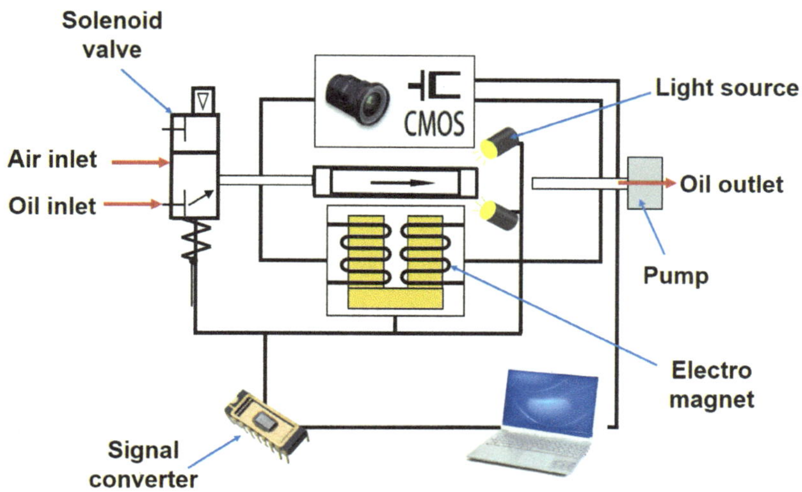

그림 3.63 OLVF 시스템의 개략도

전기화학적 임피던스를 이용한 측정에서는 부동액의 주성분인 글리콜(glycol)의 오염이나 수트(soot)의 오염 및 전체적인 오염도를 평가하였다. 그리고 유전상수와 전기전도도를 이용하여 엔진 윤활유의 산가(Acid Number, AN)를 측정하였다. 유전상수와 전기화학적 임피던스를 이용한 분석은 빠르며 간단하고 기존 표준 테스트 방법과의 연계에 어려움이 없으며 가격이 비교적 저렴하다는 장점을 가지고 있다. 온라인 가시화 페로그래피(On-Line Visual Ferrograph, OLVF)는 그림 3.63과 같이 이미지 센서를 활용하여 엔진의 마모입자 농도를 연속적으로 모니터링 가능한 장치로 높은 샘플링 빈도수(high sampling frequency)와 자동 모니터링이 된다는 장점을 가지고 있다. 이 방법은 마모입자의 사이즈, 농도, 형상 정보를 알 수 있으나 마모 예측에 활용되지 않았다. 국내에서는 유전상수를 이용하여 자동차 엔진오일의 품질을 모니터링하는 시스템에 대한 연구를 수행하였다. 개발된 센서들은 오일필터 일체형 센서 또는 그림 3.64와 같이 딥스틱게이지 타입(dipstick gauge type)의 소형 센서이며 엔진오일의 열화 정도를 측정하였다.

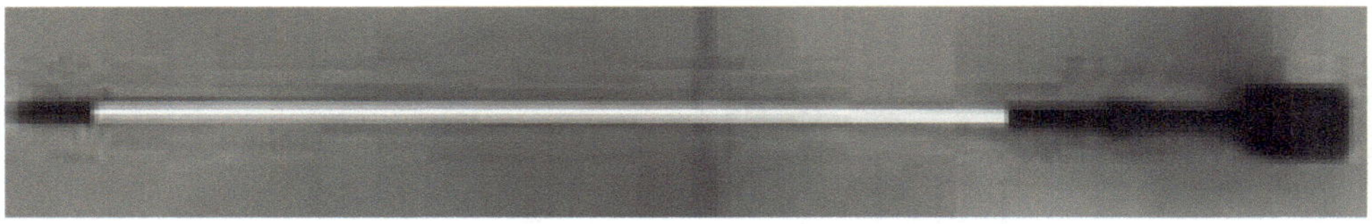

그림 3.64 딥스틱게이즈 타입의 소형 센서

선박용 디젤 엔진(marine diesel engine)에서는 복잡한 진동 소스, 간섭 등으로 발생하는 고장을 진동으로만 측정하므로 엔진을 모니터링하기 어렵다. 따라서 윤활유 센서를 이용한 오일 분석이 엔진의 기계상태진단에 중요한 방법이 되었다. 주로 온라인 페로그래피(on-line ferrograph)를 이용하여 엔진 윤활유의 상태를 진단한다.

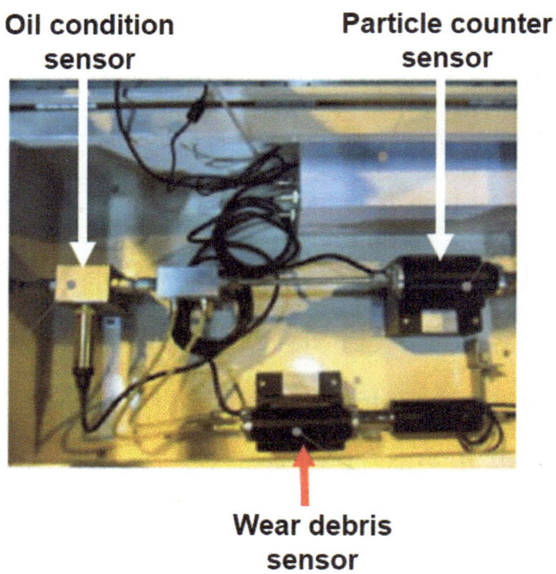

그림 3.65 탱크의 오일 상태진단 시스템

국내 생산되는 탱크에서 엔진과 변속기로 구성된 파워 트레인의 상태진단을 위해 그림 3.65와 같이 마모입자 센서, 마모입자 계수(particle counter) 센서, 염기가와 첨가제의 소멸 상태를 모니터링하는 센서들로 진단시스템을 구성하여 성능 테스트에 적용하였다. 그리고 아래의 시스템을 무선통신이 가능하도록 하여 탱크가 시험 운전을 하는 동안 파워 트레인의 이상 유무를 진단하여 과도한 이상 마모가 발생할 때는 경고를 하도록 하였다.

3.5.2 풍력발전기, 항공기 적용 사례

풍력발전에서도 심각한 손상에 따른 비용을 절감하기 위한 보전 활동(maintenance activity)이 아주 중요하다. 유지, 보수 비용이 유럽의 해상 풍력발전의 경우는 전체의 18 ~ 23%이고 육상 풍력발전의 경우는 12 ~ 30%이다. 풍력발전기의 기어박스(gearbox)는 그림 3.66과 같은 손상으로 인해 다른 구성요소에 비해 고장시간(downtime)과 고장율(failure rate)이 크다. 기어박스에서는 기어 손상, 베어링 손상, 축의 손상, 윤활유의 누설 및 고온 문제 등이 발생한다. 이때 상대 운동을 하는 금속 표면에서는 마이크로 피팅(micro-pitting), 스커핑(scuffing), 플레이킹(flaking) 등의 마모 손상이 나타난다. 그림 3.67은 시간에 따른 진단과정을 나타내는 그래프로 P점은 잠재적인 고장 조건을 발견한 시점을 나타내고 F점은 기능 고장을 일으키는 시점을 나타낸다. 그리고 RUL(Remaining Useful Life)은 고장 진행과정에서 P점 이후의 잔존 수명을 나타낸다. 이와 같은 기어박스나 주요 베어링 장치의 상태진단을 위하여 다양한 형태의 모니터링 방법을 활용하고 있다. 마모입자 센서에는 철분 마모만을 측정하는 센서를 사용하거나 철분, 비철 마모입자

Planetary Bearing

Planetary Gears

그림 3.66 풍력터빈 기어박스의 마모 손상

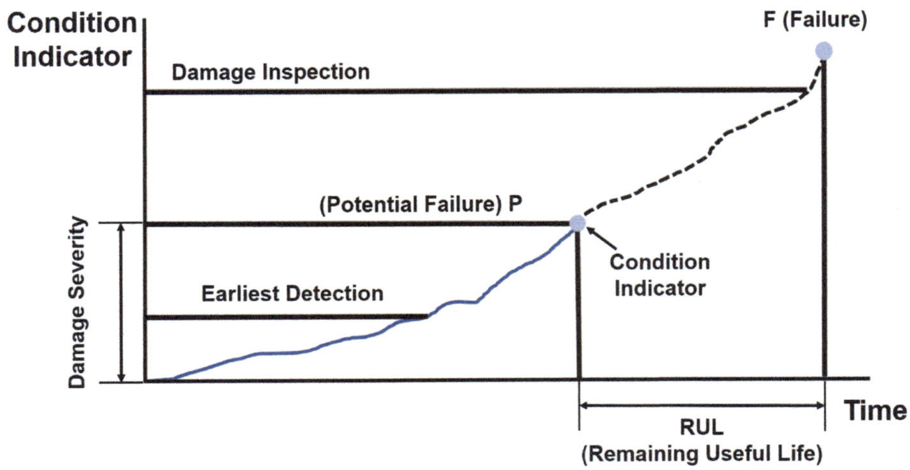

그림 3.67 풍력터빈 기어박스의 상태진단

를 모두 측정이 가능한 인덕턴스(inductance) 마모입자 센서를 주로 이용한다. 그리고 윤활유의 오염도에 대해 입자계수기(particle counter)를 사용하여 상태진단을 하고 있다. 그 외에도 유전상수(dielectric constant)나 전기전도도(electrical conductivity)를 이용한 센서를 활용하기도 한다. 이는 전기전도도와 유전상수가 윤활유의 열화(degradation) 및 첨가제의 소멸(depletion)과 관련이 있기 때문이다. 그러나 이 물성값들은 온도의 변화에 민감하고 데이터의 해석 기술에 의존도가 높다. 또한 간단한 방법으로는 윤활유 센서로 압력, 온도를 측정하거나 필터의 상태를 확인하며 복합적인 방법으로는 진동 센서와 윤활유 센서를 함께 사용하여 상태진단을 하는 것이다.

전투기, 헬기, 수송기 등 항공기에 그림 3.68과 같이 윤활유 센서들을 이용한 상태진단은 주로 엔진, 변속기, 유압 라인에 적용되고 있다. 그림 3.68(a)는 CH-47(Chinook) 헬기로 1950년대 중반에 대량의 무장병력 침투 및 수송, 부상병 후송, 주요 장비 및 군수품 이동과 투하를 수행하기 위해 개발되었다. 그림에서 빨간점은 윤활유 센서들이 설치된 위치를 나타낸다. 일반 산업계에서 윤활유 센서를 통한 기계상태진단이 보편화되기 이전부터 항공기 분야에서는 이미 적용되고 있었다. 그림 3.68(b)는 미국 해군의 주력 전투기인 F/A-18(Hornet)으로 1983년부터 실전 배치되어 지금까지도 운영되고 있

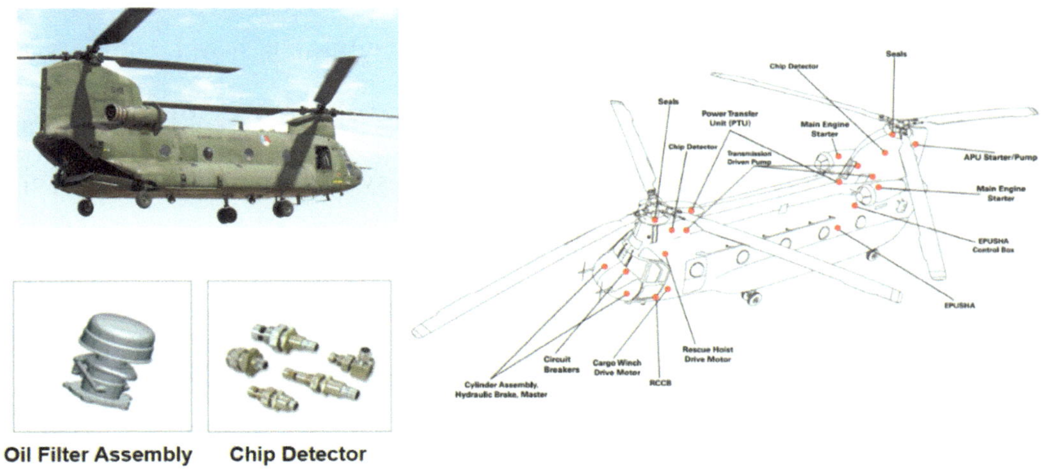

(a)

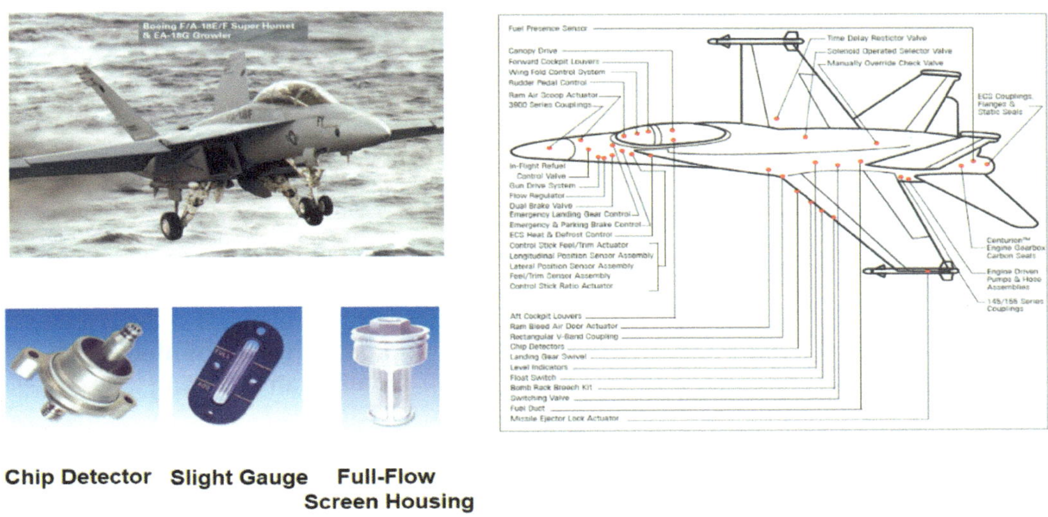

(b)

그림 3.68 항공기에 적용된 오일 센서
(a) 헬리콥터(CH-47) (b) 전투기(F/A-18)

다. 그림의 빨간점은 철분 마모입자를 검출하는 chip detector, 전투기 윤활유의 충진율을 보여주는 slight gauge, 윤활유 내 마모입자를 모니터링하여 밸브를 자동적으로 닫게 하는 Full-flow screen housing의 위치를 나타낸다. 이렇게 하나의 항공기에 여러 개의 윤활유 센서들을 설치하여 상태진단을 하고 있다. 최근 논문에서는 최신의 전투기 F-22 (Raptor)에서는 개량된 윤활유 센서들이 많이 적용되고 있다고 보고한다.

항공기에서는 3가지 관점에서 윤활유 모니터링이 이루어지고 있다. 이는 윤활유의 품질(oil quality), 입자(debris), 윤활유 시스템 운영(oil system operation)이다. 특히 입자 모니터링은 엔진의 상태진단 시스템에서 중요한 요소 중에 하나이다. SOA (Spectrometric Oil Analysis), magnetic chip collector, electric chip collector를 이용하여 윤활유에 포함된 불순물 입자를 모니터링한다. 그림 3.69는 GE90 항공기 엔진에 설치된 와류 입자 분리기(vortex debris separator)로 와류를 발생시켜 입자와 공기, 윤활유로 분리함으로써 센서가 입자의 양을 측정하게 한다. 이러한 방법 등을 통해 항공기에 보다 정밀한 상태진단이 가능하도록 노력을 기울이고 있다.

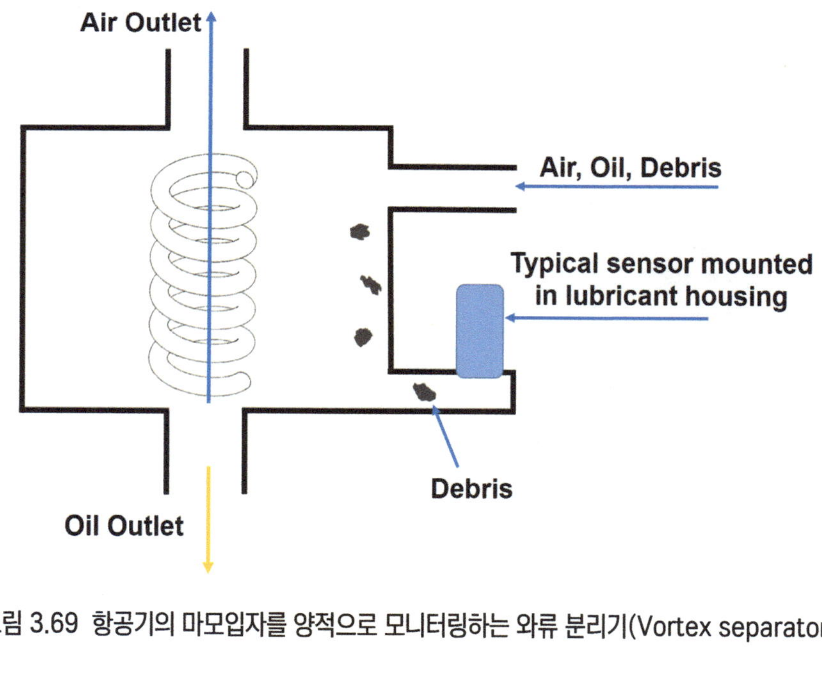

그림 3.69 항공기의 마모입자를 양적으로 모니터링하는 와류 분리기(Vortex separator)

3.5.3 건설장비의 적용 사례

가혹한 환경에서 작업을 수행하는 건설장비들의 상태진단은 기계의 신뢰성 측면에서 필요하다. 그림 3.70과 같이 건설장비 시장에서 시장 점유율이 가장 높은 Caterpillar (CAT)는 1971년부터 S.O.S(Scheduled Oil Sampling) 프로그램을 시작하여 윤활유 샘플링과 분석을 통해 정기적으로 소비자에게 유용한 정보를 제공하였고 Hitachi는 2019년에 일부 건설장비에 유전상수, 밀도, 절대점도, 온도를 측정 가능한 통합형 센서를 활용하여 상태진단 시스템을 적용하였으며 볼보에서도 윤활유 분석 서비스를 제공하고 있다.

예전에는 주로 윤활유의 압력과 온도, 부동액의 온도 등을 모니터링하였으나 현재는 마모입자 센서와 통합형 센서(integrated sensor)를 통해 윤활유의 여러 물성값을 모니

그림 3.70 건설장비 회사들의 윤활유 분석 서비스

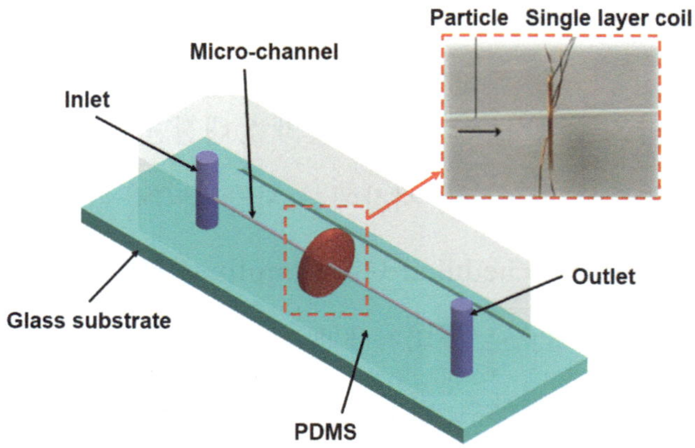

그림 3.71 건설장비에 적용되는 임피던스 센서의 개략도

그림 3.72 20톤 굴삭기에 설치된 마모입자 센서

터링하여 상태진단을 하고 있다. 그림 3.71과 같이 임피던스를 이용한 센서를 통해 철분 입자와 비철 입자를 측정할 수 있으며, 수분과 공기 방울의 측정도 가능한 시스템을 개발하고 있다. 또한 그림 3.72와 같이 입자를 측정하여 오염도를 평가하는 센서로 굴삭기의 유압유에 대해 상태진단하기도 한다. 일본의 Hitachi에서도 유전상수, 점도 등을 동시에 측정 가능한 통합형 센서와 오염도 센서를 함께 이용하여 유압작동유의 상태진단을 하는 연구도 수행하였다.

국내의 건설기계 회사에서도 액슬(axle)에 철분 마모 센서를 이용한 상태진단이나 유압작동유에 통합형 센서를 활용한 기계상태진단에 대해 연구를 진행하고 있다. 액슬은

그림 3.73 건설장비 액슬(axle)

그림 3.74 건설장비 액슬(axle) 내구성 실험장치

그림 3.73과 같이 무한궤도가 아닌 바퀴로 움직이는 건설장비에서 자동차의 차동기어(differential gear)의 기능과 힘의 전달방향을 변화시키는 장치이다. 여러 개의 기어로 구성된 부품이며 주로 마모입자가 발생되고 때로는 큰 손상이 발생되는 부분으로 신뢰성이 요구된다. 액슬의 개발 단계에서 마모입자의 발생 정도를 파악하기 위해 상태진단 시스템을 개발하였다. 그림 3.74와 같은 액슬 내구성 실험장치에 영구자석이 포함된 철분 마모입자 센서를 윤활유 드레인(drain)에 설치하고 상태진단 프로그램을 활용하여 모니터링하였다. 이 상태진단 시스템은 철분 마모입자 센서로부터 오는 신호를 이용하여 실험 중 마모입자의 양과 변화율을 확인할 수 있다. 또한 마모량과 이것의 변화율에 대한 기준값을 설정하고 측정값이 기준값을 초과하면 교통 신호등이나 신호음으로 경고하는 시스템을 갖추고 있다. 그림 3.75는 이상 마모가 발생하였을 때 상태진단 시스템에서 결과를 나타내고 그림 3.76은 이때의 액슬 내부의 마모 상태와 철분 마모 센서에 부착된 철분 마모입자의 모습을 보여준다. 이뿐만 아니라 통합형 센서를 이용하여 유압작동유에 대한 상태진단 시스템을 개발하려는 연구를 진행 중이다.

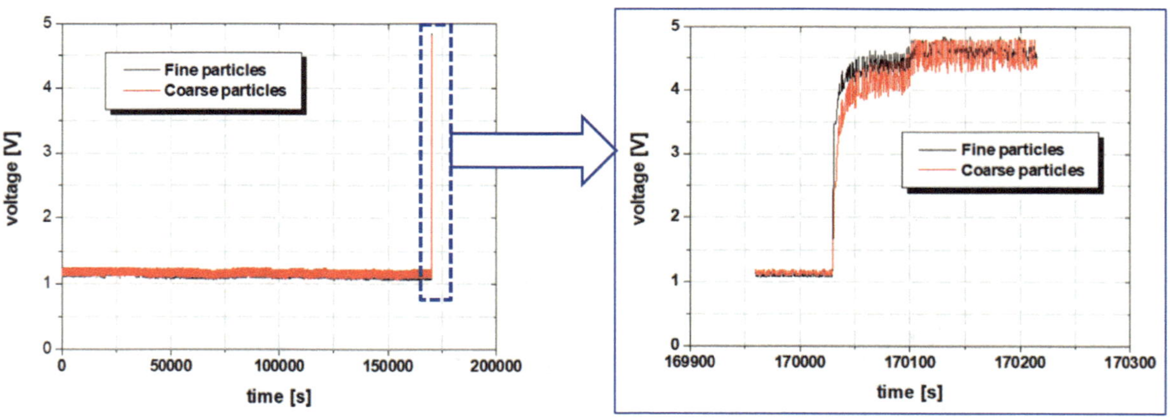

그림 3.75 액슬 상태진단 프로그램의 이 상마모 결과

그림 3.76 액슬의 이상 마모와 철분마모 센서의 마모입자

3.5.4 그 외 적용 사례 및 앞으로의 전망

지금까지 언급된 기계시스템 외에도 윤활유 센서를 통한 기계상태진단의 적용 사례에는 고속철, 운반 기계 등이 있다.

고속철(high-speed railway)에도 기어박스에 윤활유 센서를 이용한 상태진단을 적용하고 있으며 주로 마모입자 센서를 이용하거나 수분 함량을 측정하는 센서, 유전상수를 측정하는 센서를 활용하고 있다.

석탄 등의 광물을 채굴하는 현장에서 가루 또는 덩어리의 석탄을 운반하는 데 필요한 스크레이퍼 컨베이어(scraper conveyor)에서도 마모입자 센서나 오염도 센서를 활용하여 상태진단을 적용하고 있다. 그 외에도 전력을 생산하는 발전소나 화학 플랜트에서 윤활유 센서를 통한 기계상태진단 시스템이 적용되고 있다.

윤활유 분석을 기반으로 하는 상태진단은 소음, 진동 기반의 상태진단, 열화상 기반의 상태진단과 함께 적용분야가 확대되고 있다. 그 이유는 윤활유 센서의 발달과 함께 ANN(Artificial Neural Network), PCA(Principle Component Analysis) 등을 활용하여 다양한 센서로부터의 유용한 정보를 얻는 데 효과적인 알고리즘에 대한 연구도 진행되고 있기 때문이다. 최근에는 기계학습(machine learning), 딥러닝(deep learning)을 활용하여 윤활유 센서로부터 얻어진 정보로 상태진단을 하려는 연구 또한 시도 중이다. 하드웨어와 소프트웨어의 발달과 함께 이 기술에 대한 도전정신이 요구된다. 기본적인 윤활유 및 상태진단에 대한 기본 지식 외에도 윤활유 센서 개발 및 적용에 대한 도전정신은 이 분야를 더욱 발전시킬 수 있다. 즉, 센서를 제작하는 벤처기업은 센서 개발 업무에 도전하고, 기업들은 이 분야의 기술을 적용하여 기계의 신뢰성을 향상시키는 데 도전한다면 이 분야는 성장할 것이다.

1 **윤활유 분석의 방법에 대한 설명으로 바르지 않은 것을 선택하라.**

① 윤활유를 분석하는 방법은 크게 오프라인 방법, 인라인 방법, 온라인 방법, 자동화 방법이 있다.

② 오프라인 방법은 오일 샘플링을 통해 실험실에서 분석하는 방법이다.

③ 인라인 방법은 대표적인 우회로에 윤활유 센서를 활용하여 분석하는 방법이다.

④ 주된 흐름에 분석을 하는 방법은 온라인 방법이다.

2 **윤활유의 오염원에 대한 설명으로 바르지 않은 것을 고르라.**

① 윤활유의 오염원에는 물, 공기, 열, 고체 입자가 있다.

② 윤활유는 대기 중에서 사용하기 때문에 윤활유의 산화를 피할 수 없다.

③ 윤활유의 수분은 산화를 발생시키고 점도의 상승 등의 열화를 진행시킨다.

④ 윤활유의 마모입자는 산화를 촉진시키는 역할을 수행하기도 한다.

3 **부동액 오염에 대한 설명으로 아래의 빈칸에 들어갈 적절한 단어를 선택하라.**

부동액의 누설에 의한 윤활유의 오염은 부동액의 주성분인 에틸렌 (　　　　　)과 칼슘 황산염과 반응하여 (　　　　　)이 형성된다.

① 글리세린, 불용성 화합물　　② 글리콜, 불용성 화합물

③ 글리세린, 바니쉬　　④ 글리콜, 오일 볼

4 **연료의 오염에 대한 설명으로 바르지 않은 것을 선택하라.**

① 주로 연료 펌프에서의 누설, 연료관의 누설, 연료분사 결함, 블로우바이에 의해 발생한다.

② 연료의 오염으로 점도가 증가되고 윤활유의 첨가제가 희석이 되므로 윤활성능이 저하된다.

③ 연료의 오염으로 인화점은 인하된다.

④ 디젤 엔진에서 연료의 혼입으로 부식이 발생할 수 있다.

Exercise

5 **수트 오염을 검출할 수 있는 방법이 아닌 것을 고르라.**

① 인화점 측정 ② 점도 측정

③ 펜탄 불용분 시험 ④ Blotter Spot test

6 **바니쉬와 락커링에 대한 설명으로 바르지 않은 것을 고르라.**

① 바니쉬와 락커링의 형성으로 유막의 틈새가 줄어 유체고착의 원인이 된다.

② 바니쉬는 고 분자량의 반응 생성물이 기유의 용해성을 넘어갈 때 불용해 불순물에 의해 형성된다.

③ 바니쉬는 아세톤 같은 용제에 의해 제거가 되나 락커링의 경우는 황산이나 염산 같은 산에 의해서만 제거된다.

④ 락커링은 표면과의 결합력이 작아 물리적 힘에 의해 쉽게 제거된다.

7 **점도에 대한 설명으로 바르지 않은 것을 선택하라.**

① 점도는 유체의 흐름과 전단에 대한 저항이다.

② 점도에는 절대점도와 동점도가 있다.

③ 동점도를 dynamic viscosity로 표현한다.

④ 절대점도의 단위로는 Poise와 Pa·s를 사용한다.

8 **점도지수에 대한 설명으로 아래 빈칸에 들어갈 적절한 것을 선택하라.**

점도지수는 (   )℃ 와 (   )℃ 사이의 점도 변화 정도를 지수화하였다.

① 0, 100 ② 10, 100

③ 20, 100 ④ 40, 100

9 비중에 대한 설명으로 아래 빈칸에 들어갈 적절한 것을 선택하라.

비중은 같은 부피에 ( )℃ 물의 무게에 대한 ( )℃ 시료 무게의 비를 나타낸다.

① 4, 4 ② 4, 15
③ 15, 15 ④ 15, 100

10 인화점을 측정하는 방법으로 Closed cup 방식과 관련된 것을 고르라.

① ASTM D88 ② ASTM D92
③ ASTM D93 ④ ASTM D98

11 유동점에 대한 설명으로 바르지 않은 것을 고르라.

① 중력 하에 윤활유가 흐를 수 있는 최고온도이다.
② 유동점 측정은 ASTM D97에 규정되어 있다.
③ 윤활유의 종류에 따라 유동점은 다르다.
④ 엔진 윤활유 중에 단급유의 경우 유동점은 -23℃ 정도이다.

12 수분을 측정하는 방법으로 가열판에 윤활유를 떨어뜨리면 수분이 어느 정도 있으면 '톡톡' 소리가 나는 것을 이용하여 측정하는 방법을 선택하라.

① Watector test ② Crackle test
③ Karl Fischer test ④ FTIR test

13 Karl Fischer 방법에 대한 설명으로 바르지 않은 것을 고르라.

① Karl Fischer 방법은 독일의 화학자 Karl Fischer에 의해 개발된 방법이다.
② Karl Fischer 방법은 수분을 측정하는 방법이다.
③ 체적 계량법, 전기량 계량법이 있다.
④ 체적 계량법은 전기량 계량법에 비해 적은 양의 수분이 측정 가능하다.

Exercise

14 산가 측정 방법의 하나인 ASTM D664와 ASTM D974에서 사용하는 반응 시약을 선택하라.

① KOH
② $Ca(OH)_2$
③ HCl
④ $HClO_4$

15 염기가를 측정하는 방법으로 반응 시약으로 과염소산을 사용하는 방법을 선택하라.

① ASTM D974
② ASTM D2896
③ ASTM D3254
④ ASTM D4739

16 오염도 분석 방법에 대한 설명으로 바르지 않은 것을 선택하라.

① 오염도는 윤활유 속에 포함되어 있는 고형 입자들의 개수를 파악하여 오염의 정도를 분석한다.
② 오염도에는 NAS 1638, ISO 4406, SAE AS 4059 등이 있다.
③ NAS 1638은 2001년 5월 31일부로 폐지되었다.
④ SAE AS 4059는 00에서 12까지 14등급으로 나누어져 있다.

17 광학식 입자계수기에서 수분 간섭을 감소시키는 방법에 대한 설명으로 바르지 않은 것을 선택하라.

① 톨루엔과 이소프로판올을 1:3으로 혼합한 뒤, 이 혼합용액을 윤활유 시료와 1:1로 혼합하는 방법은 ASTM D7647에 규정되어 있다.
② 진공 펌프를 이용하여 윤활유 내부의 수분을 일부 제거할 수 있다.
③ ASTM D7647에서 물이 이소프로판올을 용해하고 이소프로판올은 톨루엔에 용해된다.
④ ASTM D7647에서 톨루엔은 윤활유에 용해된다.

18 입자계수기를 이용하여 오염도를 측정하기 전에 교반을 하여야 하는데 이를 효율적으로 하기 위해 샘플링 병의 상부에 공간을 비워둔다. 이 공간의 명칭은 무엇인가?

① Empty space
② Sample space
③ Ullage
④ Test space

19 FTIR에 대한 설명으로 바르지 않은 것을 선택하라.

① FTIR은 푸리에 변환 적외선 분광 분석이다.

② 광원으로 적외선을 사용하고 기유와 첨가제의 상태, 유기 오염물 등을 분석하는 방법으로 활용된다.

③ 분석 결과는 m당 파동의 수에 대한 흡수량으로 표시한다.

④ 원소분광분석은 원자들을 분석하는 방법이지만 FTIR은 분자들을 분석하는 방법이다.

20 원소분광분석에 대한 설명으로 바르지 않은 것을 선택하라.

① 원소분광분석에는 RFS, RDE, ICP 등이 있다.

② RDE는 탄소로 구성된 다공성 디스크가 회전하면서 윤활유 시료를 묻혀 상단의 아크로 태움으로 원소를 분석하는 방법이다.

③ ICP는 플라즈마를 이용하여 시료를 태움으로 나오는 광원을 이용하여 원소를 분석한다.

④ ICP는 10μm보다 작은 입자에 대한 분석에 용이하지만 RDE는 3μm보다 작은 입자에 대한 분석에 용이하다.

21 직독 페로그래피에 대한 설명으로 아래의 빈칸에 들어갈 적절한 것을 선택하라.

> 직독 페로그래피에서 (　　　　)는 마모입자 농도를 나타내고 (　　　　)은 대입자 농도를 나타낸다. 작은 입자와 큰 입자를 구분하는 기준이 되는 크기는 (　　　　)μm이다.

① PLP, WHC, 3　　② PLP, WPC, 3

③ WPC, PLP, 5　　④ WHC, PLP, 5

22 직독 페로그래피에서 샘플의 부피는 10 ml이고 D_S와 D_L이 각각 3 ml와 2 ml일 때 마모입자 농도는 얼마인가?

① 0.1　　② 0.2

③ 0.4　　④ 0.5

Exercise

23 **회전압력용기 산화시험에 대한 설명으로 바르지 않은 것을 선택하라.**

① RPVOT 또는 RVOT라고 한다.

② 산화로 인해 산소의 감압이 25 psi가 될 때까지의 시간을 분 단위로 측정한다.

③ 이 실험 방법으로 윤활유의 산화 잔존 수명을 예측할 수 있다.

④ 이 실험 방법은 시험을 수행하는 데 오래 걸리며 시험 반복 정밀도가 나쁘다.

24 **RULER에 대한 설명으로 바르지 않은 것을 선택하라.**

① 산화방지제의 농도를 측정하여 산화를 분석하는 장치이다.

② 페놀, 아민, ZDDP 같은 산화방지제의 소멸 경향을 관리함으로써 윤활유의 잔존 유용 수명을 결정한다.

③ 측정과정에서 시료를 솔루션 용액과 혼합을 하는데 이는 산화방지제를 윤활유로부터 추출하기 위함이다.

④ 테스트하는 데 1시간 이상 걸린다.

25 **MPC에 대한 설명으로 바르지 않은 것을 선택하라.**

① 현장이나 분석실에서 윤활유 중의 열화 생성물(바니쉬)의 양을 분석하기 쉬운 방법이다.

② 72시간 시료를 묵힌 다음에 시료와 아세톤알데히드를 각각 50ml 혼합하여 사용한다.

③ 맴브레인 패치에 걸러진 열화 생성물의 색깔로 분석을 한다.

④ 열화 생성물이 많은 경우에 짙은 갈색 계통의 색깔을 나타낸다.

26 **내마모 테스트와 극압 테스트에 대한 설명으로 바르지 않은 것을 선택하라.**

① Four ball test는 3개의 강구 위에 1개의 강구를 회전하면서 수직하중을 가하여 회전 강구가 융착이 될 때까지 규정된 주기로 하중을 증가한다.

② Timken test는 회전부와 레버암으로 구성되어 있고 회전부의 링이 정지한 강철 블록에 가하는 압력을 변화시키는 방법이다.

③ FZG(Four Square Gear) test는 기어 접촉으로 기어 윤활유의 마모와 스커핑 저항 능력을 평가하는 방법이다.

④ Four ball test에서 융착될 때까지의 인가한 하중이 작을수록 내마모 성능이 우수하다.

27 탄소 잔류분과 Sulfated ash에 대한 설명으로 바르지 않은 것을 선택하라.

① Sulfated ash는 샘플이 탄소 잔류물이나 재(ash)가 생성될 때까지 태워 황산과 반응하고 남은 ash의 양을 나타낸다.

② Sulfated ash 분석을 통해서 신유의 첨가제 양뿐만 아니라 금속 마모입자들이나 무기질 오염물의 양을 파악할 수 있다.

③ 탄소 잔류분은 윤활유를 증발과 열분해 과정 후에 남아 있는 탄화 잔류물을 의미한다.

④ 탄소 잔류분 분석에서 나오는 결과의 단위는 %(m/m)이다.

28 펜탄 불용분 테스트 방법이 아닌 것을 선택하라.

① ASTM D893　② ASTM D4055
③ ASTM D4855　④ ASTM D5967

29 마모입자 센서에 적용되는 것이 아닌 것을 선택하라.

① 인덕턴스　② 전자석
③ 음향학　④ 광학

30 마모입자 센서에 대한 설명으로 바르지 않은 것을 고르라.

① Gill 사의 센서는 영구자석과 인덕턴스를 이용하여 철분 마모입자를 측정한다.

② MetalSCAN 센서는 철분 및 비철 마모입자의 측정이 가능하다.

③ Gill 사의 센서는 영구자석을 사용하므로 마모입자 제거 기능도 가진다.

④ 레이저를 이용한 마모입자 센서는 공기와 고체 입자를 수신되는 파의 형태로 구분이 가능하다.

31 마모입자 센서에 대한 설명으로 아래 빈칸에 적절한 것을 선택하라.

> 전기용량을 이용한 마모입자 센서는 철분 마모입자와 비철 마모입자를 구별할 수 없지만 높은 민감도를 가지고 있다. 마모입자의 오염에 의한 전기용량의 변화, 즉 (　　　　)을(를) 이용하는 방식이다.

① 밀도　② 인덕턴스
③ 유전율　④ 임피던스

32 초음파를 이용한 마모입자 센서에 대한 설명으로 바르지 않은 것을 선택하라.

① 초음파를 검사하고자 하는 시료에 보낸 뒤, 반사파를 이용하여 측정한다.
② 대부분의 고체 마모입자들은 비슷한 음향 반사계수를 가지므로 금속 입자와 절연체 입자를 구별하기 어렵다.
③ 반사파의 첫 번째 peak 값이 아래쪽에 있는 경우는 공기 방울이고 위쪽에 있는 경우는 고체 입자로 구별한다.
④ 마모입자가 측정 영역을 벗어날 수 있으므로 실제 오염에 비해 과대 평가된다.

33 광학을 이용한 마모입자 센서에 대한 설명으로 아래 빈칸에 적절한 단어를 선택하라.

> 광학을 이용한 마모입자 센서는 광원을 이용하여 마모입자를 검출하는 방법으로 마모입자의 (　　　　)까지 확인을 할 수 있다. 그리고 이 방법은 빛의 (　　　　)에 영향을 많이 받는다.

① 크기, 직진성　② 모양, 투과성
③ 크기, 반사성　④ 모양, 산란

34 Aeration 센서에 대한 설명으로 바르지 않은 것을 선택하라.

① 광원을 사용하거나 X-선을 이용하여 측정한다.

② 광원을 사용하는 방법에서는 윤활유의 투명성, 빛의 강도, CCD 카메라 또는 측정되는 기계시스템의 진동에 크게 영향을 받는다.

③ 광원을 이용하는 방법은 높은 정확도를 가진다.

④ 현재 적용되고 있는 X-선을 이용하는 방법은 적은 유체의 유량에 적용하고 있으며 수트나 물 등의 다른 오염원에 영향을 받는다.

35 유전상수에 대한 정의로 올바른 것을 선택하라.

① 진공일 때 전기용량에 대한 어떤 물질에서의 전기용량의 비

② 진공일 때 전기용량에 대한 수중에서의 유전율의 비

③ 진공일 때 유전율에 대한 공기 중에서의 전기용량의 비

④ 진공일 때 유전율에 대한 어떤 물질에서의 전기용량의 비

36 유전상수에 대한 설명으로 바르지 않은 것을 선택하라.

① 사용유의 유전상수는 신유의 유전상수와 비교하여 윤활유 오염에 대한 정보를 확인할 수 있다.

② 유전상수는 비유전율이라고도 한다.

③ 유전상수는 물, 마모입자, 부동액, 연료의 혼입 같은 오염물의 존재에 대한 정보를 제공하지만 산화나 첨가제 고갈 같은 윤활유의 화학적 변화에 대한 정보는 제공하지 못한다.

④ 유전상수는 온도가 증가하면 대체로 감소한다.

37 RPVOT로 윤활유의 산화 안정성 시험을 수행하였다. 신유를 테스트한 결과 4320분이 측정되었고 사용유를 테스트 한 결과는 3500분이 측정되었다. 이때 윤활유의 산화 잔존 수명은 얼마인가?

① 75%　　② 80%

③ 81%　　④ 82%

38 다음은 어떤 기계시스템의 윤활유 분석 결과이다. 이 결과를 바탕으로 분석한 내용으로 가장 적절한 것을 선택하라. (단, 유의 번호가 증가하면 윤활유의 사용기간이 증가한다는 것을 의미한다.)

	신유	사용유-1	사용유-2	사용유-3
오염도 ISO 4406	-	14/14/11	13/15/12	16/17/14
인화점(℃)	279	270	263	220
점도(40℃)	46	45	43	35
Fe	-	3	4	21
Sn	-	1	3	13
Ni	-	2	4	9
Al	-	2	5	19

① ISO 4406의 오염도 결과를 보면 윤활유는 전혀 이상 징후가 없다.

② 사용기간이 길어질수록 점도가 떨어지는 현상은 일반적인 현상이므로 문제가 없다.

③ Fe과 Al 성분의 마모입자가 증가하지만 일반적으로 발생하는 현상이다.

④ 인화점이 신유에 비해 많이 낮아져서 연료의 오염 가능성이 높다.

39 다음은 어떤 기계시스템의 윤활유 분석 결과이다. 이 결과를 바탕으로 분석한 내용으로 가장 적절한 것을 선택하라. (단, 유의 번호가 증가하면 윤활유의 사용기간이 증가한다는 것을 의미한다.)

	신유	사용유 -1	사용유-2	사용유-3
오염도 ISO 4406	-	13/13/11	12/14/12	16/17/16
산가(AN)	1.3	1.3	1.3	1.2
점도(40℃)	46	46	44	43
Fe	-	5	8	53
Si	-	2	6	146
Zn	-	120	112	98
Al	-	4	7	29

① 산가의 증가가 없어 윤활유는 열화되지 않았다.

② Si 성분이 다량으로 증가하였고, Fe과 Al 성분이 증가하였지만 Zn이 감소하여 첨가제가 새로 유입이 된 경우이다.

③ Si 성분이 다량으로 증가하였고, Fe과 Al 성분이 증가한 것으로 보아 흙, 먼지 등의 유입으로 Si가 증가하면서 마모에 의해 Fe과 Al 성분이 증가한 경우이다.

④ Zn 성분의 감소는 항산화제의 첨가제 성분으로 소멸하였기 때문이다.

40 윤활유 오염에 의해 야기되는 손상에 대한 설명으로 바르지 않은 것을 선택하라.

① 마모입자, 흙 입자와 같은 고형 입자에 의한 오염은 점도를 상승시키고 표면을 손상시킨다.

② 열에 의한 열화는 점도를 감소시킨다.

③ 공기에 의한 오염은 산화를 유발하고 점도를 증가시킨다.

④ 물에 의한 오염은 산화를 야기시키고 녹 발생을 유발한다.

41 펜탄 불용분 분석 실험 방법 중에 하나인 ASTM D893의 과정에서 괄호 안에 내용으로 적절한 것을 선택하라.

1. Pentane solvent를 분석하고자 하는 윤활유와 혼합
2. 혼합한 용액에서 불용분을 원심 분리하여 그 양(A)을 측정
3. (　　　　)을 이용하여 유기 산화물을 녹임
4. 혼합한 용액을 (　　　　)하여 그 양(B)을 측정
5. A와 B의 무게 차이를 평가하여 soot 등 불용분의 함량을 평가

① 벤젠, 필터　　② 톨루엔, 필터

③ 톨루엔, 원심 분리　　④ 아세톤, 원심 분리

42 아래 그림과 같이 분산되는 형태를 보고 윤활유를 분석하는 방법은 어떤 것인가?

① MPC test　　② Blotter spot test

③ Crackle test　　④ RDE test

43 오염도를 측정하기 전에 시행하는 쉐이킹에 관한 내용으로 점도가 100 cSt 초과하는 경우에 샘플병의 head space(전체 부피에 대한 비율)는 어떤 것이 적절한가?

① 1/5　　② 1/4
③ 1/3　　④ 1/2

44 아래의 그림과 관련된 수분 측정 방법을 선택하라.

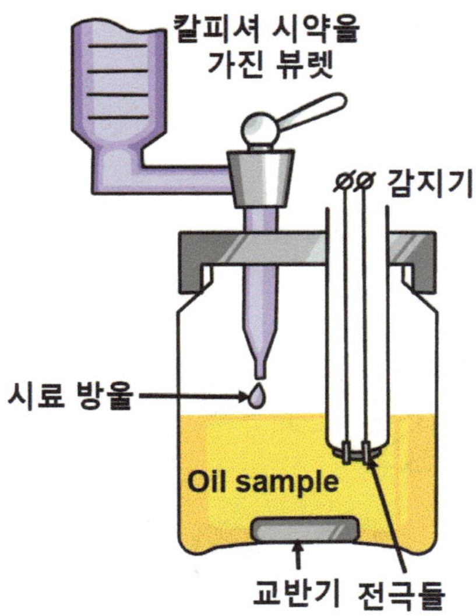

① FTIR　　② 체적 계량법
③ 공증류법　　④ 전기량 계량법

45 염기가에 대한 설명으로 빈칸에 들어갈 적절한 것을 선택하라.

> 염기가는 윤활유 중에 부식성 산을 중화하기 위해 사용할 수 있는 잔류 알칼리 성분의 농도를 나타낸다. 또한 윤활유 시료 (   ) 중에 포함되어 있는 알칼리성 성분을 중화하는 데 필요한 산과 같은 (   )의 수산화칼륨의 양을 mg으로 표시한다.

① 1g, 용량 ② 5g, 용량
③ 1g, 당량 ④ 5g, 당량

46 아래의 그림과 같은 물질에 의해 윤활유 오염이 발생한다. 이에 대한 설명으로 바르지 않은 것을 선택하라.

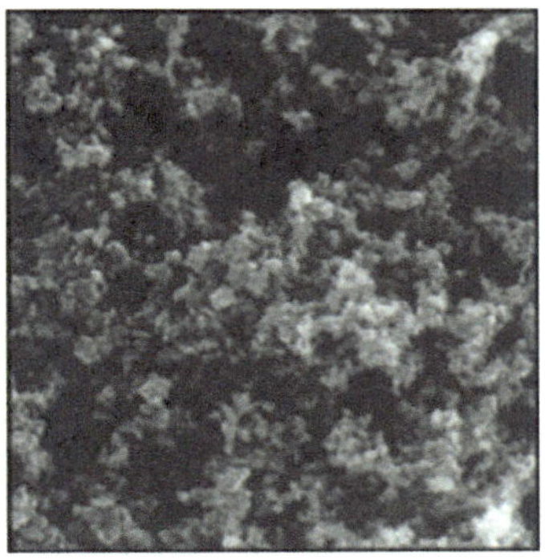

① 엔진에서 낮은 공연비, 낮은 압축비, 블로우바이 등으로 발생한다.
② 마모를 발생시키거나 슬러지를 생성한다.
③ 분산제가 많이 소모된다.
④ 점도를 감소시킨다.

47 락커링의 발생 원리에 대한 Alberola의 가설과 관련된 용어들을 선택하라.

① Gelation, Vitrification ② Thermoplastic, Gelation
③ Vitrification, Thermoplastic ④ Gelation, Solidification

48 아래의 그래프에 대한 설명으로 바르지 않은 것을 선택하라.

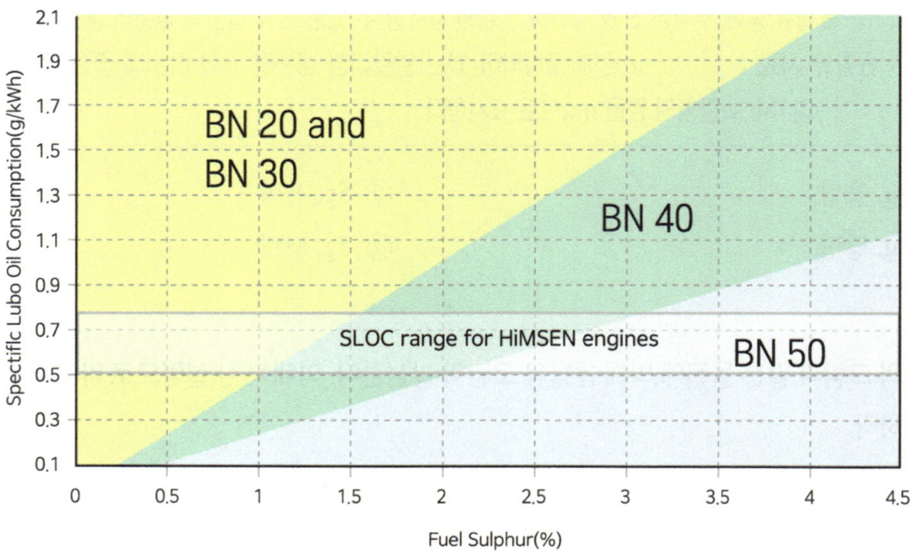

① 연료의 황 함유량에 따른 윤활유의 산가(BN)을 나타낸다.

② 연료의 황 함유량이 적은 경우 BN이 상대적으로 작은 값의 윤활유를 사용한다.

③ 연료의 황 함유량이 많은 경우 BN이 상대적으로 큰 값의 윤활유를 사용한다.

④ 연료의 황 함유량에 따라 적절한 BN의 윤활유를 사용해야 한다.

49 절대점도의 단위 환산이 적절하지 않은 것을 선택하라.

① 1 cP = 10^{-2} P　　② 1 cP = 10^{-3} Pa · s

③ 1 cP = 10 mPa · s　　④ 1 mPa · s = 10^{-3} Pa · s

50 동점도의 단위 중 St의 차원으로 적절한 것을 선택하라.

① M^2T^{-1}　　② MLT^{-1}

③ M^3T^{-1}　　④ MLT^{-2}

51 디젤 엔진의 경우 색상법으로 BN 측정이 어려운 이유는 무엇인가?

① Soot의 오염으로 윤활유의 색깔이 어두워져 색상으로 구분하기 어렵기 때문이다.

② 디젤엔진의 경우 BN의 변화가 나타나지 않는다.

③ 디젤엔진의 경우는 연료의 황 성분이 많아서 색상 구분이 어렵기 때문이다.

④ 디젤엔진의 경우는 연료의 탄화에 의해 색상 구분이 어렵기 때문이다.

52 입자계수기를 사용하기 전에 교반기를 사용하여 교반을 하는 이유는 시료의 무엇을 확보하기 위한 것인가?

① 편리성 ② 선택성

③ 대표성 ④ 신뢰성

53 아래 그림에 대한 설명으로 바르지 않은 것을 선택하라.

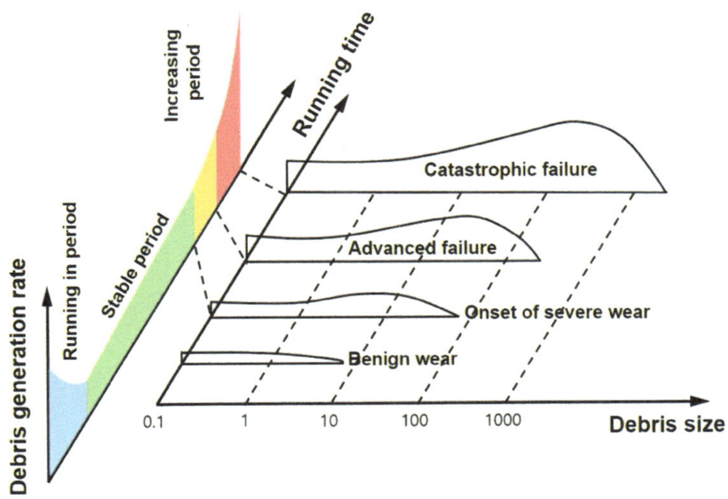

① 새로운 엔진이나 기어박스의 경우, 운전 초기나 정상적인 운전 조건에는 마모입자의 사이즈가 1 ~ 10 μm 정도이다.

② 이 그래프는 운전시간에 따른 마모입자 사이즈 및 마모입자 발생률을 보여준다.

③ 비정상적인 운전 조건에서의 마모입자의 사이즈는 20 ~ 40 μm 정도이다.

④ 이 결과를 바탕으로 기계상태의 이상 징후에 대한 조기 경고를 하기 위해서는 20 μm 이상의 마모입자를 모니터링해야 한다.

54 아래는 기준 사이즈별로 오염도를 빨간색으로 표시하였다. 이때 전체적인 오염 등급을 결정하라.

Size, ISO 4402 calibration, or optical microscope		Maximum Contamination limits (particles/100mL)					
		> 1㎛	> 5㎛	> 15㎛	> 25㎛	> 50㎛	> 100㎛
Size, ISO 11171 Calibration or Electron Microscope		> 4㎛(c)	> 6㎛(c)	> 14㎛(c)	> 21㎛(c)	> 38㎛(c)	> 70㎛(c)
Size Code		A	B	C	D	E	F
Classes	000	195	76	14	3	1	0
	00	390	152	27	5	1	0
	0	780	304	54	10	2	0
	1	1,560	609	109	20	4	1
	2	3,120	1,220	217	39	7	1
	3	6,250	2,430	432	79	13	2
	4	12,500	4,860	864	152	26	4
	5	25,000	9,730	1,730	306	53	8
	6	50,000	19,500	3,460	612	106	16
	7	100,000	38,900	6,920	1,220	212	32
	8	200,000	77,900	13,900	2,450	424	64
	9	400,000	156,000	27,700	4,900	848	128
	10	800,000	311,000	55,400	9,800	1,700	256
	11	1,600,000	62,3000	111,000	19,600	3,390	512
	12	3,200,000	1,250,000	222,000	39,200	3,780	1,020

① 5　　② 6

③ 7　　④ 9

55 유전상수는 전기용량의 비로 나타난다. 이때 아래 그림에서 전기용량의 식으로 적당한 것을 선택하라. (ε은 유전율을 나타낸다.)

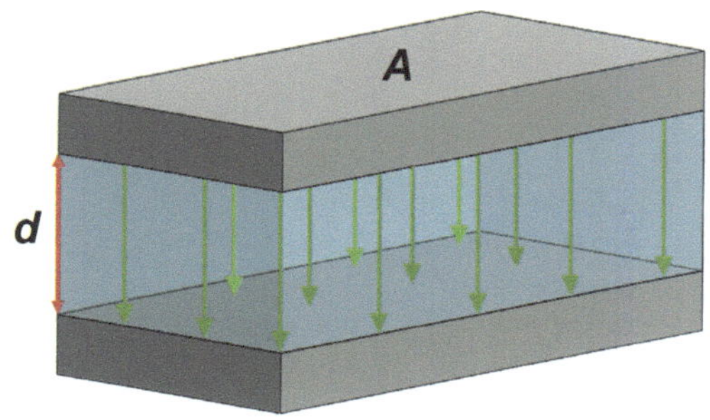

① $C = \varepsilon A / d$
② $C = \varepsilon d / A$
③ $C = d / (\varepsilon A)$
④ $C = d^2 / (\varepsilon A)$

56 극압 성능을 테스트하는 방법으로 회전부와 레버암으로 구성되어 있으며 회전부의 링이 정지한 강철 블록에 가하는 압력을 변화시킨다. 어떤 하중을 인가하고 10분 안에 큰 마모가 발생하면 fail로 판정한다. 이와 관련된 시험 방법을 선택하라.

①
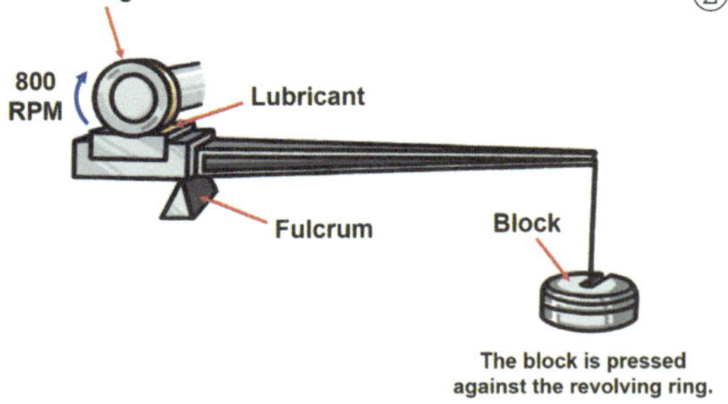

②
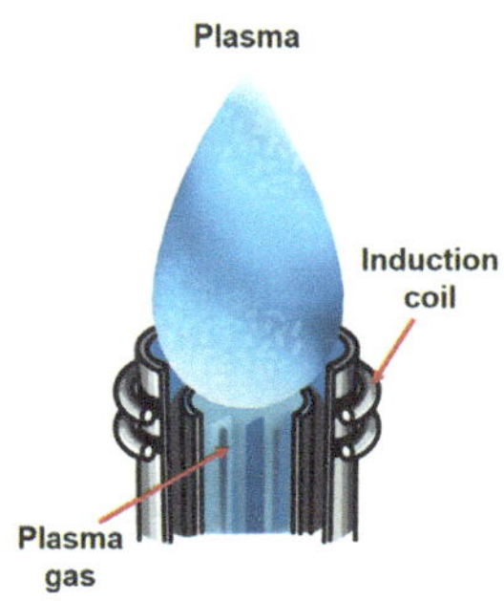

③
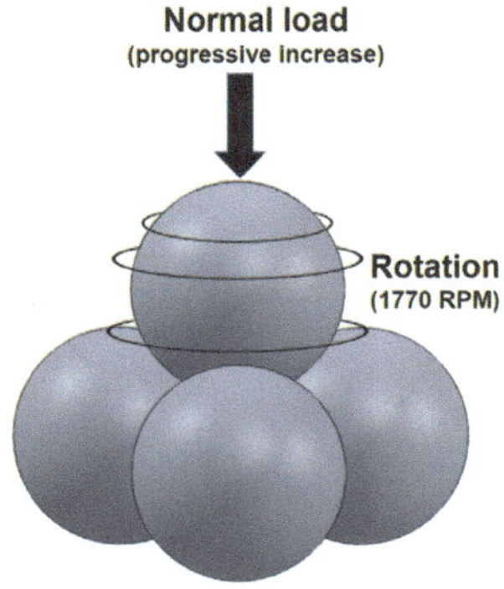

④
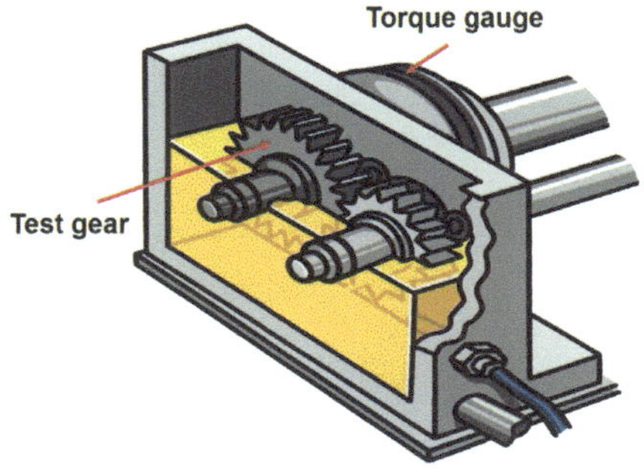

57 아래 그림의 실험장치는 페놀, 아민, ZDDP와 같은 산화방지제의 농도를 측정하여 산화를 분석한다. 이 실험장치는 무엇인가?

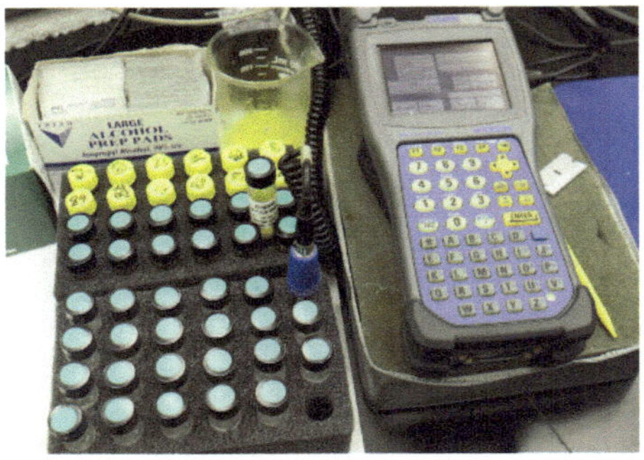

① MPC ② RULER
③ RPVOT ④ FTIR

58 윤활유 샘플링에서 가장 바람직하지 않은 채취 방법을 선택하라.

① 대표성이 있는 곳에서 윤활유를 샘플링한다.
② 베어링과 기어의 하단에서 샘플링한다.
③ 안전을 위해서 엔진이나 기계가 작동하지 않을 때 시료를 채취한다.
④ 필터의 전단에서 시료를 채취한다.

59 다음은 어떤 기계시스템의 윤활유 분석 결과이다. 이 결과를 바탕으로 분석한 내용으로 가장 적절한 것을 선택하라. (단, 유의 번호가 증가하면 윤활유의 사용기간이 증가한다는 것을 의미한다.)

	신유	사용유 -1	사용유-2	사용유-3
오염도 ISO 4406	-	13/15/12	13/15/12	13/16/12
산가(AN)	0.1	0.12	0.21	1.3
점도(40℃)	42	43	44	38
Fe	-	2	5	33
수분	-	0.12	0.16	0.48

① 철 성분이 증가하므로 외부에서 이물질 유입된 경우이다.
② 수분이 증가하는 것으로 수분 오염에 의한 부식이 발생할 가능성이 높다.
③ 오염도 등급의 변화가 없으므로 오염이 없다.
④ 산가가 증가하므로 산화가 진행되었지만 그 원인은 알 수 없다.

60 아래 그림은 윤활유의 물성을 측정하는 센서의 측정 방법을 보여준다. 어떤 물성을 측정하는 것인가?

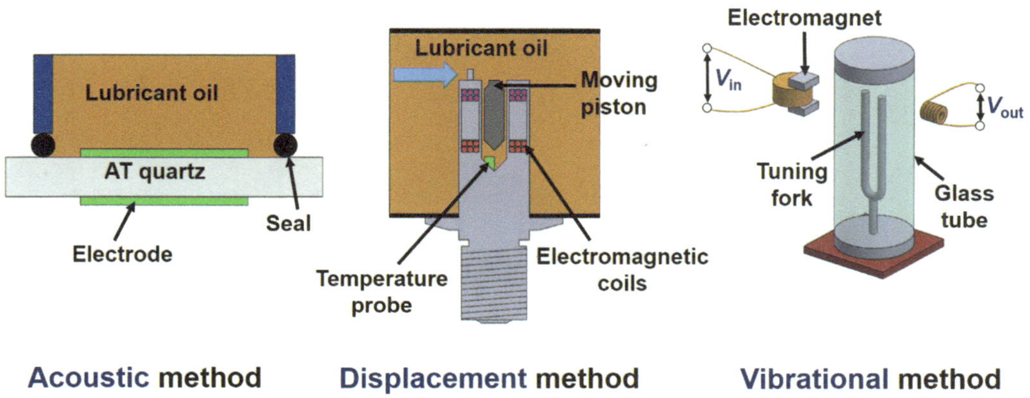

① Density ② Viscosity

③ Pour point ④ Flash point

61 아래의 그림은 마모입자 센서이다. 이 마모입자 센서는 무엇을 이용하여 측정하는 방식인지 적절한 것을 선택하라.

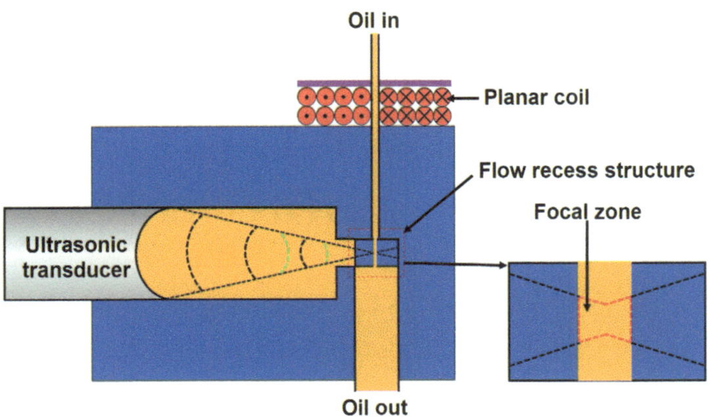

① 음향, 인덕턴스 ② 음향, 리액턴스

③ 광학, 인덕턴스 ④ 광학, 리액턴스

62 아래의 그림에서 on-line 방식은 어느 것인가?

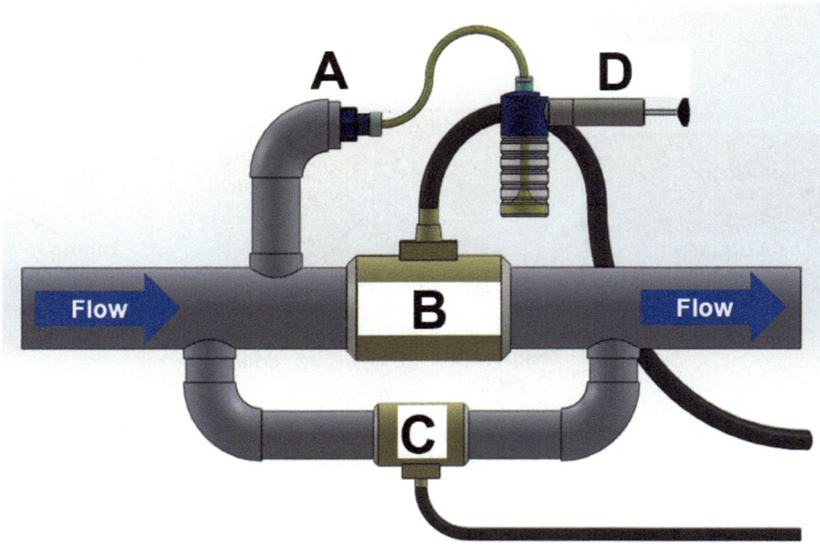

① A ② B

③ C ④ D

63 유전상수에 대한 설명으로 바르지 않은 것을 선택하라.

① 윤활유의 수분의 양이 증가하면 유전상수는 감소한다.

② 윤활유의 유전상수는 대체적으로 2.1 ~ 2.8 정도의 범위를 가진다.

③ 온도가 증가하면 유전상수는 일반적으로 감소한다.

④ 수분이 오염되면 물이 극성이므로 유전상수의 편극성에 크게 영향을 준다.

64 아래 그림과 같은 센서에 대한 설명으로 바르지 않은 것을 선택하라.

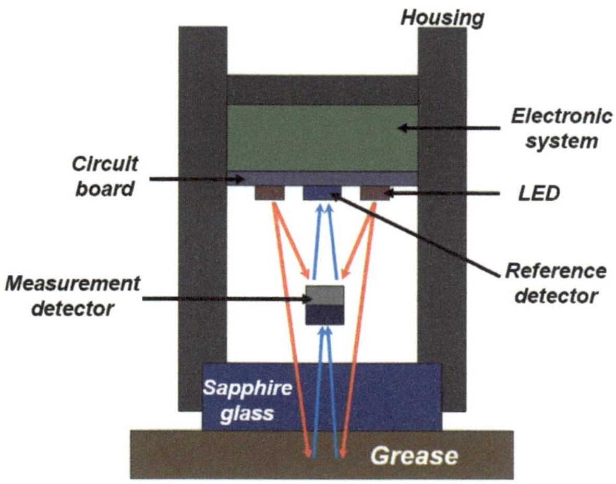

① 유체의 유동이 균일하지 않아 측정하기 어렵다.

② 높은 점도 조건으로 인해 측정하기 어렵다.

③ 그리스 센서이다.

④ 자외선으로 빛의 흡수성을 이용하여 측정한다.

65 전기전도도 센서에 대한 설명으로 바르지 않은 것을 선택하라.

① 전기전도도는 전기전도율이라고도 한다.

② 전기전도도는 전기 저항의 역수이고 전류가 통과하기 쉬운 정도를 나타낸다.

③ 하나의 물성값이므로 분석하기에 용이하다.

④ 유전상수 센서와 같이 여러 가지 원인에 의해 물성값이 변화한다.

정답 및 해설

번호	정답	해설
1	①	① 윤활유를 분석하는 방법은 크게 오프라인 방법, 인라인 방법, 온라인 방법이 있다.
2	①	① 윤활유의 오염원에는 물, 공기, 열, 고체 입자, 연료, 부동액, 부적절한 윤활유 등이 있다.
3	④	
4	②	② 연료의 오염으로 점도가 감소하고 윤활유의 첨가제가 희석이 되므로 윤활성능이 저하된다.
5	①	
6	④	④ 락커링은 표면과의 결합력이 커서 물리적 힘에 의해 쉽게 제거되지 않는다.
7	③	③ 동점도를 kinematic viscosity로 표현하고 dynamic viscosity는 absolute viscosity와 함께 절대 점도를 나타낸다.
8	④	
9	②	
10	③	
11	①	① 중력 하에 윤활유가 흐를 수 있는 최저온도이다.
12	②	
13	④	④ 전기량 계량법은 체적 계량법에 비해 적은 양의 수분이 측정 가능하다.
14	①	
15	②	
16	④	④ SAE AS 4059는 000에서 12까지 15등급으로 나누어져 있다.
17	①	① 톨루엔과 이소프로판올을 3:1으로 혼합한 뒤, 이 혼합용액을 윤활유 시료와 1:1로 혼합하는 방법은 ASTM D7647에 규정되어 있다.
18	③	
19	③	③ 분석 결과는 cm당 파동의 수에 대한 흡수량으로 표시한다.
20	④	④ RDE는 10μm보다 작은 입자에 대한 분석에 용이하지만 ICP는 3μm보다 작은 입자에 대한 분석에 용이하다.
21	③	
22	④	④ WPC=(D_L+D_S)/Sample Volume → WPC=(3+2)/10=0.5
23	①	① 회전압력용기 산화시험(Rotating Pressure Vessel Oxidation Test, RPVOT)은 RBOT(Rotating Bomb Oxidation Test)라고도 한다.

번호	정답	해설
24	④	④ 테스트하는 데 1분 안에 검사가 완료된다.
25	②	② 72시간 시료를 묵힌 다음에 시료와 에테르를 각각 50 ml 혼합하여 사용한다.
26	④	④ Four ball test에서 융착될 때까지의 인가한 하중이 클수록 내마모 성능이 우수하다.
27	②	② Sulfated ash 분석을 통해서 사용유의 첨가제 양뿐만 아니라 금속 마모입자들이나 무기질 오염물의 양을 파악할 수 있다.
28	③	
29	②	② 마모입자 센서는 인덕턴스(Inductance)를 이용하는 방법, 전기용량(Capacitance)을 이용하는 방법, 음향(Acoustics)을 이용하는 방법, 광학(Optics)을 이용하는 방법 그리고 인덕턴스와 영구자석을 이용하는 Bulk measurement 방식이 적용된다.
30	④	④ 초음파를 이용한 마모입자 센서는 공기와 고체 입자를 수신되는 파의 형태로 구분이 가능하다.
31	③	
32	④	④ 마모입자가 측정 영역을 벗어날 수 있으므로 실제 오염에 비해 과소 평가된다.
33	②	
34	③	③ X-선을 이용하는 방법은 높은 정확도를 가진다.
35	①	① 유전상수는 전공상태일 때의 전기용량 또는 유전율에 대한 어떤 물질에서의 전기용량 또는 유전율의 비를 나타낸다.
36	③	③ 유전상수는 물, 마모입자, 부동액, 연료의 혼입 같은 오염물의 존재에 대한 정보를 제공하고 산화나 첨가제 고갈 같은 윤활유의 화학적 변화에 대한 정보도 제공한다.
37	③	③ 윤활유 산화 잔존 수명(%) = (RPVOT @사용유) X 100/(RPVOT @신유) (3500 X 100) / 4320 = 81.01
38	④	④ 분석결과를 바탕으로 연료의 오염을 예상할 수 있다. 우선 인화점이 신유에 비해 많이 감소하였고 또한 점도도 연료의 유입으로 감소하였다. 그 결과 연료의 황 성분과 물이 반응하여 황산을 형성하고 부식을 유발하였다. 그 결과 Fe과 Al 같은 마모입자 성분들이 증가하였다.
39	③	③ Si 성분이 다량으로 증가하였고, Fe과 Al 성분이 증가한 것으로 보아 흙, 먼지 등의 유입으로 Si가 증가하면서 마모에 의해 기계부품 소재의 성분인 Fe과 Al 성분이 증가하였다. 그리고 Zn은 내마모 첨가제의 성분으로 마찰 작용으로 소모한 것으로 판단된다. 이런 현상들은 건설장비의 윤활유에서 발견될 수 있는 현상이다.
40	②	② 열에 의한 윤활유의 열화는 점도를 증가 또는 감소시킨다. 윤활유의 온도가 증가하면 점도는 감소하고 지속적인 열이 공급이 되면 산화 등의 원인으로 점도가 증가한다.
41	③	
42	②	
43	④	

Exercise

번호	정답	해설
44	②	② 체적 계량법(volumetric method)은 요오드 시약을 이용한 적정방법으로 사용된 시약의 부피를 측정하여 수분을 측정하는 방법으로 ASTM D1744에 규정되어 있다.
45	③	
46	④	④ 수트 오염에 의해 윤활유의 점도는 증가한다.
47	①	① Alberola의 가설에서는 윤활유가 겔(gel)화되는 Gelation과 유리재질로 변화하는 Vitrification이 관련이 있다.
48	①	① 연료의 황 함유량에 따른 윤활유의 염기가(BN)를 나타낸다.
49	③	③ 1 cP = 1 mPa · s
50	①	① St는 cm^2/s이므로 차원은 M^2T^{-1}이다.
51	①	
52	③	
53	③	③ 비정상적인 운전 조건에서의 마모입자의 사이즈는 20 ~ 100 μm 정도이다.
54	④	④ 각 사이즈별의 등급 중에서 가장 오염 정도가 심한 등급을 최종 등급으로 한다.
55	①	
56	①	① Timken test ② ICP ③ Four ball test ④ FZG(Four Square Gear) test
57	②	
58	③	③ 엔진이나 기계가 작동하지 않을 때 시료를 채취하면 윤활유 시료의 대표성이 나빠지므로 바람직하지 않다.
59	②	
60	②	
61	①	
62	③	① Off-line test ② In-line test ③ On-line test ④ Oil sampling(Off-line test)
63	①	① 윤활유의 수분의 양이 증가하면 유전상수는 증가한다.
64	④	④ 근적외선으로 그리스에 반사되는 빛을 분석하여 측정한다.
65	③	③ 하나의 물성값이지만 여러 가지 원인에 의해 변화하므로 분석이 용이하지 않다.

APPENDIX

윤활유 관련 자격증 및 시험 소개

A.1 KCI-MD(한국설비진단자격인증원) 트라이볼로지 영역 시험

A.2 ICML 시험

A.3 ISO 관련 규정

A.1 KCI-MD(한국설비진단자격인증원) 트라이볼로지 영역 시험

한국설비진단자격인증원은 소음진동공학회 부설기관으로 2004년에 설립되었다. 2015년에 KAB 기술자격자 인증기관으로부터 국가공인인증기관으로 승인되었다. 2017년 1월 21일 이후로는 IAF(International Accreditation Forum)으로부터 인증을 받아 미국과 같이 IAF에 가입된 국가들로부터 자격증이 상호인정되고 있다.

아래와 같이 현재 진동 분야, 트라이볼로지 분야, 열화상 분야가 운영되고 있고 초음파 분야는 준비 중에 있다.

❑ **ISO 18436 기반 기술전문가 인증기관 (국내 유일)**

- **진동분야: ISO 18436-2, Category I, II, III, IV**
- **트라이볼로지(윤활 분석)분야: ISO 18436-4, Category I, II**
    - **Category III 준비 중**
- **열화상 분야: ISO 18436-7, Category I, II**

한국설비진단자격인증원은 아래와 같이 인증위원회뿐만 아니라 자문 위원회와 품질 및 공평성 관리 위원회, 인증 및 훈련 기관 관리팀으로 구성되어 있다.

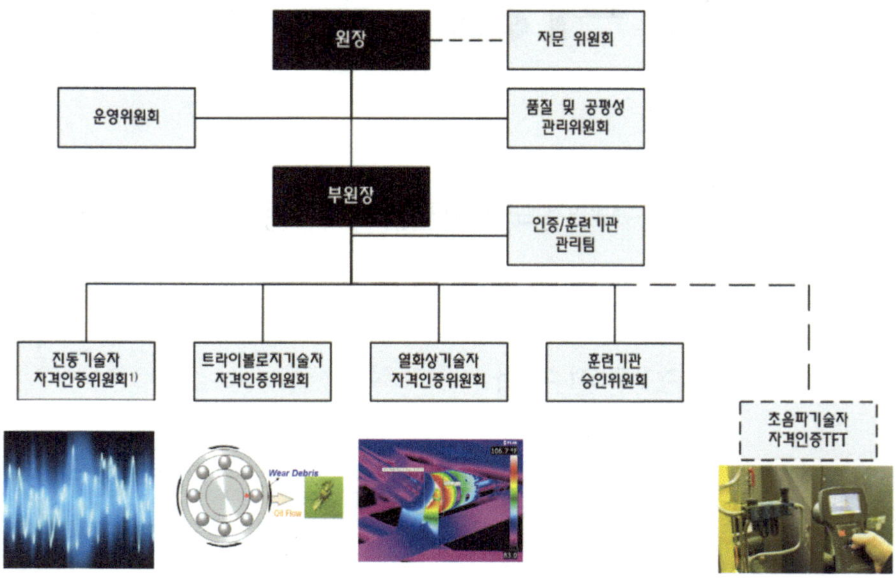

트라이볼로지(윤활유 분석) 분야는 영역 1과 영역 2가 현재 운영 중이고 매년 2회의 인증시험을 실시하고 있다. 상반기에는 영역 1에 대한 시험을, 하반기에는 영역 1과 2에 대한 시험을 실시하고 있다. 관련 교육기관으로는 솔지와 한국석유관리원이 있다. 자세한 사항은 아래 그림과 같이 한국설비진단자격인증원 홈페이지의 자격시험에 자세히 설명되어 있다. 영역 1의 시험은 70문제이고 70점 이상(49문항)을 합격으로 인정하고 영역 2의 시험은 100문제이고 70점 이상(70문항)을 합격으로 인정한다.

솔지(SOLGE)		한국석유관리원 석유기술연구소 (Korea Institute Petroleum Management, Petroleum Technology R&D Center)	
홈페이지	• http://www.solge.com	홈페이지	• http://www.kpetro.or.kr
인정번호	• TB-TR 18-01(트라이볼로지 영역 I,II)	인정번호	• TB-TR 17-01(트라이볼로지 영역 I,II)
사업자등록번호	• 503-81-41718(대표자 : 김태헌)	사업자등록번호	• 301-82-15421(대표자 : 손주석)
사업장소재지	• 대구 달성구 다사읍 세천리 세천북로 8길 11	사업장소재지	• 충북 청원군 오창읍 양청3길 33
유효기간	• 2018.9.1 ~ 2022.8.31(트라이볼로지 영역 I,II)	유효기간	• 2017.9.1 ~ 2021.8.31(트라이볼로지 영역 I,II)
인정분야 및 범위	• 트라이볼로지 영역 I~II	인정분야 및 범위	• 트라이볼로지 영역 I~II

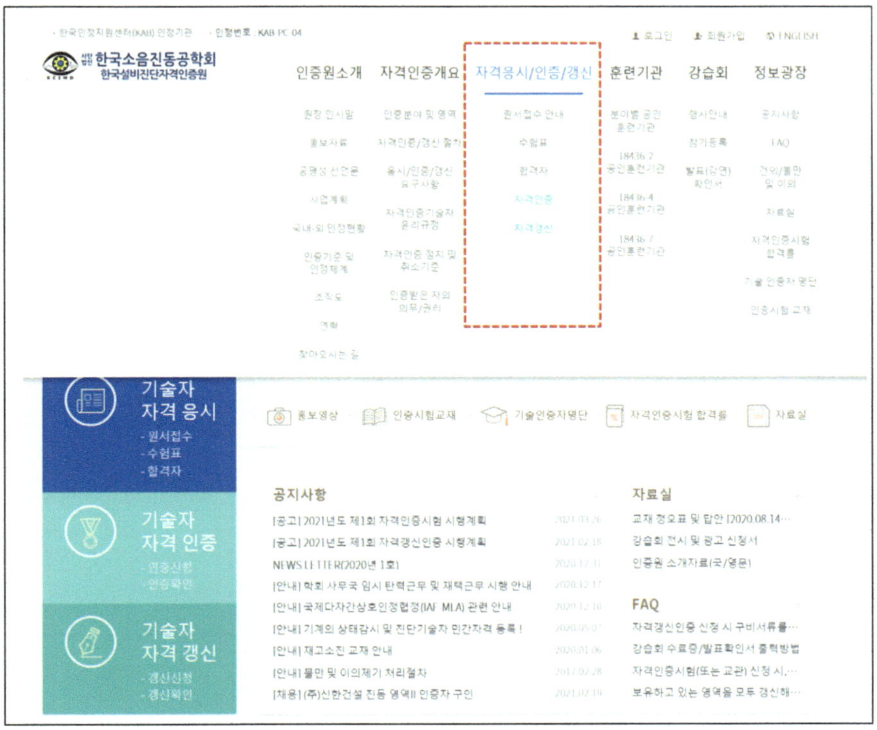

A.2 ICML 시험

ICML(International Council for Machinery Lubrication)에서 발급하는 자격시험으로 MLA(Machine Lubricant Analyst), MLT(Machinery Lubrication Technician), LLA(Laboratory Lubricant Analyst), MLE(Machinery Lubrication Engineer) 과정이 있다.

MLA는 Level 2, Level 3 과정이 현재 운영 중이고 MLT는 Level 1, Level 2 과정이 운영 중이다. 그 외에 LLA는 Level 1, Level 2 과정이 있다.

이 자격시험은 각 나라마다 지정된 교육기관에서 일정 시간 교육을 이수한 뒤, 자격시험의 조건이 부여된다. 현재 우리나라에서는 대구에 소재하고 있는 솔지에서 운영하고 있다. 아래 그림과 같이 솔지 회사의 인터넷 홈페이지에 가면 교육일정을 확인할 수 있고 ICML 인터넷 홈페이지에 가면 각 자격증에 대한 정보를 확인할 수 있다.

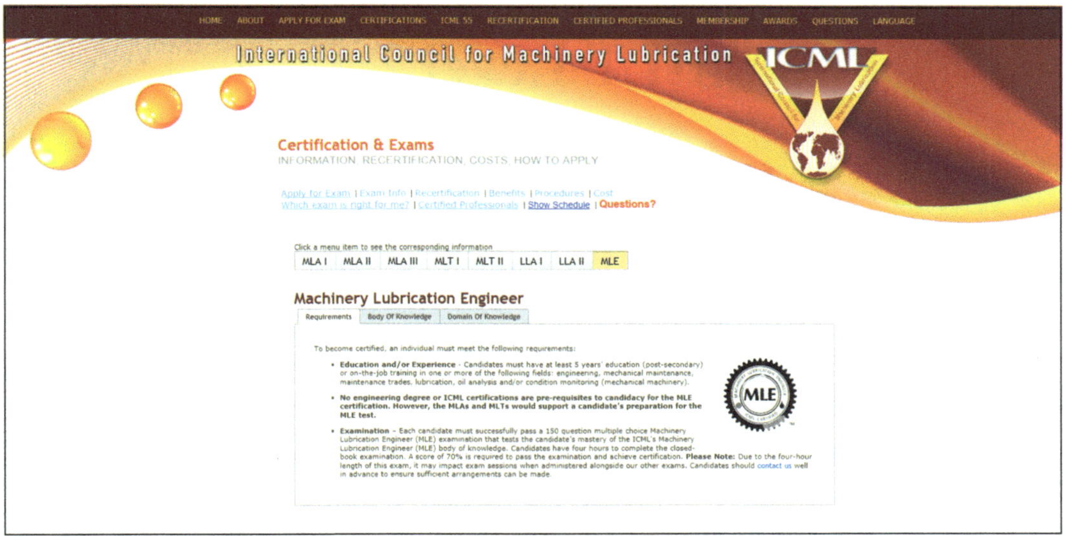
HOME ABOUT APPLY FOR EXAM CERTIFICATIONS ICML 55 RECERTIFICATION CERTIFIED PROFESSIONALS MEMBERSHIP AWARDS QUESTIONS LANGUAGE
International Council for Machinery Lubrication
ICML
Certification & Exams
INFORMATION, RECERTIFICATION, COSTS, HOW TO APPLY
Apply for Exam | Exam Info | Recertification | Benefits | Procedures | Cost
Which exam is right for me? | Certified Professionals | Show Schedule | Questions?
Click a menu item to see the corresponding information
MLA I MLA II MLA III MLT I MLT II LLA I LLA II MLE
Machinery Lubrication Engineer
Requirements Body Of Knowledge Domain Of Knowledge
To become certified, an individual must meet the following requirements:
Education and/or Experience - Candidates must have at least 5 years' education (post-secondary) or on-the-job training in one or more of the following fields: engineering, mechanical maintenance, maintenance trades, lubrication, oil analysis and/or condition monitoring (mechanical machinery).
No engineering degree or ICML certifications are pre-requisites to candidacy for the MLE certification. However, the MLAs and MLTs would support a candidate's preparation for the MLE test.
Examination - Each candidate must successfully pass a 150 question multiple choice Machinery Lubrication Engineer (MLE) examination that tests the candidate's mastery of the ICML's Machinery Lubrication Engineer (MLE) body of knowledge. Candidates have four hours to complete the closed-book examination. A score of 70% is required to pass the examination and achieve certification. Please Note: Due to the four-hour length of this exam, it may impact exam sessions when administered alongside our other exams. Candidates should contact us well in advance to ensure sufficient arrangements can be made.
MLE

MLA Level 3

International Council for Machinery Lubrication
Gil-Dong Hong
has satisfactorily fulfilled the requirements established by the Council for professional attainment in
Machinery Lubricant Analysis
and, is therefore designated by the Council as a
Certified Level III Machinery Lubricant Analyst
ISO Equivalency: ISO 18436-4, Category III
Certification Number: MLA III-000262
Certification Date 10/17/2014
Re-certify By: 11/1/2019
ICML

MLT Level 2

International Council
for Machinery Lubrication

Gil-Dong Hong

has satisfactorily fulfilled the requirements established by
the Council for professional attainment in

Machinery Lubrication

and, is therefore designated by the Council as a:
Certified Level II Machinery Lubrication Technician

Certification Number:MLT II-000225
Certification Date:11/15/2013
Re-certify By:11/15/2016

Director of Certification

ICML

By issuing this certificate, ICML attests that the above mentioned individual has met the requirements of its standards, but does not imply a guarantee of performance by certified individuals.

A.3 ISO 관련 규정

ISO는 International Ogranization for Standardization으로 인증규격 국제표준화기구이다. 국제적으로 통일된 표준을 제정함으로써, 상품과 서비스의 교역을 촉진하고 과학, 기술, 경제 전반의 국제 협력 증진을 목적으로 하는 국제기구이며 1926년에 각국의 주요 표준화 단체에 의해 결성된 ISA(International Federation of National Standardizations)의 업무를 계승하여 1947년에 설립되었다. 비조약 기구로 정부의 연합체는 아니지만, 각국을 대표하는 1개의 표준화 기구만이 의결권을 갖는 회원이고 가타 기관은 참관인으로 가맹하고 있다. 회원의 70% 이상이 정부 기관 또는 법률에 의해 설치된 표준화 기관이다. ISO는 창설 이래 19,500건 이상의 광범위한 분야의 국제 표준을 제정, 공표했다. 기계상태진단과 관련된 내용은 ISO 18436에 명시되었다. ISO 18436-2는 진동 기반의 상태진단에 관한 내용이고 ISO 18436-7은 열화상 기반의 상태진단에 관한 내용이다. 트라이볼로지 분야 즉 윤활유 분석 기반의 상태진단은 ISO 18436-4에 명시되어 있다. 아래는 ISO 18436-4에 대한 내용이다.

한국산업표준

KS B ISO 18436-4:2014

기계의 상태 감시 및 진단 — 요원의 자격과 평가에 대한 요구사항 — 제4부: 현장 윤활제 분석

Condition monitoring and diagnostics of machines —
Requirements for qualification and assessment of personnel —
Part 4: Field lubricant analysis

1. 적용범위

이 표준은 현장 윤활제 분석을 이용하여 기계의 상태감시 및 진단 업무를 수행하는 요원의 자격 및 평가에 대한 요구사항을 규정한다.

이 표준에 부합하는 인증서 또는 신고서는 기계의 상태감시에 대한 현장 윤활제 분석을 수행하는 요원의 자격과 능력을 인정하는 것이다. 이 절차는 전문화된 장비 또는 다른 특정 상황에 적용하는 것은 아니다.

이 표준은 여기서 서술된 기술 분야에 기초한 3개 영역(category) 분류 프로그램에 대하여 규정한다.

2. 인용표준

다음의 인용표준은 전체 또는 부분적으로 이 표준의 적용을 위해 필수적이다. 발행연도가 표기된 인용표준은 인용된 판만을 적용한다. 발행연도가 표기되지 않은 인용표준은 최신판(모든 추록을 포함)을 적용한다.

KS B ISO 13372, 기계의 상태감시 및 진단 — 용어

KS B ISO 18436-1:2012, 기계의 상태감시 및 진단 — 요원의 훈련 및 자격인증에 대한 요구사항 — 제1부: 자격인증기구 및 인증과정에 대한 요구사항

KS B ISO 18436-3, 기계의 상태감시 및 진단 — 요원의 자격과 평가에 대한 요구사항 — 제3부: 훈련기관과 훈련과정에 대한 요구사항

3. 용어와 정의

이 표준의 목적을 위하여 KS B ISO 13372에 규정된 용어와 정의 및 다음을 적용한다.

3.1 윤활제(lubricant)

두 표면 사이의 마찰을 완화시키고 마멸을 감소시키는 목적으로 상대 운동을 행하는 두 표면 사이에 삽입되는 물질이다.

비고: 유압 작동유 및 열전달 유체는 윤활제로 간주한다.

3.2 윤활제 분석(lubricant analysis)

시험 결과에 대한 해석과 보고 및 조치를 포함하여 윤활제의 검사와 시험을 수행하고 감시하는 과정이다.

4. 요원의 분류(현장 윤활제 분석)

4.1 일반사항

이 표준의 요구사항을 만족한다고 평가되는 개개인은 그들의 자격에 따라 3영역 중 하나로 분류된다.

그들은 부속서 A에 나타낸 대로 해당 영역에 대한 현장 윤활제 분석에서의 필요한 기술을 입증해 보여야 한다.

영역 Ⅱ로 분류되는 요원은 영역 Ⅰ로 분류되는 요원에게 요구되는 모든 지식과 기술을 가져야 하며, 영역 Ⅲ으로 분류되는 요원은 영역 Ⅱ로 분류되는 요원에게 요구되는 모든 지식과 기술을 가져야 한다.

4.2 영역 Ⅰ

영역 Ⅰ로 분류되는 요원은 제정 및 승인된 절차에 따라 현장 윤활제 분석을 수행할 수 있는 자격이 부여되며, 다음과 같은 사항을 할 수 있어야 한다.

a) 적절하게 제정된 절차에 따라 사전에 프로그램된 과정으로 윤활제를 주입하고 재윤활하며 윤활제를 검사한다.

b) 적절한 방법으로 윤활 장치와 장비를 유지 관리한다.
c) 영역 Ⅱ 또는 그 이상 자격의 요원에 의해 적절하고 안전하며 비해체적(non-intrusive)이라고 판단된 표본화 장치를 설치한다(임의의 해체적 표본화 장치의 설치는 반드시 고객에 의해 인정된 적절한 자격을 갖춘 요원에 의해 시행되어야 한다).
d) 분석 계기의 보정을 하고, 작업이 필요한 곳의 해당 요원에게 보고한다.
e) 사전에 프로그램된 과정에 근거하여 휴대용 윤활제 분석 계기를 작동하고 관리한다.
f) 휴대용 윤활제 분석 계기로부터 시험 데이터 원본을 다운로드하고 업로드한다.
g) 제정된 절차에 따라 기계시스템, 장비 및 저장 용기로부터 윤활제 표본을 채취한다.
h) 제정된 절차에 따라 운송용 또는 시험용 표본을 준비한다.

4.3 영역 Ⅱ

영역 Ⅱ로 분류되는 요원은 제정 및 승인된 절차에 따라 기본적인 현장 윤활제 시험 및 분석을 수행할 수 있는 자격이 부여되며, 다음과 같은 사항을 할 수 있어야 한다.

a) 기본적인 현장 시험(on-site testing)을 위한 계기를 설치한다.
b) 현장 시험에 사용되는 계기에 대한 보정 검사를 수행한다.
c) 표본 채취, 준비 및 운송에 대한 절차를 확립한다.
d) 표본화 위치 장소, 방법 및 장치를 선정하고 표본화 장치의 설치를 감독한다.
e) 현장 시험과 마멸 입자 분석을 위하여 미리 선정된 시험방법을 적용한다.
f) 현장 외부(off-site)의 실험실과 연락한다.
g) 적용 가능한 시방서와 표준에 따라 기본 시험 결과(허용 시험 포함)를 분류하고 해석하며 평가한다.

h) 윤활제, 기계 및 부속품의 고장을 추적하기 위한 기본적인 윤활제 분석 기법을 적용한다.
i) 분석 스케줄, 결과 및 진단에 사용되는 데이터베이스를 유지 관리한다.
j) 기본적인 윤활제 및 기계상태에 대해 해당 요원에게 보고 사항을 준비하고, 교정작업(비해체적 정비)을 권고하며 수리/교환의 유효성에 대해 보고한다.
k) 대체 또는 보조적인 상태감시 기술의 사용에 대해 알아야 한다.
l) 영역 Ⅰ 요원에 대한 지도와 감독을 한다.

4.4 영역 Ⅲ

영역 Ⅲ으로 분류되는 요원은 제정 및 승인된 절차에 따라 모든 형태의 현장 윤활제 시험 및 분석을 수행 및 감독할 수 있는 자격이 부여되며, 다음과 같은 사항을 할 수 있어야 한다.

a) 시험방법, 표준, 코드, 시방서 및 절차를 해석하고 평가한다.
b) 적절한 기계 윤활제 분석 기법을 선정한다.
c) 휴대용 및 영구적으로 설치된 시스템 관리를 위하여 필요한 적절한 계측 하드웨어 및 소프트웨어를 올바르게 지정한다.
d) 보정 프로그램을 디자인하고 관리한다.
e) 주기적/연속적 감시용 기계, 시험 주파수 및 방식, 과정 계획 등과 성능 보증 시험의 결정을 포함하는 윤활제 감시 프로그램을 수립한다.
f) 기계류의 목적, 경보 및 제한사항에 대한 시방서를 위한 프로그램을 설정한다.
g) 고급 현장 시험과 마멸 입자 분석을 수행한다.
h) 적용 가능한 시방서와 표준에 따라 고급 시험 결과와 마멸 입자 분석(허용 시험 포함) 결과를 분류하고 해석하며 평가한다.
i) 윤활제 해석 소프트웨어와 데이터베이스에 대한 행정적 임무를 관리하고 수행

한다.

j) 고장 모드, 영향 및 신뢰성 분석(FMECA)을 수행한다.

k) 고장 상태에 대한 예측 진단(prognostics)을 수행한다.

l) 외부 윤활제 분석 서비스의 수행을 평가하고 필요한 수정 교체를 추천한다.

m) 윤활제 및 기계 상태에 대한 고급 윤활제 시험과 마멸 입자 해석에 근거하여 해당 요원에게 보고서를 준비한다.

n) 주요 정비에 대한 교정 작업을 추천하고[일반적으로 해체(intrusive) 정비의 경우], 수리 및 교환의 유효성에 대해 보고한다.

o) 상태진단 프로그램의 관리, 경고값들의 설정, 작업 절차서의 작성을 행할 수 있어야 하며, 허용 시험 절차를 명시할 수 있어야 한다.

p) 대체하여 사용할 수 있는 상태감시(CM) 기술을 추천한다.

q) 기 발생한 데이터에 근거하여 현재 사용 중인 윤활제를 검토하고, 성능 향상의 관점에서 필요한 윤활제 시방서 변경을 포함하는 추천을 행한다.

r) 베어링에서의 로터의 안정성, 터빈 제어 계/시스템의 안정성, 기어의 마멸 및 유체 동역학 시일 등에 영향을 미치는 물리적/화학적 변수들을 평가한다.

s) 영역 Ⅰ 및 Ⅱ 요원에 대한 지도와 감독을 한다.

비고 영역 Ⅲ으로 분류되는 요원이 예산안의 편성, 원가 정당성의 준비, 요원 발굴 및 관리와 같은 관리 기술에 있어서 필요한 능력을 갖추고 있음을 보장하는 것은 고용자의 책임이다.

5. 적격성

5.1 일반사항

자격 취득을 원하는 지원자는 기계의 윤활 및 윤활제 분석에 적용되는 원리와 절차를 이해하고 있음을 확인할 수 있는 통합적인 교육, 훈련 및 경력을 가져야 한다. 일반적인 기계류 지식도 요구된다.

5.2 교육

자격 취득을 원하는 지원자는 적격성을 입증하기 위해 정규 교육의 증거를 제시할 필요는 없다. 그러나 영역 Ⅰ와 영역 Ⅱ의 지원자는 최소한 고등학교 졸업 또는 동등 이상의 학력을 갖도록 권장한다.

영역 Ⅱ와 영역 Ⅲ의 지원자는 간단한 대수방정식을 처리하고, 기본적인 공학용 계산기(삼각함수와 로그함수 포함)를 사용하며, 컴퓨터 사용에 익숙해야 한다. 영역 Ⅲ의 인증을 받고자 하는 지원자는 인가받은 대학이나 기술학교에서 2년 이상의 기계기술이나 기계공학 과정을 이수하는 것을 강력 권장한다.

5.3 훈련

5.3.1 일반사항

이 표준에 근거한 평가를 신청할 자격을 얻기 위해서, 지원자는 부속서 A의 요구 조건에 근거한 훈련을 성공적으로 이수한 증빙 서류를 구비하여야 한다. 참고문헌의 자료들이 훈련 과목에 대한 지식의 기본적 범위로서 사용되는 것이 좋다. 이러한 훈련은 KS B ISO 18436-3의 요구 조건에 부합하여야 한다. 훈련에 대한 최소 누적 훈련 기간은 표 1에 주어진다. 훈련은 강의, 시범, 실습 또는 정규훈련과정의 형태를 갖는 것이 좋다.

자격 요구사항은 이 표준에 부합하여야 한다. 각각의 주제에 대해 소요되는 훈련 시간은 부속서 A와 표 1에 따라야 한다.

표 1. 최소 누적 훈련 기간(시간)

영역 I	영역 II	영역 III
24	48	80

5.3.2 트라이볼로지(tribology)와 윤활 관리에 대한 추가적인 훈련

지원자는 표 1에 보인 훈련 시간에 추가하여, 최소한 표 1에 명시된 기간에 준하는 기간 동안 트라이볼로지와 윤활 관리 훈련을 받아야 한다.

이러한 훈련은 대학 교육을 포함하여 5.2의 정규 교육에 추가되어야 한다. 추가적인 훈련은 설계, 설치, 윤활 및 윤활제 분석 계/시스템의 운영과 프로그램, 기계 및 부품의 정비 원리, 상기 원리와 관련된 고장 모드 및 기구, 그리고 각 고장 기구와 관련된 전형적인 트라이볼로지 관점을 포함한다. 이러한 훈련은 검증 가능한 기록에 의해 확인되어야 한다.

5.4 경력

5.4.1 이 표준에 근거한 평가를 신청할 자격이 있기 위해서는, 지원자는 표 2에 따른 윤활제 분석을 기반으로 한 기계의 상태감시 분야에서의 경력 증빙 서류를 평가기관에 제출하여야 한다. 영역 Ⅱ와 영역 Ⅲ의 인증은 이보다 낮은 영역의 자격을 필요로 한다.

표 2. 최소 누적 표본화 및 분석 경력 요구사항(개월)

영역 I	영역 II	영역 III
12	24	36

비고 경력 개월 수는 월당 최소 16시간의 윤활제 분석을 기반으로 한 기계의 상태감시 경력을 근거로 한다.

5.4.2 지원자는 그들의 윤활제 분석을 기반으로 한 기계의 상태감시 작업을 행하였던 시간 및 일의 성격을 증명할 수 있는 증빙 서류를 준비해야 한다. 영역 Ⅰ과 영역 Ⅱ에 대한 지원자는 영역 Ⅱ 이상의 인증자에 의해 확인된 증명 자료를 소지해야 하며, 이러한 사람이 없다면 지원자의 기술감독자에 의해 확인된 증명 자료를 소지해야 한다.

5.4.3 영역 Ⅲ을 위한 지원자는 영역 Ⅲ의 인증자에 의해 확인된 증명 자료를 소지해야 하며, 이러한 사람이 없다면 지원자의 기술감독자에 의해 확인된 증명 자료를 소지해야 한다.

5.4.4 모든 영역에 대한 증명 확인 절차는 증명 서류상에 확인자의 서명을 필요로 한다. 확인자는 확인의 신뢰도를 높이기 위해 구두 평가, 부수적인 업무 평가, 보고서 제출 및 검사, 절차서 제출 및 검사, 또는 이들을 조합한 방법으로 확인 방법을 보강하는 것이 좋다.

6. 시험

6.1 시험 내용

6.1.1 각 영역에 있어서, 지원자는 표 3에 제시된 시간 동안 복수 선택형 문제에서 정해진 최소한 수의 정답을 맞추어야 한다.

6.1.2 시험 문항들은 실제적이어야 하나, 지원자들에게 기계의 상태감시를 위한 기계의 윤활 및 윤활제 분석을 수행하는 데 요구되는 개념과 원리에 대해 시험해야 한다.

6.1.3 시험 문항들은 차트나 그림의 해석을 포함할 수 있으며, 기본적인 공학용 계산기를 사용하는 간단한 수학적 계산이 요구될 수도 있다. 또한 시험 문항의 성격에 따라

일반적인 공식들에 대한 요약표가 마련될 수도 있다.

6.1.4 시험 내용은 부속서 A에 나와 있는 훈련 과목에 비례하여 출제한다.

6.1.5 평가기관은 재량으로 지원자들에게 보상 차원에서 임의로 편의 시설을 제공할 수 있다.

표 3. 최소 시험 내용

영역	문항 수	시간(h)	합격 등급(%)
영역 I	70	2	70
영역 II	100	3	70
영역 III	100	3	70

6.2 시험의 운영

모든 시험은 KS B ISO 18436-1:2012의 8.1에 따라 실시되어야 한다. 다만 컴퓨터용 마킹을 할 경우, 연필과 지우개를 지참하는 것은 허용된다.

부속서 A

(규정)

현장 윤활제 분석 요원에 대한 훈련 과목 요구사항과 최소 훈련 시간

A.1 훈련 과목

표 A.1 훈련 과목

주제	훈련 시간		
	영역 I	영역 II	영역 III
1. 정비 전략	2.5	1	-
2. 윤활 이론 및 기초	4	1	6.5
3. 윤활제 선정	2.5	-	-
4. 윤활제 적용 원리	4	-	-
5. 윤활제 저장 및 관리	2.5	-	-
6. 윤활제 오염 측정 및 제어	2.5	6	-
7. 오일 표본화	2.5	7	-
8. 윤활제 건전성 감시, 진단, 예측 진단(prognostics) 및 일반적인 정비 권장사항	2.5	5	8
9. 마멸 입자 감시 및 분석	1	4	11.5
10. 윤활제 분석 프로그램 개발 및 관리	-	-	6
각 영역에 대한 총 시간	24	24	32

A.2 세부 주제 목록 및 교육 시간

표 A.2. 세부 주제 목록 및 교육 시간

주제	세부 항목	훈련 시간		
		영역 I	영역 II	영역 III
1. 정비 전략		2.5	1	-
	1. 고장 이유	*		
	2. 정비 불량이 회사 이익에 미치는 영향	*		
	3. 고장을 피하기 위한 효과적인 윤활의 역할	*		
	4. 신뢰성-중심 정비(RCM)의 기본 관점		*	
	5. 상태-기준 정비(CBM)의 관점		*	
	a) 예방 정비 전략		*	
	b) 선행 정비 전략		*	
	c) 윤활 과정 및 일정 계획	*		
	d) 윤활 효율성을 보증하는 윤활제 분석 및 기술	*		
	e) 장비의 추적 장치 부착 및 식별	*		
2. 윤활 이론 및 기초		4	1	6.5
	1. 트라이볼로지의 기초	*		
	2. 윤활제의 기능	*	*	
	3. 윤활영역	*	*	*
	a) 유체 윤활	*	*	*
	b) 탄성 유체 윤활	*	*	*
	c) 경계 윤활	*	*	*
	4. 기유(base oil)	*	*	*
	a) 기능	*	*	
	b) 물성	*	*	
	c) 특성, 장점 및 단점	*	*	*

비고 1 영역 II는 영역 I의 지식을 포함하고, 영역 III은 영역 I과 영역 II의 지식을 포함한다.
비고2 *는 지정된 영역에서 배워야 할 주제를 나타낸다.

A.2 세부 주제 목록 및 교육 시간

표 A.2. 세부 주제 목록 및 교육 시간

주제	세부 항목	훈련 시간		
		영역 I	영역 II	영역 III
2. 윤활 이론 및 기초(계속)	5. 첨가제 기능	*	*	*
	a) 산화방지제/산화억제제			*
	b) 녹 방지제			*
	c) 부식 방지제			*
	d) 항유화제			*
	e) 점도 지수(VI) 향상제	*	*	*
	f) 청정제	*	*	*
	g) 분산제			*
	h) 유동점 강하제			*
	i) 소포제			*
	j) 내마멸 첨가제			*
	k) 극압 첨가제			*
	6. 오일 윤활제의 물리적, 화학적 및 성능 물성 및 분류	*		
	7. 그리스 윤활	*		
	a) 그리스 제조 방법	*		
	b) 증주제 종류	*		
	c) 증주제의 호환성	*		
	d) 그리스 윤활제의 물리적, 화학적 및 성능과 물성 및 분류	*		
	8. 고체 윤활	*		
	a) 고체 윤활제 종류	*		
	b) 고체 윤활 메커니즘	*		
	c) 압력-속도(PV) 요인 방정식	*		
	d) 비마멸률 방정식	*		

비고 1 영역 II는 영역 I의 지식을 포함하고, 영역 III은 영역 I과 영역 II의 지식을 포함한다.
비고2 *는 지정된 영역에서 배워야 할 주제를 나타낸다.

A.2 세부 주제 목록 및 교육 시간

표 A.2. 세부 주제 목록 및 교육 시간

주제	세부 항목	훈련 시간		
		영역 I	영역 II	영역 III
2. 윤활 이론 및 기초	9. 가스 윤활	*		
	a) 가스 윤활 베어링의 장점	*		
	b) 윤활 가스의 물성	*		
	10. 분류 체계	*		
	a) 점도(ISO/SAE)	*		
	b) 그리스의 주도(NLGI)	*		
	c) 엔진(API/ILSAC)	*		
	d) API 자동차 기어 오일 분류	*		
	e) ATF 분류	*		
	f) 자동차 브레이크 오일 분류	*		
	g) AGMA 기어 분류	*		
	h) AGMA 기어 커플링 분류	*		
	i) 터빈 오일 분류(BSI, DIN, GE, BB)	*		
	j) 유압 작동유[ISO, 공장 상호 내화 등급 계(시스템), ASTM, 각종 부품/계(시스템) OEM 성능 시방서]	*		
	k) USDA/FSIS 및 NSF 식품 등급 윤활제 분류	*		

비고 1 영역 II는 영역 I의 지식을 포함하고, 영역 III은 영역 I과 영역 II의 지식을 포함한다.
비고2 *는 지정된 영역에서 배워야 할 주제를 나타낸다.

A.2 세부 주제 목록 및 교육 시간

표 A.2 세부 주제 목록 및 교육 시간

주제	세부 항목	훈련 시간		
		영역 I	영역 II	영역 III
3. 윤활제 선정		2.5	-	-
	1. 오일, 그리스 윤활의 선정/장점 및 단점	*	-	-
	2. 고체, 가스 윤활의 선정/장점 및 단점	*		
	3. 점도의 선정	*		
	4. 기유 종류 선정	*		
	5. 첨가제 계/시스템 선정	*		
	6. 그리스 증주제 선정	*		
	7. 특정 기계 윤활제 요구사항	*		
	a) 유압계/시스템	*		
	b) 평면 베어링	*		
	c) 구름 베어링	*		
	d) 저널 베어링	*		
	e) 왕복동 기관	*		
	f) 기어 및 기어 박스	*		
	g) 로프	*		
	h) 체인	*		
	i) 증기 터빈	*		
	j) 가스 터빈	*		
	k) 내연 기관	*		
	l) 압축기	*		
	8. 적용 및 환경 관련 조정사항	*		
4. 윤활제 적용 원리		4	-	-
	1. 수동 급유 방법의 효과적 이용	*		
	2. 자동 급유계/시스템	*		
	a) 분산식 급유 방법	*		
	b) 자동 윤활기	*		
	c) 자동 윤활계/시스템의 정비	*		

비고 1 영역 II는 영역 I의 지식을 포함하고, 영역 III은 영역 I과 영역 II의 지식을 포함한다.
비고2 *는 지정된 영역에서 배워야 할 주제를 나타낸다.

A.2 세부 주제 목록 및 교육 시간

표 A.2 세부 주제 목록 및 교육 시간

주제	세부 항목	훈련 시간		
		영역 I	영역 II	영역 III
5. 윤활제 저장 및 관리		2.5	-	-
	1. 윤활제 반입 절차	*		
	2. 적절한 저장 및 재고 관리	*		
	3. 윤활제 저장 용기	*		
	4. 그리스 건 및 기타 윤활제 적용 장비의 적절한 보관	*		
	5. 자동 그리스 계/시스템의 정비	*		
	6. 유해성 및 안전 보증	*		
6. 윤활제 오염 측정 및 제어		2.5	6	-
	1. 입자 오염		*	
	a) 기계에 대한 영향		*	
	b) 윤활제에 대한 영향		*	
	c) 입자 오염 측정 방법 및 단위		*	
	d) 입자 오염 제어 기술		*	
	2. 수분 오염		*	
	a) 기계에 대한 영향		*	
	b) 윤활제에 대한 영향		*	
	c) 공존 상태		*	
	d) 수분 오염 측정 방법 및 단위		*	
	e) 항유화도 측정		*	
	f) 수분 오염 제어 기술		*	
	3. 글리콜 냉각제 오염		*	
	a) 기계에 대한 영향		*	
	b) 윤활제에 대한 영향		*	
	c) 글리콜 오염 측정 방법 및 단위		*	
	d) 글리콜 오염 제어 기술		*	
	4. 수트 오염		*	
	a) 기계에 대한 영향		*	
	b) 윤활제에 대한 영향		*	
	c) 수트 오염 측정 방법 및 단위		*	
	d) 수트 오염 제어 기술		*	

비고 1 영역 II는 영역 I의 지식을 포함하고, 영역 III은 영역 I과 영역 II의 지식을 포함한다.

비고2 *는 지정된 영역에서 배워야 할 주제를 나타낸다.

A.2 세부 주제 목록 및 교육 시간

표 A.2 세부 주제 목록 및 교육 시간

주제	세부 항목	훈련 시간		
		영역 I	영역 II	영역 III
6. 윤활제 오염 측정 및 제어(계속)	5. 연료 오염(오일 내의 연료 희석)		*	
	a) 기계에 대한 영향		*	
	b) 윤활제에 대한 영향		*	
	c) 연료 오염 측정 방법 및 단위		*	
	d) 연료 오염 제어 기술		*	
	6. 공기 오염(오일 내의 공기)		*	
	a) 기계에 대한 영향		*	
	b) 윤활제에 대한 영향		*	
	c) 공존 상태		*	
	d) 공기 오염 측정 방법 및 단위		*	
	e) 공기 오염 제어 기술		*	
	7. 여과 및 분리 기술	*		
	8. 필터 등급	*		
	9. 여과 계/시스템 설계 및 필터 선정	*		
7. 오일 표본화		2.5	7	-
	1. 윤활제 표본화의 목적	*	*	
	2. 특정 장비의 표본화		*	
	a) 순환 계/시스템을 가진 기어박스		*	
	3. 표본화 방법	*	*	
	a) 비가압 계/시스템		*	
	b) 가압 계/시스템-저압		*	
	c) 가압 계/시스템-고압		*	
	4. 간섭 관리	*	*	
	a) 용기 청정도 및 관리	*	*	
	b) 플러싱(flushing)	*	*	
	c) 표본화에 적합한 기계 상태	*	*	
	5. 표본화 과정 관리	*	*	
	a) 표본화 주기	*		
	b) 표본화 절차(표본화 위치 선정 포함)	*		
	c) 표본화 과정	*		

비고 1 영역 II는 영역 I의 지식을 포함하고, 영역 III은 영역 I과 영역 II의 지식을 포함한다.
비고2 *는 지정된 영역에서 배워야 할 주제를 나타낸다.

A.2 세부 주제 목록 및 교육 시간

표 A.2 세부 주제 목록 및 교육 시간

주제	세부 항목	훈련 시간		
		영역 I	영역 II	영역 III
8. 윤활제 건전성 감시, 진단, 예측 진단 및 일반적 정비 권장사항		2.5	5	8
	1. 윤활제 파괴 기구	*	*	*
	a) 산화 열화-과정, 원인 및 영향	*	*	*
	b) 산화 열화-위험 윤활제 및 적용; 억제 전략; 산화도, 허용 한도, 측정 시험 및 트러블슈팅(AN, 점도, FTIR, RPVOT, 센서를 이용한 측정)			*
	c) 열 열화-과정, 원인 및 영향	*	*	*
	d) 열 열화-강도, 허용 한도, 측정 시험 및 열화 손상에 대한 트러블슈팅(AN, 점도, FTIR, 열 안정성 시험, 탄소 불용분의 초원심 분리 검출, 센서식 검사)			*
	e) 첨가제 소모/열화 기구; 위험한 상태의 첨가제	*	*	*
	f) 첨가제 소모/열화-일반적 기구의 위험도 평가(중화, 전단 약화, 가수분해, 산화, 열열화, 물세척, 입자 긁기, 표면 흡착, 마멸 접촉, 응축 침전, 여과, 응결 흡착, 증발, 원심 분리); 강도 및 허용 한도, 첨가제 소모/열화 측정 방법(원자 방출 분광기, FTIR, AN, BN, VI, RPVOT, 블로터 스폿 시험)			*
	g) 잘못된 또는 혼합된 윤활제에 대한 시험(기본적 물리/화학적 물성 시험; 첨가제 불일치)	*	*	*
	h) 유체 물성 시험방법 및 측정 단위-점도(동점도 및 절대 점도, VI), AN/BN, 원소 분석 분광기, FTIR, RPVOT, 원자 방출 분광기, 기타시험	*	*	*

비고 1 영역 II는 영역 I의 지식을 포함하고, 영역 III은 영역 I과 영역 II의 지식을 포함한다.

비고2 *는 지정된 영역에서 배워야 할 주제를 나타낸다.

A.2 세부 주제 목록 및 교육 시간

표 A.2 세부 주제 목록 및 교육 시간

주제	세부 항목	훈련 시간		
		영역 I	영역 II	영역 III
9. 마멸 입자 감시 및 분석		1	4	11.5
	1. 일반적 기계 마멸 기구	*	*	*
	a) 연삭 마멸: 두 물체 간 및 세 물체 간 연삭 마멸		*	*
	b) 표면 피로: 두 물체 간 및 세 물체 간		*	*
	c) 응착 마멸		*	*
	d) 부식 마멸		*	*
	e) 프레팅 마멸			*
	f) 침식 마멸			*
	g) 전기 마멸			*
	h) 캐비테이션 마멸: 가스 및 증기 캐비테이션		*	*
	2. 일반적 특정 기계 마멸 모드			*
	a) 기어			*
	b) 평면 베어링			*
	c) 구름 베어링			*
	d) 유압 기계			*
	3. 마멸 입자 형태, 근원 및 가능한 원인	*		*
	a) 절삭 마멸 입자			*
	b) 구형 입자			*
	c) 두툼한 입자			*
	d) 판상 입자			*
	e) 적색 산화 입자			*
	f) 흑색 산화 입자			*
	g) 부식 입자			*
	h) 비철계 입자			*
	i) 마찰 폴리머			*
	4. 마멸 입자 분석 기술	*	*	*
	a) 페로그램 준비		*	
	b) 필터그램 준비		*	
	c) 빛 효과		*	*
	d) 자력 효과		*	

비고 1 영역 II는 영역 I의 지식을 포함하고, 영역 III은 영역 I과 영역 II의 지식을 포함한다.

비고2 *는 지정된 영역에서 배워야 할 주제를 나타낸다.

A.2 세부 주제 목록 및 교육 시간

표 A.2 세부 주제 목록 및 교육 시간

주제	세부 항목	훈련 시간		
		영역 I	영역 II	영역 III
9. 마멸 입자 감시 및 분석	e) 열처리		*	
	f) 화학 처리			
	g) 형태학(morphology)		*	
	h) 표면 상세			
	5. 원자 방출 원소 분석 분광기		*	*
	a) 원소 성분으로부터의 마멸 입자 금속의 기본적 결정			*
	b) 순차적 경향 평가			*
	c) 로크-스텝(lock-step) 경향 평가			*
	d) 일반적 원자 방출 분광기의 입자 크기 제한			*
	d) ICP 분광기		*	
	f) 아크-스파크 방출 분광기		*	
	g) 마멸 입자 밀도 측정		*	
	h) 고급 기술(산/초단파 분해; 로트-로드 필터 분광기)			*
	i) X-선 편광(XRF 및 기타 고급 원소 분석 분광기 방법)			*
10. 윤활제 분석 프로그램 개발 및 관리		-	-	6
	1. 특정 기계 시험 슬레이트 선정			*
	2. 분석 주기의 최적화			*
	3. 경고 설정 및 한도			*
	a) 오염에 대한 목표-기준의 한도 설정			*
	b) 통계적으로 유도된 레벨 한도: 데이터 편집; 평균 및 표준편차 계산; 평균 및 표준편차를 이용한 상한/하한 설정; 계/시스템 작동 변화 요인 또는 통계적으로 유도된 간섭 요인에 의한 정비 영향의 변화			*
	c) 변화율 한도: 변화율 계산, 기울기-기준 경고, 통계적으로 유도된 변화율 한도			*

비고 1 영역 II는 영역 I의 지식을 포함하고, 영역 III은 영역 I과 영역 II의 지식을 포함한다.

비고2 *는 지정된 영역에서 배워야 할 주제를 나타낸다.

A.2 세부 주제 목록 및 교육 시간

표 A.2 세부 주제 목록 및 교육 시간

주제	세부 항목	훈련 시간		
		영역 I	영역 II	영역 III
10. 윤활제 분석 프로그램 개발 및 관리	d) 유체 물성에 대한 시효 한도 설정: 물리/화학적 및 첨가제 물성			*
	e) 경향 분석			*
	4. 윤활제 분석 정보의 관리			*
	5. 윤활제 분석 절차의 수립 및 관리			*
	6. 신뢰성 기술자, 판매자 및 관리자를 위한 윤활제 분석			*
	7. 윤활제 분석 및 오염 제어 프로그램에 대한 비용/이익 분석 실시			*
	a) 프로그램 경비 계산			*
	b) 프로그램 이익 예측			*
	c) 투자 매트릭스의 회수 계산			*
	d) 효과적인 사업 계획 수립			*
	8. 품질보증			*
	a) 현장 윤활제 분석			*
	b) 비현장 윤활제 분석 준비 요원			*
총 시간		24	24	32

비고 1 영역 II는 영역 I의 지식을 포함하고, 영역 III은 영역 I과 영역 II의 지식을 포함한다.
비고2 *는 지정된 영역에서 배워야 할 주제를 나타낸다.

참고문헌

1. 이한영, 공호성, 성인하, 이성철, 한흥구, 홍성호, ISO 18436-4 규격에 따른 기계설비의 상태와 진단(트라이볼로지 영역 I) 개정판, 한국소음진동공학회, 2019.
2. 이한영, 공호성, 성인하, 이성철, 한흥구, 홍성호, ISO 18436-4 규격에 따른 기계설비의 상태와 진단(트라이볼로지 영역 II) 개정판, 한국소음진동공학회, 2019.
3. 정동윤, 고충현, 윤활공학, GS인터버전, 2016.
4. 양보석, 전오성, 봉석근, 김진욱, 이승원, 최병근, ISO 규격에 따른 기계설비의 상태감시와 진단(진동, 영역 II), 한국소음진동공학회, 2015.
5. 김주형, 임강민, ISO 18436-7 규격에 따른 기계설비의 상태감시 및 진단 (열화상, 영역 II), 2016.
6. Lee, K. S., Kim, J. W., "A study on strategy of condition based maintenance for rolling stock", Proc. Spring Conf. Korean Society for Railway, Mokpo, Korea, May 2015.
7. Yan, R., Gao, R. X., "Complexity as a measure for machine health evaluation", *IEEE Trans. Instrum. Meas.*, Vol.53, pp.1327-1334, 2004.
8. Kumar, M., Shankar, Mukherjee, P., Mohan, Misra, N., "Advancement and current status of wear debris analysis for machine condition monitoring: a review", *Ind. Lubr. Tribol.*, Vol.65, pp.3-11, 2013.
9. Hong, S. H., "Literature review of machine condition monitoring with oil sensors - Types of sensors and their functions", *Tribo. Lubr.*, Vol.36, No. 6, pp.297-306, 2020.
10. Hong, S. H., "Review of application cases of machine condition monitoring with oil sensors", *Tribo. Lubr.*, Vol.36, No. 6, pp.307-314, 2020.
11. Hong, S. H., Ha, J. M., Seo, M. G., Cho, J. I., Jeon, H. G., Yoo, J. H., "Machine condition monitoring system with ferrous wear debris sensor", Proc. Autumn Conf. Korean Tribol. Soc.,

Pusan, Korea, October 2019.

12. Khan, M. A., Starr, A. G., "Wear debris: basic features and machine health diagnostics", *Insight Non-Destr. Test Cond. Monit.*, Vol.48, pp. 470-476, 2006.
13. Younus, A. M. D., Yang, B. S., "Intelligent fault diagnosis of rotating machinery using infrared thermal image", *Expert Syst. Appl.*, Vol.39, pp.2082-2091, 2012.
14. Flanagan, I. M., Jordan, J. R., Whittington, H. W., "Wear-debris detection and analysis techniques for lubricant-based condition monitoring", *J. Phys. E. Sci. Instrum.*, Vol.21, pp.1011-1016, 1988.
15. Du, L., Zhu, X., Han, Y., Zhe, J., "High throughput wear debris detection in lubricants using a resonance frequency division multiplexed sensor", *Tribol. Lett.*, Vol.51, pp.453-460, 2013.
16. Cao, W., Dong, G., Chen, W., Wu, J., Xie, Y.B., "Multi sensor information integration for online wear condition monitoring of diesel engines", *Tribol. Int.*, Vol.82, pp.68-77, 2015.
17. Shen, M. X., Dong, F., Zhang, Z. X., Meng, X. K., Peng, X. D., "Effect of abrasive size on friction and wear characteristics of nitrile butadiene rubber (NBR) in two-body abrasion", *Tribol. Int.*, Vol.103, pp.1-11, 2016.
18. Zhu, X., Zhong, C., Zhe, J., "Lubricating oil condition sensors for online machine health monitoring – A review", *Tribol. Int.*, Vol.109, pp.473-484, 2017.
19. Controls, Gill Sensors & Controls. Oil debris sensor, https://www.gillsc.com/assets/Uploads/GScondition-CD1599-Iss-5.pdf, Accessed December 16, 2020.
20. Murali, S., Xia, X., Jagtiani, A. V., Carletta, J., Zhe, J., "Capacitive Coulter counting: detection of metal wear particles in lubricant using a microfluidic device", *Smart Mater. Struct.*, Vol.18, pp.37001, 2009.
21. Wen, Z., Yin, X., Jiang, Z., "Applications of electrostatic sensor for wear debris detecting in the lubricating oil", *J. Inst. Eng. Ser. C.*, Vol.94, pp.281-286, 2013.
22. Liu, Y., Liu, Z., Xie, Y., Yao, Z., "Research on an on-line wear condition monitoring system for marine diesel engine", *Tribol. Int.*, Vol.33, pp.829-835, 2000.
23. Keller, M. A., Saba, C. S., "Monitoring of ester base lubricants by dielectric constant", *Lubr. Eng.*, Vol.45, pp.347-351, 1989.

24. Du, L., Zhe, J., Carletta, J., Veillette, R., Choy, F., "Real-time monitoring of wear debris in lubrication oil using a microfluidic inductive Coulter counting device", *Microfluid Nanofluidics*, Vol.9, pp.1241-1245, 2010.

25. Du, L., Zhe, J., Carletta, J. E., Veillette, R. J., "Inductive Coulter counting: detection and differentiation of metal wear particles in lubricant", *Smart Mater. Struct.*, Vol.19, pp.57001, 2010.

26. Gastops Long Live Equipment. MetalSCAN MS4000, http://www.gastops.com/wp-content/uploads/2016/09/C008850_001.pdf, Accessed December 16, 2020.

27. Du, L., Zhe, J., "A high throughput inductive pulse sensor for online oil debris monitoring", *Tribol. Int.*, Vol.44, pp.175-179, 2011.

28. Du, L., Zhe, J., "Parallel sensing of metallic wear debris in lubricants using under-sampling data processing", *Tribol. Int.*, Vol.53, pp.28-34, 2012.

29. Du, L., Zhu, X., Han, Y., Zhao, L., Zhe, J., "Improving sensitivity of an inductive pulse sensor for detection of metallic wear debris in lubricants using parallel LC resonance method" *Meas. Sci. Technol.*, Vol.24, pp.75106, 2013.

30. Nemarich, C. P., Whitesel, H. K., Sarkady, A., "On-line wear particle monitoring based on ultrasonic detection and discrimination", *Mater. Eval.*, Vol.50, pp.525-530, 1988.

31. Xu, C., Zhang, P., Wang, H., Li, Y., Lv, C., "Ultrasonic echo waveshape features extraction based on QPSO-matching pursuit for online wear debris discrimination", *Mech. Syst. Signal Process*, Vol.60, pp.301-315, 2015.

32. Du, L., Zhe, J., "An integrated ultrasonic–inductive pulse sensor for wear debris detection", *Smart Mater. Struct.*, Vol.22, pp.25003, 2013.

33. Hamilton, A., Cleary, A., Quail, F., "Development of a novel wear detection system for wind turbine gearboxes", *IEEE Sens. J.*, Vol.14, pp.465-473, 2014.

34. Wu, T., Wu, H., Du, Y., Kwok, N., Peng, Z., "Imaged wear debris separation for on-line monitoring using gray level and integrated morphological features", *Wear*, Vol.316, pp.19-29, 2014.

35. Markova, L. V., Makarenko, V. M., Semenyuk, M. S., Zozulya, A, P., "On-line monitoring of the

viscosity of lubricating oils", *J. Frict. Wear*, Vol.31, pp.433-442, 2010.

36. Markova, L. V., Myshkin, N. K., Kong, H., Han, H. G., "On-line acoustic viscometry in oil condition monitoring", *Tribol. Int.*, Vol.44, pp.963-970, 2011.
37. Saluja, A., Kalonia, D. S., "Measurement of fluid viscosity at microliter volumes using quartz impedance analysis", *AAPS PharmSciTech*, Vol.5, pp.e47, 2004.
38. Salzer, S., Jahns, R., Piorra, A., Teliban, I., Reermann, J., Höft, M., et. al., "Tuning fork for noise suppression in magnetoelectric sensors", *Sens. Actuators A Phys.*, Vol.237, pp.91-95, 2016.
39. Heinisch, M., Voglhuber-Brunnmaier, T., Reichel, E.K., Dufour, I., Jakoby, B., "Application of resonant steel tuning forks with circular and rectangular cross sections for precise mass density and viscosity measurements", *Sens. Actuators A Phys.*, Vol.226, pp.163-174, 2015.
40. Mueller, C. J., Pitz, W. J., Pickett, L. M., Martin, G. C., Siebers, D. L., Westbrook, C. K., "Effects of oxygenates on soot processes in DI diesel engines: experiments and numerical simulations", *SAE Technical Papers*, Vol.1, pp.1791, 2003.
41. Laget, O., Malbec, L-M., Kashdan, J., Dronniou, N., Boissard, R., Gastaldi, P., "Experimental and numerical investigations on the mechanisms leading to the accumulation of particulate matter in lubricant oil", *SAE Int. J. Engines*, Vol.9, pp.2030-2043, 2016.
42. George, S., Balla, S., Gautam, M., "Effect of diesel soot contaminated oil on engine wear", *Wear*, Vol.262, pp.1113-1122, 2007.
43. Ulrich, C., Petersson, H., Sundgren, H., Björefors, F., Krantz-Rülcker, C., "Simultaneous estimation of soot and diesel contamination in engine oil using electrochemical impedance spectroscopy", *Sens. Actuators B Chem.*, Vol.127, pp.613-618, 2007.
44. Holzki, M., Fouckhardt, H., Klotzbücher, T., "Evanescent-fieldfiber sensor for the water content in lubricating oils with sensitivity increase by dielectrophoresis", *Sens. Actuators A Phys.*, Vol.184, pp.93-97, 2012.
45. Smiechowski, M.F., Lvovich, V.F., "Iridium oxide sensors for acidity and basicity detection in industrial lubricants", *Sens. Actuators B Chem.*, Vol.96, pp.261-267, 2003.
46. Soleimani, M., Sophocleous, M., Wang, L., Atkinson, J., Hosier, I. L., Vaughan, A. S., et. al., "Base oil oxidation detection using novel chemical sensors and impedance spectroscopy

measurements", *Sens. Actuators B chem.*, Vol.199, pp.247-258, 2014.

47. Soleimani, M., Sophocleous, M., Glanc, M., Atkinson, J., Wang, L., Wood, R. J. K., et. al., "Engine oil acidity detection using solid state ion selective electrodes", *Tribol. Int.*, Vol.65, pp.48-56, 2013.
48. Moon, S-I., Paek, K-K., Lee, Y-H., Kim, J-K., Kim, S-W., Ju, B-K., "Multiwall carbon nanotube sensor for monitoring engine oil degradation", *Electrochem Solid-State Lett.*, Vol.9, pp.H78, 2006.
49. Ippoliti, L., Steimes, J., Hendrick, P., "Investigation on an oil aeration measurement technique for the study of pump performance in an aircraft engine lubrication system", ASME Turbo Expo 2015: Trubine Technical Conference and Exposition, Quebec, Canada, August 2015.
50. Kimura, Y., Kato, N., Kataoka, T., Takahashi, K., Kikuchi, T., "Bubble behavior in engine lubricant", *Int. J. Automot. Eng.*, Vol.2, pp.149-153, 2011.
51. Delta Services Industrials. Lubricant aeration, http://www.deltabeam.net/en/product/lubricant-aeration, Accessed December 16, 2020.
52. Tandon, N., Ramakrishna, K. M., Yadava, G.S., "Condition monitoring of electric motor ball bearings for the detection of grease contaminants", *Tribol. Int.*, Vol.40, pp.29-36, 2007.
53. Zhao, M., Lin, J., Xu, X., Li, X., "Multi-fault detection of rolling element bearings under harsh working condition using imf-based adaptive envelope order analysis", *Sensors,* Vol.14, pp.20320-20346, 2014.
54. He, Y., Zhao, Z., Luo, T., Lu, X., Luo, J., "Failure analysis of journal bearing used in turboset of a power plant", *Mater. Des.*, Vol.52, pp923-931, 2013.
55. Aranzabe, A., Aranzabe, E., Marcaide, A., Ferret, R., Terradillos, J., Ameye, J., et. al., "Comparing different analytical techniques to monitor lubricating grease degradation", *NLGI Spokesm.*, Vol.70, pp17-30, 2006.
56. Wu, T., Wu, H., Du, Y., Peng, Z., "Progress and trend of sensor technology for on-line oil monitoring", *Sci. China Technol. Sci.*, Vol.56, pp.2914-2926, 2013.
57. Preethichandra, D. M. G., Shida, K., "Actual condition monitoring of engine oil through an intelligent multi-functional sensing approach", Proceedings of the 26th annual conference of the

IEEE industrial electronics society, 2000. IECON: *2000*, pp.2383-2387.

58. Duchowski, J. K., Mannebach, H., "A novel approach to predictive maintenance: a portable, multi-component MEMS sensor for on-line monitoring of fluid condition in hydraulic and lubricating systems", *Tribol. Trans.*, Vol.49, pp.545-553, 2006.
59. Zhu, X., Du, L., Liu, B., Zhe, J., "A microsensor array for quantification of lubricant contaminants using a back propagation artificial neural network", *J. Micromech. Microeng.*, Vol.26, pp.65005, 2016.
60. Tavner, P., "Offshore wind turbines: reliability, availability and maintenance", Institution of Engineering and Technology, London, 2012.
61. Dupuis, R., "Application of oil debris monitoring for wind turbine gearbox prognosis and health management", Annual Conference of the Prognostics and Health Management Society, 2010.
62. Sheng, S., "Report on wind turbine subsystem reliability - A survey of various data bases", National Renewable Energy Laboratory, 2013.
63. Zhong, X., Zeng, L., Zhao, C., Zhang, J., Wan, S., "Research of condition monitoring and fault diagnosis techniques for wind turbine gearbox", *Journal of Tribology Transaction of ASME*, Vol.197, pp.206-210, 2012.
64. Feng, Y., Qiu, Y., Crabtree, C. J., Long, H., Tavner, P. J., "Monitoring wind turbine gearboxes", *Wind Energy*, 2012. DOI:10.1002/we.1521.
65. Toms, A., "Oil debris monitoring: Part of an effective gearbox monitoring strategy", Proceedings of the 69th Annual Meeting and Exhibition, Lake Buena Vista, USA, May 2014.
66. Yang, D., Zhang, X., Hu, Z., Yang, Y., "Oil contamination monitoring based on dielectric constant measurement", Proceedings of the International Conference on Measuring Technology and Mechatronics Automation, Zhangjiajie, China, April 2009.
67. Coronado, D., Wenske, J., "Monitoring the oil of wind-turbine gearboxes: main degradation indicators and detection methods", *Mechines*, Vol.6, No.25, 2018. DOI:10.3390/machines 6020025.
68. Guan, L., Feng, X. L., Xiong, G., Xie, J. A., "Application of dielectric spectroscopy for engine

lubricating oil degradation monitoring", *Sensors and Actuators A: Physical*, Vol.168, pp.22-29, 2011.

69. Lvovich, V. F., Smiechowski, M. F., "Impedance characterization of industrial lubricants", *Electrochim. Acta.*, Vol.51, pp.1487-1496, 2006.
70. Wu, T., Peng, Y. Wu, H., et al., "Full-life dynamic identification of wear state based on on-line wear debris image features", *Mech. Syst. Signal Process*, Vol.42, No.1, pp.404-414, 2014.
71. Wang, S. S., Lee, H-S., "The application of a.c. impedance technique for detecting glycol contamination in engine oil", *Sens. Actuators B*, Vol.40, pp.193-197, 1997.
72. Wang, S. S., Lin, A., "A new technique for detecting antifreeze in engine oil during early stage of leakage", *Sens. Actuators B*, Vol.96, pp.157-164, 2003.
73. Wang, S. S., "Engine oil condition sensor: method for establishing correlation with total acid number", *Sens. Actuators B*, Vol.86, pp.122-126, 2002.
74. Gao, W., Dong, G., Xie, Y-B., Peng, Z., "Prediction of wear trend of engines via on-line wear debris monitoring", *Tribol. Int.*, Vol.120, pp.510-519, 2018.
75. Chun, S. M., "Development of dipstick gage type small engine oil deterioration detection sensor", *Journal of the KSTLE*, Vol.29, No.2, pp.77-84, 2013. DOI http://dx.doi.org/10.9725/kstle.2013.29.2.077.
76. Eaton Aerospace Group, "Electronic oil debris monitoring system", Technical Report; Eaton Aerospace Group Electrical Sensing and Controls, Glenolden, PA, USA, 2009.
77. Zeng, J., Zhao, C., Zhang, M., Zhao, M., "Study condition monitoring of construction equipment based on wireless sensor networks", 2010 International Conference on Computer Application and System Modeling, Taiyuan, China, October 2010.
78. Felix, N., Jennifer A., H., Jacqueline, G., "Improving hydraulic excavator performance through in line hydraulic oil contamination monitoring", *Mechanical Systems and Signal Processing*, Vol.83, pp.176-193, 2017.
79. Liu, C., Tang, X., Yu, T., Wang, T., Lu, Z., Yu, W., "Measurement of moisture content in lubricating oils of high-speed rail gearbox by Vis-NIR spectroscopy", *Optik – International Journal for Light and Electron Optics*, Vol.224, pp.165694, 2020.

80. Pang, Z., Shi, N., Meng, G., Li, W., "Development of in-line oil contamination sensor for lubricant of scraper conveyor reducer", The Ninth International Conference on Electronic Measurement & Instruments, Beijing, China, August 2009.
81. https://korean.alibaba.com/product-detail/automatic-single-point-lubricators
82. https://www.flirkorea.com/products
83. https://m.blog.naver.com/firerisk/221846635281
84. https://www.kci-md.or.kr
85. https://www.noria.com
86. http://www.solge.com
87. https://www.icmlonline.com
88. https://www.flowfitonline.com/mintor-accessories/magnetic-plugs/hydraulic-magnetic-filter-rod
89. https://www.ldi-industries.com/Catalog/Reservoir-Accessories/Miscellaneous/ Tank-Magnets
90. http://www.hyundai-mh.com/ko
91. https://100.daum.net/encyclopedia/view/55XXXXXX5789
92. https://testoil.com/services/oil-analysis/ruler

INDEX

A

abrasive wear 62
acid dew point 63
acoustic reflection coefficient 166
acoustics 163
additive 12
adhesion force 60
adhesion hypothesis 59
adhesive wear 62
adsorption 25
aeration 162, 168, 170
AES 150
air bearing 81
air breathe 62
air release 155
Alberola 129
amines 153
AN 141
API(American Petroleum Institute) 136
apparent contact area 60
aromatic 13, 130
ASTM D92 137
ASTM D93 137
ASTM D97 137
ASTM D217 31
ASTM D288 26
ASTM D445 135
ASTM D892 156
ASTM D893 127, 158, 159
ASTM D942 32
ASTM D1263 34
ASTM D1264 34
ASTM D1742 33
ASTM D1743 32
ASTM D2270 136
ASTM D2509 157
ASTM D2782 157
ASTM D2783 156
ASTM D2896 142
ASTM D2982 125
ASTM D2983 134
ASTM D3427 155
ASTM D4049 34
ASTM D4055 158, 159
ASTM D4291 125
ASTM D4739 142
ASTM D5182 156
ASTM D5800 137
ASTM D5967 158
ASTM D7647 145

B

base oil 12
bear 76
bearing 76
Beilby layer 68
blending 34
blotter spot test 125, 127, 155
blow-by 126
BN(Base Number) 19, 141
breakdown maintenance 94
bulk measurement 163
bump type 81
bundary lubrication 58
bung 36

C

capacitance 163
carbon residue 157
cavitation wear 65
CCD 170
centipoise 134

centistokes 135
ceramic bearing 80
closing force 86
coating 89
COC 136
compliance monitoring 94
conductivity 169
consistency 30
corrective maintenance 94
corrosive wear 63
crack 73, 100
Crackle test 139
CVD 89
cylinder liner 72

D
damping 77
Debye 172
decomposition 23
degradation 180
delamination 89
depletion 170, 180
detector 174
detergent 176
dielectric constant 170
dielectric pro 169
dipole moment 172
dispersant 176
dissolved water 123
DLC 89
downtime 179
drain 27, 186
dropping point 33
drum 34
dual line parallel system 30
dual line system 30
dynamic seal 85
dynamic viscosity 134

E
eddy current 165
eddy current thermography 99
EHL 83
elastomer 88
electric field frequency 173
emulsified water 123
Ernest Rabinowicz 56
erosive wear 64

F
failure rate 179
fatigue wear 64
ferrous 164
FFT(Fast Fourier Transform) 97
filter 34
fire point 136
flash point 126, 136
flashing 65
foam stability 155
foil 81
form tendency 155
four ball test 156
free water 123
fretting 66
FTIR 125, 126, 127, 133, 139, 148, 149
FZG(Four Square Gear) 156

G
gasket 85
gelation 130

H

Hard EHL 83
HD 83
head space 146
holding 34
honing 72
hydraulic lock 128
hydrodynamic bearing 80
hydrodynamic lubrication 58, 83
hydrostatic bearing 80

I

ICP 133, 150
impact 64
impedance 169
in-line 121
inductance 163, 180
integrated sensor 183
ISO 3722 122
ISO 4406 144

J

junction 60

K

Karl Fischer 139, 140
kinematic viscosity 134

L

labyrinth seal 86
lacquer 19, 20
lacquering 128
laminar flow 74
leaf type 81
lip seal 86
low temperature corrosion 64

M

magnetic bearing 81
magnetic filter 38
main 94
maintenance activity 179
maximum allowable PV 85
mechanical seal 86
microjet 65
mineral oil 13
mixed lubrication 58
mounting 79
MPC 153, 155

N

naphthene 13
NAS 1638 144, 147
Navier-Stokes 74
near-infrared 174
negative clearance 79
NETD(Noise Equivalent Temperature Difference) 98
new oil 170
Newtonian fluid 74
NLGI 30
non-ferrous 164

O

O-ring 85, 88
off-line 121
offset 87
oil ball 124
oil sampling 121, 183
oil separation 33
oil whip 84
oil whirl 84

on-line 121
opacity 174
opening force 86
optics 163
orbit 97

P

pad 83
PAHs 130
PAO 15
paraffin 13
pentane insoluble 158
permanent magnet 165
permittivity 165, 169
Peter Jost 55
phenoles 153
Piston ring 86
pit 65
pivot 83
ploughing 60
plowing 60
PLP 152
PMCC 136
Poise 134
polarity 17
polarizability 172, 173
polymerization 129
pour point 137
predictive maintenance 94
preload 79
preventive mainten 94
proactive main 94
pull-off 검사 131
pulse thermography 99
pumpability 33
PVD 89

Q

quinone 131

R

R_a 69, 70
race 80
radial bearing 76
RBOT 152
RDE 150
real contact area 60
relative permittivity 170
retainer 77
Reynolds equation 74
RFS 150
rivet 66
R_{ku} 69, 72
rolling bearing 76
roughness hypothesis 59
RPVOT 133, 152, 153
R_q 69, 70
R_{sk} 69, 71
R_t 69, 73
RUL(Remaining Useful Life) 179
RULER 133, 153
rust 20, 63
R_v 69, 72

S

SAE 145, 147
Schaeffler 174
seal 13, 81, 85
seizure 128
self cleaning 38
sensitivity 164
separation 24
shaking 146

shear stress 61
Shell 129
Si 21
simple soap 26
single line parallel system 30
single line progressive system 30
single line system 30
single point lubricator 30
sliding bearing 76
slip 66
sludge 19
slumpability 33
Soft EHL 83
Sommerfeld Number 84
soot 25, 126, 155, 158, 159, 177
Specific Gravity, SG 136
speed factor 28
spragging 83
squeeze effect 75
static seal 85
stick 66
stokes 135
strain gauge 94, 97
stretch effect 75
Stribeck curve 58
stuffing box seal 88
Sulfated(sulphated) ash 158
surface texturing 91
synthetic oil 13

T

TCP 18
thickener 12, 26
three body abrasive wear 62
thrust bearing 76
tilting pad bearing 82
Timken test 157
titration 140
tote bin 34
two body abrasive wear 62

U

ullage 146
ultrasound 99
used oil 170

V

vapor 65
varnish 19
vegetable oil 13
vent 36
Viscosity Index 136
vitrification 130
volatility 137

W

Watector 139
water washing 25
WC/C 89
wedge effect 75
WPC 152

Z

ZDDP 18, 19, 153

ㄱ

가공 경화층 68
가수분해 23
가스 흡착층 68
가스크로마토그래피 126
가스형 30

강성 77, 79, 81
개방력 86
개스킷 85
거칠기 68, 69, 70, 71, 72, 73
건전부 99
검출기 174
겉보기 접촉면적 60
결함부 98
경계윤활 58, 59
고갈 170
고속철 187
고장시간 179
고장율 179
고체 윤활제 11
고체 첨가제 27, 33
공기 방출 155, 156
공기 베어링 80, 81
공기 오염 127
공증류법 140, 141
과열 13, 95, 96, 98, 168
관성력 74
광유 12, 13, 15
광학 163, 167
교반기 146
구름 베어링 28, 62, 76, 77, 78, 79, 80, 81
구름요소 77, 80, 81
궤적 97
균열 100
그리스 11, 26, 27, 81, 174
그리스 건 28
극성 17, 18, 20, 25, 129, 172, 173, 175
극압 성능 157
극압제 17, 18
극압첨가제 18, 25
근적외선 174
글리콜 125, 148, 177
금속비활성제 17
급지 28
기계상태진단 55, 93, 94, 96, 178, 180, 184, 187
기계학습 188
기유 12, 17
기체 베어링 78
기체크로마토그래피 125
기포 17, 20, 21, 65, 127

ㄴ

나트륨 124
나프텐 13, 173
내마모방지제 173
내마모제 18, 19, 22, 25
내마모 첨가제 18
냉각 13, 27, 158
녹 13, 20, 63
녹 방지제 20
누설 11, 34, 85, 95, 124, 126, 129
누설량 27, 86, 87
누출 95, 100
눌러붙음 128
뉴턴 유체 74

ㄷ

단관 병렬 시스템 30
단관 시스템 30
단관 직렬 시스템 30
대표성 121, 146
돌기 58, 59, 60, 61, 62, 69, 70, 72
동압 베어링 80
동적 시일 85, 86
동적 안정성 82
동점도 134, 135
두물체 연삭마모 62
드럼 34, 36

드레인 27, 186
디젤 엔진 19, 63, 126, 142, 169, 178
딥러닝 188
딥스틱게이지 177

ㄹ
락커 19
락커링 128, 129, 130, 131
레디얼 베어링 76
레비린스 시일 86, 87
레이놀즈 방정식 74, 75
레이스 80
리벳 66
리테이너 77
립 시일 86, 87

ㅁ
마그네슘 20
마그네틱 베어링 78
마모 12, 59, 61
마모입자 96
마찰 12, 59
마찰계수 55, 56, 58, 59, 61, 91
마찰력 59
마찰접촉 25
마찰조정제 22
맴브레인 155, 159
몰리브덴 22, 27
미끄럼 베어링 77, 78
미케니컬 시일 86
민감도 150, 160, 164, 165, 169
밀도 172, 173, 183

ㅂ
바니쉬 19, 20, 128, 131, 153, 155
바륨 20
박리 89
반고체 26, 33
발열 27, 28
발포 경향 155, 156
발화점 136
방청제 18
방향족 13, 15, 130, 173
배타율 39
벙 36
베어링 28, 76
베어링 수세 시험 34
벤트 36
보전 전략 94
보전 활동 179
복관 병렬 시스템 30
복관 시스템 30
복사에너지 95, 98
부동액 123, 124, 125, 160, 170, 177, 183
부식 32, 63
부식마모 63
부식억제제 17, 18
분리 23, 24
분산제 17, 19, 20, 127, 176
분해 23
불투명도 174
붕소 124
블렌딩 34
블로우바이 126, 129
비극성 18
비누기 26
비유전율 170
비접촉식 68
비중 25, 133, 136, 139
비철 151, 164, 165, 179, 184

ㅅ

사용유 137, 142, 148, 158, 170
사후보전 94
산 23, 131, 141
산가 19, 141, 142, 162, 165, 169, 176, 177
산노점 63
산화 23, 123
산화 안정도 15
산화 안정성 32
산화막층 68
산화억제제 18, 149, 173
샘플병 145, 146
선행보전 94
세라믹 80, 81
세라믹 베어링 80, 81
세물체 연삭마모 62
센서 162
센티포이즈 134
소멸 23, 180
소음 96
소포제 17, 20, 21, 24
수 분사 시험 34
수동 급지 28, 30
수분량 140
수분오염 124, 139, 149
수분포화점 123, 124
수산화칼슘 139
수산화칼륨 141, 142
수세 25
수세 시험 34
수소 이성화 15
수소화분해 15
수직하중 59, 61, 156
수트 25, 126, 169, 177
쉐이킹 146
스러스트 베어링 76
스터핑 박스 시일 88
스프링형 30
슬러지 19, 126
슬립 80
시일 13, 81, 85
식물성유 13
신뢰성 57
신유 34, 36, 137, 142, 148, 158, 170
실 접촉면적 60
실런더 라이너 72
실리콘 21
쌍극자 모멘트 172, 173

ㅇ

아민 153
아민계 19
압력 발생 75
압력파 65
압송성 33
액상 윤활유 78
액상 윤활제 11
액체 침투법 95
에어브리더 36, 62
여과 24, 25, 155
연삭마모 62
열 발생량 27
열적 열화 23
열화 180
열화상 98
열화상 기법 95
열화상 카메라 95, 98, 99
염기가 19, 126, 130, 141, 142
영구 자석 165
예방보전 94
예압 77, 79, 80
예지보전 94

오링 85, 88
오염원 123, 149, 169, 170, 175
오염층 68
오일 볼 124
오일 샘플링 121
오프라인 121, 160
오프셋 87
온도분포 99
온도 차이 99
온라인 121
와류 164, 165
와전류 99
와전류 열화상 99
왁스 22
요철설 59
용제추출 15
용해수분 123
원소분광분석 150
원심 분리 24, 25 160
위상잠금 열화상 99
유동성 17, 23
유동점 137
유동점 강하제 17
유동점 강화제 22
유막두께 74, 75
유성향상제 18
유전상수 170, 171, 172, 173, 174, 177, 180
유전율 165, 169, 170, 171, 172, 173
유체고착 128
유체윤활 58, 59, 83
유화수분 123, 139
유화제 17
윤활개소 28
윤활영역 58, 59, 83
윤활유 96, 121
윤활제 11
음향 163, 166, 168
음향 반사계수 166
응결 흡착 24, 25
응착력 60
응착마모 61, 62
응착설 59, 60
응축 침전 24
이물질 63
이유 33
인덕턴스 163, 164, 165, 167, 180
인라인 121
인화점 13, 126, 136, 137, 159
일점 윤활기 30
임피던스 97, 169, 176, 177
입자계수기 145, 180
입자스크러빙 25
잉여 첨가제 20, 129, 130

ㅈ

자가세정 38
자기 베어링 80, 81, 82
자동 급지 28, 30
자성 필터 38
자유수분 123
저온 부식 63
저항 133
적외선 99, 150
적점 33
적정 140
전기량 계측법 140, 141
전기용량 163, 165, 169, 170, 171
전기장 주파수 173
전기전도도 162, 174, 175, 180
전단 23, 133, 135
전단응력 61
전도율 169

전식 81
전자석 81, 82
절대점도 134
절연 특성 169
점도 126, 127, 133, 168
점도지수 13, 20, 133, 136
점도지수 향상제 17, 20
점성 61, 81
점성계수 61
점착성 향상제 17
접촉부 60
접촉식 68
정압 베어링 80
정적 시일 85, 88
제곱 평균 70
주도 30, 31, 32
중합반응 129
중화 23
증발 24
증주제 12, 26, 33
직독 페로그래피 150, 152
진동 94, 96, 168
진동 감쇠 77

ㅊ

철분 164, 165, 179
첨가제 12, 17
청결 34, 37, 122
청결도 122
청정제 17, 19, 20, 176
체적 계량법 140, 141
체적력 74
초음파 91, 95, 99
최대 허용 PV 85
충격 64, 65, 84, 91, 97
층류 74, 121
침식마모 64
침입도 31

ㅋ

칼륨 124
칼슘 19, 20
캐비테이션마모 65
코팅 56, 63, 89
콘침입도계 31
크랙 73, 94

ㅌ

탄성유체윤활 83
탄성중합체 88
탄소 잔류분 157, 158
탄화수소 13
토우트 빈 34
통합형 센서 175, 183, 184, 186
트라이볼로지 55, 56, 57
틸팅 패드 베어링 80, 82, 83

ㅍ

파라핀 13, 173
파상도 68
패드 83
펄스 열화상 99
펌프형 30
페놀 149, 153
페놀계 19
페로그래피 151, 152, 176
펜탄 불용분 127, 158, 159
편극성 172, 173
페쇄력 86
포말 안정성 155, 156
포이즈 134
포일 81

포집 효율 39
포화증기압 65
표면 개질 56, 91
표면 돌기 58, 59, 62, 72
표면 텍스쳐링 56, 91
표면 흡착 23, 25
표면장력 17, 20
풍력 발전기 179
푸리에 변환 적외선 분광분석 148
프레팅 66
플래싱 65
피드백 제어 82
피로마모 64
피로파괴 64
피벗 83
피스톤 링 86
필터 25, 34, 38

ㅎ

함몰성 33
합성유 12
항산화제 17, 18, 19
항유화제 17
형상 오차 68
호닝 72
혼합윤활 58, 59
혼화 32
홀딩 34
황 126, 130
황산 19, 63, 126, 131, 158
회전압력용기 산화시험 152
휘발성 137
흑연 11, 18, 22, 27
흡착 23, 25